KB239612

융복합시대 리더들을 위한

생각하는

서울대학교 공대교수의 생물학강의

생물학강의

융복합시대 리더들을 위한

생각하는 생물학강의

초판 1쇄 발행 | 2013. 3. 30.
초판 2쇄 발행 | 2017. 11. 10.

지은이 | 유영제
발행인 | 황인욱
발행처 | 도서출판 **오래**

출 판 기 획 | 박수화
책 임 편 집 | 심성보, 박수화
표지디자인 | 채기석
본문디자인 | 김지은

주   소 | 서울특별시 마포구 토정로 222, 406호(신수동, 한국출판콘텐츠센터)
이메일 | orebook@naver.com
전   화 | (02)797-8786~7, 070-4109-9966
팩   스 | (02)797-9911
홈페이지 | www.orebook.com
출판신고번호 | 제2016-000355호

ISBN 978-89-94707-80-8 (93470)

■ 책값은 뒤표지에 있습니다.
■ 잘못 만들어진 책은 구입하신 서점에서 교환해 드립니다.

융복합시대 리더들을 위한

생각하는

서울대학교 공대교수의 생물학강의

생물학강의

유영제 지음

오래

프롤로그

융복합시대의 리더들을 위하여

21세기는 생명공학의 시대이며 동시에 융복합시대이다. 따라서 생명공학과 과학기술, 또는 여러 다른 학문과의 융합에 의해 우리 사회는 상상할 수도 없을 만큼 변화될 것이라는 전망이다. 이런 시대를 대비해 미국의 MIT 등에서는 이미 오래전부터 생물학을 모든 학생에게 필수과목으로 하고 있을 뿐만 아니라, 이제 우리나라에서도 많은 학과에서는 생물학을 교육하고 있는 추세이다.

그런데 많은 경우 학생들이 생물학에 대해 갖고 있는 편견은 '단순히 외우는 것'이 많은 과목이라는 것이다. 왜 그런 오해가 생겨났을까? 생물학은 본래 논리를 배우는 과목이고, 공학과의 융합을 공부하는 시작점이고, 우리 생활에 밀접하게 연결되어 있는 학문이다.

그래서 오래전부터 공대생들에게 이 생물학강의를 해오고 있는 나는 어떻게 하면 생물학강의를 재미있게, 그리고 유익하게 할 수 있을까 생각해왔다. 생물학은 단지 지식을 전달하는 학문이 아니다. 여러분이 이 책을 통하여 매 이슈마다 '왜 그러한가?'에 대한 질문을 통해 심화된 내용을 깨달아가는 즐거움을 맛보았으면, 나아가 '어떻게 응용할 수 있을까? 어떻게 다른 학문과 접목할 수 있을까?' 늘 질문하고 생각해봤으면 하고 바란다.

이 책은 저자가 그동안 서울대 공대생들에게 강의했던 내용과 경험을 강의 말투 그대로 정리한 강의록이다. 생물학의 모든 중요한 사항을 다 끄집어내서 얘기하기보다는, 주로 생물학의 주요 이슈들을 소개하면서 우리가 주변에서 보고, 듣고, 느끼는 현상과의 연계, 그리고 타 학문과의 융복합가능성을 제시하려 노력했다.

또한, 이 책은 대학생들을 염두에 두고 쓴 것이지만, 고등학생, 일반인 누구나 생물학을 새롭고 다양한 시각으로 볼 수 있는 기회가 될 수 있기를 기대한다.

앞으로 융복합시대의 새로운 리더가 많이 나오길 소원하면서, 끝으로 이 책이 나오기까지 수고해 준 여러분과 도서출판 오래 사장님 이하 관계자분들께 심심한 감사를 드린다.

2013. 봄
관악산 연구실에서
유 영 제

차　례

1강

미래는 융복합시대다

기술발전은 인류의 발전인가

2011년에 우리나라의 어떤 기관에서 10대 유망기술을 발표했어요. 거기에 들어간 것이 바이오 플라스틱, 독감백신, 암 바이오 마커, 친환경 바이오 농약, 그리고 미생물 연료전지 모두 다섯 개에요. 열 개 중 다섯 개가 생명공학과 관계된 것이에요.

바이오 플라스틱. 플라스틱은 지금까지 석유화학 제품이라고 생각해왔는데 이제부턴 바이오 제품으로 될 거다. 그것은 나무, 풀 등의 재생가능한 식물 자원을 원료로 하기 때문에 또 이산화탄소 발생이 적기 때문이에요. 바이오로 플라스틱을 만드는 것이 대세mega trend예요. 그런 의미에서 중요한 기술이죠.

요새 감기 한 번 걸리면 점점 더 오래가고 심해지는 거 같은데, 그 중에서도 독감이라고 하는 것. 이런 것들을 안 걸리게 할 수 있는 백신, 독감백신이라고 하는 것은 바이러스 백신을 총괄적으로 이야기한다고 생각해도 되겠죠. 조류독감도 문제고 사람이 걸리는 여러 독감도 위험한 거 있는데 이런 백신을 잘 만드는 것이 중요하다, 이 얘깁니다.

또 건강 관련해서는 바이오 마커를 이용해서 암을 진단하겠다, 이거예요. 지금도 혈액검사를 하러 가면 암 검사를 하겠냐 해서 돈을 얼마 더 내고 체크하면 혈액으로 암 검사를 해주는데 우리가 암에 걸려 있으면 초기든 말기든 단백질과 같은 물질들이 만들어져서 싸우나 봐요. 그 소량 만들어진 단백질을 인식할 수 있으면, 또는 관련되는 어떤 대사산물을 감지할 수 있다면 암을 진단할 수 있는 거죠. 암 중에서 제일 진단하기 어려웠던 게 폐암, 췌장암. 웬만한 암은 초기에 감지되지만 아직도 감지하기 어려운 암이 있죠. 그래서 폐암은 초기에 감지가 안돼서 죽는 경우가 많아요. 그런 것들을 감지해주는 기술이 중요하고 속된 얘기로, 그것이 돈벌이가 될 거다, 하는 의미도 포함하고 있는 거죠.

지금 우리는 농약, 비료를 화학적으로 만들어요. 화학 합성을 통해 만든 비료, 농약을 쓰고 있는데 그런 것들이 땅을 산성화시키고 농작물을 약하게 만들어서 바람직하지 않고, 식품에 농약이 묻어 있고, 이런 문제를 야기하잖아요. 그래서 이런 거에 대한 해결책으로 바이오 농약, 바이오 비료라고 하는 콘셉트가 있는데 이게 앞으로 중요하게 될 거다, 환경이 점점 더 나빠지고 깨끗한 식품을 원하는 요구가 더 늘어나고 있기 때문에 바이오 농약의 수요는 커질 거다, 하는 얘기죠.

미생물 연료전지라는 것은 미생물이 어떤 먹이를 먹는데 그 과정에서 전기를 만들어낼 수도 있겠다, 하는 개념이에요. 환경을 하는 사람들이 이런 연구를 많이 하는데 환경 관련해서 폐수나 하수 속에 유기물들이 많이 있죠. 그 유기물들을 처리하는 것이 폐수처리, 하수처리, 그리고 원리는 생물학적인 원리인데, 처리하는 것을 비용이라 생각하지 않고 여기서부터 전기를 만들어 낼 수도 있지 않느냐, 발상이 좋죠. 하수, 폐수 속의 유기물을 미생물이라고 하는 매개체를 이용하면 전기가 나올 수 있다. 그러면 좋은 거 아니냐 하는 얘기에요. 물론 해결해야 할 게 많겠지만 그래도 이런 것으로 해서 에너지 문제의 일부라도 해결할 수 있으면 좋겠지요.

어때요? 벌써 어떤 느낌이 오지 않으세요? 열 가지 중 다섯 가지가 바이오입니다.

그럼 이 참에, 우리는 2030년의 생명공학 예측을 한번 해보지요. 오늘 내가 가지고 온 책은 일본에서 출판되었는데, '2010년의 기술 예측'이란 책이에요 이것이 1992년에 나왔으니까 나름대로 이때 20년 후의 기술을 예측을 한 셈이죠. 기술에 관련된 모든 분야가 다 있는데, 여기에 바이오에 관련된 내용을 봤더니, 암 치료약, 바이러스 치료제, 노인성 질환 치료제, 그 다음에 면역질환

알레르기 치료약, 약 전달시스템, 골수 뱅크, 바이오에너지, 인공장기, 인공효소, 인공 생체막이 있고, 그 다음 환경 관련해서 이산화탄소 식물 고정화 기술, 이산화탄소 전환 기술, 생분해성 플라스틱 등등 있어요. 20년 전에도 이산화탄소가 중요하다 또는 바이오 플라스틱이 중요하다 또는 인공 효소, 인공 장기가 중요하다 암 치료제가 중요하다 이런 얘기를 한 거죠. 그리고 그것이 20년 후에는 기술이 제법 개발되지 않겠느냐 한 건데, 지금 많이 개발되었지만 여전히 중요한 이슈issue인 것들이고 또한 이산화탄소 관련된 것은 최근에 더 중요해졌어요. 지금이 2013년이니 다시 20년 후를 보면 2030년이겠죠? 그래서 우리가 생물학 공부를 하니, 관련해서 2030년에는 사회적으로 어떤 주제가 중요한 이슈가 될까, 허면 그것을 지금부터 생각하고 연구하고 개발해야겠죠.

자, 여러분이 생각하는 2030년에 필요한 생명공학기술을 한번 말해보세요.

1. 줄기세포를 이용한 장기	11. 바이오플라스틱
2. DNA 백신	12. 이산화탄소 활용 기술
3. 인공혈액	13. 중금속 생물흡착
4. 질병 진단용 바이오칩	14. 질소오염(NH_3, NO_3) 해결
5. 항체 생산기술	15. 바이오에너지
6. 탈모방지기술	16. 생분해성 소재
7. 불치병(암) 치료기술	17. 해양기름유출 오염 방지기술
8. 치매 예방 및 치료기술	18. 단백질 설계기술
9. 인공광합성 기술	19. 생물학적 지뢰 탐지 및 제거
10. 유전자변형 농산물 안전성	20. 생체모방기술

우리 학생들은 이렇게 스무 개 토픽을 정했는데 이것에 대해서는 여러분도 함께 생각해 보면 좋겠어요. 어쨌든 이런 생물학 또는 생명공학이 발전하는 것은 우리 인류가 발전하는 것인가, 이런 기술의 발전이 인류의 발전인가에 대해

한번 생각해 보지요.

　이런 것들이 다 개발되면 우리 인류가 발전하는 거예요? 대답은 상당 부분은 '그렇다'이겠지만, 사람의 질병을 치료하고 진단하는 기술이 지금보다 훨씬 더 좋아진다, 그 다음 우리 먹거리가 훨씬 더 좋아질 수 있고, 그 다음 에너지 소재 환경이 훨씬 더 좋아진다 하는 것은 분명히 인류가 발전하는 데 큰 기여를 할 것이다, 라고 생각은 할 수 있는데 그럼 이렇게 되면서 문제가 생기는 것은 뭘까요? 하나는 우리가 생명을 귀하게 여겨서 질병을 예방하고 치료할 수도 있지만 잘못하면 거꾸로 생명을 경시하는 게 강해지는 것도 있지 않은가 하는 생각을 할 수 있어요. 환자를 치료하는 게 중요하다 해서 배아줄기세포em-bryonic stem cell 연구를 열심히 해야 한다, 그런데 배아줄기세포를 연구하는데 착상된 배아를 줄기세포 연구에 이용한다고 하면 복잡한 이슈 같아요. 착상이 됐으면 가톨릭에선 생명이라고 생각하는데 새로운 환자의 생명을 구하기 위해서 어떤 생명에 손상을 가하는 것이 괜찮은 건가? 극단적인 케이스extreme case예요. 그렇게 생각하면 거꾸로 이건 생명을 귀하게 여긴다면서 생명을 경시하는 풍조가 있는 게 아닌가, 이런 생각을 할 수가 있고요. 참고로, 어떠한 내용이 맞는지 틀린지 판단이 안 설 때는 극단적인 케이스를 가정해서, 예스yes면 그 내용이 예스이고 노no이면 아니라고 생각하는 것도 한 가지 방법인데 어떤 때는 참 판단하기 어려워요. 이런 생물학이나 생명공학이 발전하면서 전체적으로는 생명을 귀하게 여기는 휴머니스트humanist들이 많이 나오겠지만 잘못하면 생명을 경시하는 경우가 나올 수 있는 거죠.
　그 다음에, 기술 발전은 벤처의 설립을 포함하는 기업 발전의 기회를 제공하지요. 그러다 보면 돈을 너무 중시하는 풍조가 만연하는 것은 아닌가? 또 이것도 극단적인 케이스를 생각해보면 이산화탄소를 감소시키는 것이 글로벌하게 중요하다 생각을 하지만 동시에 산업체에서는 경제성이 안 맞아서 이산화탄소를 줄이는 것을 못하겠다 이런 일들이 생기는 거죠. 그럼 이것을 우리가 어떻게 봐야 하나? 모두를 만족시키는 대안은 없는 것인가?

또 다른 예를 들 수 있겠죠. 이런 것이 전 지구적으로 일어나는 것이냐 아니면 소수만 혜택을 받는 것이냐? 과학과 기술이 발전해서 누가 이익을 챙기는 것이냐? 우리는 전 세계 인류를 생각하는데 가끔 아시아, 아프리카의 가난한 사람들, 전체 인구의 절반이 넘는 가난한 사람들은 과학이나 기술의 혜택을 별로 못 받고 있다. 그래도 되는 것인가? 돈 많은 사람만 더 잘 살게 해주는 것이지 가난한 사람에게는 별다른 배려가 없으면 그것도 문제가 아닌가? 이런 식의 문제를 생각해 볼 수가 있을 거예요. 그러니까 과학기술의 발달에 수반되는 이런 문제들을 과학도들이 더 고민을 해야 한다는 거죠.

글로벌경쟁에서 협력해야 산다

그럼 이런 글로벌한 문제가 우리나라와는 무슨 관계가 있을까? 이런 생물학이나 생명공학 발전이 우리나라 발전과 연관이 되려면 생각을 해야 될 것이 뭐냐? 우수한 인재가 이런 분야에 연구를 해야지 되는 거지. 그런데 우수한 인재들은 다른 데 가서 돈벌이만 하고 있다 이러면 희망이 없는 게 아닌가란 생각도 해요. 여러분은 객관적으로 다 우수한 인재에 들어가는 거예요. 여러분 한 사람 한 사람이 다 우수한 인재고 우수한 인재가 어떤 미션을 가지고 연구하는 게 중요한 거죠. 하지만 좋은 사람들이 연구를 할 수 있는 그런 여건이 되는 것이냐? 그런 면에서 인프라가 잘 깔려 있어야 한다. 결국 연구를 잘 할 수 있는 그런 정책적인 배려가 중요한 거다. 우리나라의 공무원들이 열심히 노력을 하겠죠? 여러분이 연구를 자유롭게 하고, 문제가 안 생기도록. 정부도 이런 것을 산업화시키도록 열심히 애를 쓰는데 문제는 그것만 가지고 되는 것이냐 하는 거예요. 그것만으로는 안 되고, 한국은 작은 나라인데 우리가 가진 게 뭐가 있어요? 인재? 우리나라 대학생이 지금 200만 명 정도예요. 1년에 고등학교 졸업하는 사람이 60만 명인데, 앞으로 40만 명이 대학 간다 하더라도, 거기서 휴학하고 복학하는 학생을 고려한다 하더라도 우리나라 대학생 숫자는 200만 명이 안 돼요. 아마 나중엔 1년에 40만 명이 고등학교 졸업하면 25만 명이 대학을 가고 거기에 곱하기 4 하면 100만 명이에요. 그러니 앞으로 우리나라의 대학생 숫자는 100에서 150만 명 수준인 거예요. 미국은 몇 명인지 알아요? 미국은 1,200만 명, 중국은 2,300만 명이래요. 그럼 우수한 인재가 거기서 거기 다 비슷하다고 하면 우리는 중국이나 미국에 뒤질밖에요. 그런 말을 쓰죠? 일당 백, 한 명이 백 명을 상대한다. 한 명이 백 명을 상대하기는 어렵지만 열 명 상대하는 게임은 가능하니까 우리가 더 공부를 많이 하고, 미국이나 중국이 생각 못하는 전략으로 일하고 연구하고 해야 하는 거예요. 그래서 더 열심히 해야 되는 게 아닌가, 글로벌 경쟁에서 보면 우리가 인적 자원 면에서 경쟁하는 것이 쉽지 않으니 이것을 해결하는 방법은 결국 협력이에요. 물론 개인적으로도 똑똑해야겠지만 네트워킹을 통해 협력을 하는 게 중요하단 말이죠. 국가가 발전하기 위해서는 여러 가지 자원이 필요한 분야가 많은데 우리나라는 자원이 없잖아요. 자원을 외국에서 가져와야 하는데, 지금은 석유, 철광 이런 것들을 가지고 오지만 앞으로는 바이오 자원도 가져와야 해요. 예를 들어 말레이시아, 인도네시아, 필리핀에서 가져와야 하는데 이것도 결국 그 나라 사람들과 잘 협력을 해야 주는 거죠. 물론 돈 받고 파는 거지만, 돈 준다고 다 파는 게 아니라 적어도 믿을 만해야지 파는 거예요.

우리나라의 인구가 지금 5,000만 명이라고 하는데 소위 시장market이라고 하는 것이 크냐? 우리나라 시장은 작아요. 예를 들어 1년에 10억밖에 못 팔아요. 그럼 그것으로 경제성이 없어요. 그러면 어떻게 해야 하죠? 더 싸게 만들수 있는 기술도 개발해야겠지만, 중국, EU, 미국 같은 큰 시장에도 가서 팔아야해요. 그럼 결국 이것도 외국 사람들과의 협력인 거죠. 그래서 앞으로 여러분이생물을 배우고 전공 학부를 졸업하겠지만 분야마다 이런 협력이 다 중요하다는얘깁니다.

이런 것을 가지고 여러분이 인류 발전에 기여를 해야 되고 그리고 이것이우리나라의 발전으로 이어지고 이 과정에서 여러분이 행복하게 살아가는 게 지상 과제일 것 같아요. 행복이라고 하는 것이 예쁜 색시나 신랑만 있으면 행복하나? 그것은 아닐 거예요. 물론 예쁜 색시나 신랑도 중요한 이슈이긴 한데, 한달에 월급이 100만 원이다 이러면 안 되잖아요. 한 달 월급이 먹고 살 만큼은있어야 하겠고, 그 다음에는 하는 일이 보람이 있어야 하겠죠. 이랬을 때 우리가 행복이라고 하는 단어를 쓸 수 있는 게 아닌가 해요.

┃ 생각하는 생물학강의

내가 강의를 할 때는 기본적인 얘기도 하지만, 가끔은 왜 그런지 좀 더 깊이 있게 생각을 해 보는 그런 이슈들을 여러분에게 제시하고자 하고, 또 하나는이걸 어떻게 응용할까 생각해 보고자 해요. 그래서 어떤 때는 심화적인 얘기만많이 할 것이고, 어떤 때는 응용적인 얘기만 많이 할 거예요. 책에 있는 내용을기본으로 더 깊이 있게 들어가고 또 응용을 해보는 이런 것들이 융복합시대 우리 학생들이 공부하고 생각하는 자세였으면 하거든요.

또, 어떤 과학적인 또는 공학적인 발견이 어디서 오는 것인가, 이런 얘기를 할 거예요. 예를 들면, 페니실리움penicillium 곰팡이로부터 페니실린을 찾아낸 것은 일종의 호기심에서 또는 반복되는 실수를 자기가 잘 생각해서 페니실린이 나온 것이다. 유전의 법칙을 발견한 멘델Mendel, 그 사람도 왜 그럴까 하는 호기 심에서 시작한 것이다. 또 아스파탐aspartame이라는 아미노산 2개가 붙어있는 감 미료, 또는 우리가 알고 있는 포스트잇post-it이라고 하는 것은 하다가 좀 잘못된 것인데 잘못된 것을 반전시킨 것이다. 그래서 잘못되더라도 반전시키면 쓸 만 한 게 나올 수 있다. 페니실린을 상업적으로 생산한 건 미국의 파이자Pfizer 회 사. 미생물 배양에서 제일 중요한 게 산소 및 영양분 전달이에요. 그런 공학에 관련된 기술을 미국의 파이자 회사가 갖고 있어서 명예는 영국이 가졌지만 돈 은 미국이 가졌다. 공학적인 것이 있어야 뭔가 결론이 나는 거다, 라는 얘기를 틈틈이 할 거에요.

그 다음에 내가 얘기하고자 하는 것 중 하나는 세상의 모든 것은 변화 발 전하는 거다, 하는 거예요. 그 중에 하나로 100년 전, 50년 전과 지금을 비교하 면 세상이 많이 달라졌잖아요. 특히 IT 관련해서 컴퓨터나 이동통신 생각을 보 면 20년 전에는 휴대폰도 없었어요. 내가 공부할 땐 펀칭해서 데이터를 집어넣 고 그것 가지고 논문을 썼으니까 30년 전과 지금 컴퓨터는 엄청나게 달라졌죠. 그렇게 생각하고 볼 때, 여러분이 지금 스무 살이면 앞으로 30년 후의 세상은 엄청나게 달라질 거예요. 그래서 세상은 변화 발전한다고 생각을 해야지, 너는 내 짝꿍인데 평생토록 내 짝꿍 할 것이다, 라는 건 없다는 거죠. 그래서 내일은 다르다! 2002년과 2003년에 인간게놈 프로젝트human genome project, 불과 10년 전 얘기죠. 10년 전에 그런 얘기가 나왔을 때는 DNA 서열을 아는 것이 얼마나 어 려웠어요! 그리고 미국이 돈이 많으니까 전 세계 사람들 다 동원해서 그걸 했어 요. 10년 사이에 이제는 콘셉트가 완전히 바뀌어서 DNA 한 조각을 집어넣어서 서열을 아는 시대가 됐잖아요. 앞으로는 두 가닥 그냥 그대로 집어넣을 것이다, 그럼 진짜 세상이 많이 바뀔 것이다, 이런 생각을 해줬으면 좋겠어요.

그리고, 지금은 석유화학인데 과거에는 석탄화학이었다. 그럼 앞으로도 석유 화학이냐? 앞으로는 바이오 화학이다. 그렇다고 석유화학이 없어지는 건 아닐 거예요. 20년 후에 보면 그래도 석유화학이 70%, 바이오화학이 약 30% 정도 되겠죠. 하지만 새로운 것이, 뭔가 변화하고 있는 그런 메가 트렌드mega trend 를 읽을 수 있는 공부를, 생각을 해주면 좋겠어요. 지금은 줄기세포가 하나의 대세인데, 줄기세포가 우리 사회와 질병을 얼마나 바꿔 놓을지는 잘 모르지만, 10년, 20년 후면 엄청나게 바꿀 것이다, 상상해볼 수 있죠. 그럴 때 어떤 사람은 그런 것에 자기 청춘을 한번 불사르기도 하고 말예요. 우리 졸업생 중 한 명은 전공이 생물 분리였는데, 그걸 과감히 잊고 열심히 바이오칩 연구를 해서 지금은 세계적인 바이오칩 대가가 됐어요.

그래서 세상이 변화하니까 어떻게 자기가 대처할 것인가. 자기 인생, 전공, 또는 생명공학 분야에서 그런 생각을 해주는 게 좋은 게 아닌가. 이런 걸 하기 위한 기초소양은 뭘까? 과학의 발견, 공학적인 발명, 또는 변화발전에 잘 대응하는 방법은 뭘까? 이것은 기본적으로 평소에 생각과 경험을 많이 해야 하는 거죠. 그래서 여러분이 대학에 다니는 동안, 고등학교 교육과 달리 그렇게 생각하고 이해하는 것을 배우는 거다. 그런 것이 대표적으로 비판적인 사고critical thinking를 갖는 거다. 비판적인 사고를 갖는 게 교양과목에서만 배우는 게 아니라 이런 전공 교과목에서도 마찬가지로 필요한 게 아닌가. 이런 소양을 잘 갖추려면 공학, 또는 과학만 열심히 판다고 되는 게 아니라 여러분이 평소에 인문사회, 예술적인 공부를 많이 하고 시간 남으면 미술 전람회나 음악회도 많이 가보고. 그럼 그거 가지고 충분하냐? 충분치 않을 테니 친구들하고 많이 디스커션discussion을 해야 하는 거죠. 친구들과 그냥 일상생활 얘기뿐 아니라 뭔가 진지하게 대화를 하거나 서클 활동을 통해서 뭐가 중요한지 어떻게 하면 되는지 이런 훈련을 하는 거예요. 좋은 대학은 그런 활동을 장려하고 학생들이 그런 활동을 많이 하는 거예요. 그래서 그런 면에서 단체 활동을 많이 하고, 그 중의 하나로 봉사활동도 많이 하면 좋지 않겠나. 봉사활동을 하면 세상이 어떻게 돌아가는지 또 다른 측면에서 보게 되고, 뭔가 더 인간적인 것을 많이 느끼게 되는 거니까.

그 다음으로 여러분한테 이야기하고 싶은 것은, 꼭 그럴까? 이렇게 한번 뒤집어서 생각을 해보는 거예요. 그래서 교수가 하는 얘기는 다 맞는 건가, 책에 나와 있는 얘기는 다 옳은 얘기인가, 또는 그것이 모든 것을 다 설명하는 것인가, 이렇게 생각을 했을 때에 세상을 바라보는 눈이 부정적이 되는 게 아니라 발전적이 되는 게 아닌가. 교수도 틀리는 게 있어요. 잘 모르는 것도 많고, 책에 있는 것도 틀린 얘기 많아요. 대표적으로, 효소는 물에서만 반응하는 생촉매이냐, 누가 물에서만 반응한다고 그랬을까, 효소는 그냥 물, 완충액 pH만 잘 맞춰주고 온도를 잘 맞춰주면 효소가 반응하는 게 아닌가, 그런데 그게 다인가, 유기용매에서도 반응하고, 필요하면 낮은 온도(5℃)나 높은 온도(100℃)에서도 반응을 해야 하는 그런 것들을 생각해줘야 하는 게 아닌가. 지금은 바이오디젤은 화학 촉매를 가지고 만들어요. 그러자 화학을 하는 사람들은 이미 바이오디젤 관련된 기술들은 화학기술로 산업화가 됐으니 더 이상 신경 안 쓴다, 그러고 있는데 우리 바이오를 하는 사람 입장에서는 꼭 그래야 하나 그런 생각을 많이 하거든요. 실제로 중국 사람들은 효소를 100번씩 재사용하는 기술을 개발해서 역전시켰어요. 그래서 중국사람들은 효소를 이용하는 바이오기술로 바이오디젤을 만들어요. 그래서 세상이 변화 발전하는 것이겠지요.

그렇게 하려면 뭔가 깊이 있게 생각을 하는 습관을 가져야 되는데, 항상 모든 것이 왜 그런가, 또는 분자수준에서 생각을 하면 좋아요. 사람들은 어떤 결과가 있으면 현상을 그대로 받아들여요. 그런데 그것을 분자 수준에서 해석을 하면 생각이 깊어지죠. 예를 들어 떡을 방망이로 치는 이유는 떡이 쫄깃쫄깃해진다 이런 거죠. 국수도 수타국수가 맛있다, 왜 그런가? 전분starch 분자 간의 간격이 좁아지고 그런 것이 이 쫄깃한 맛으로 연결되는 거다, 포화지방산, 불포화지방산 얘기도 비슷하죠. 또, 지금 독일이 전 세계에서 화학 기술이 가장 강한 나라라는 생각이 들어요. 미국은 화학 산업이 세계 최고이고, 독일은 화학 기술이 아마 세계 최고일 거예요. 왜 그런가? 그것은 독일에는 약 200년 동안 화학을 연구한 사람들이 무지하게 많고 그것으로 많은 일들을 했어요. 그런데 독일이 2차 세계대전에 지면서 독일 사람들이 미국으로 많이 건너갔죠. 그래서 그 사람들이 가서 미국의 화학산업을 많이 키운 거고요. 지금도 보면, 어떤 기술, 현상에 대해서는 독일이 세계 최고예요. 예를 들면 효소로 온갖 종류의 케미컬chemical 소재 합성 연구를 끊임없이 하는데, 분자수준에서 왜 그런가는 생각을 많이 안 해요. 그래서 어쩌면 효소로 더 좋은 것을 만드는 분야에 있어서는 그 사람들보다 우리나라 대학원생들이 훨씬 나을 수 있어요. 독일은 효소 가지고 뭘 만드는 것에 더 집착을 해서 여러 가지를 만드는 데 관심이 있고, 그 효소를 개량하더라도 랜덤하게 변이시키는 데 관심이 있지, 효소의 활성이 어디서 나오는지, 또는 효소의 안정성에 미치는 영향이 뭔지 따져가면서 하는 것은 약한 것 같아요. 그렇다는 얘기는 우리가, 또 여러분이 얼마든지 열심히 하면 기회는 있다, 라는 생각이 들어요. 그런 생각을 하면서 이 생물학강의를 들으세요.

꿈은 이루어진다

여러분! 시간은 흘러갑니다. 이제 강의를 시작하지만 시간은 가는 거예요. 3개월 10일이 지나면 종강이에요. 끝나고 돌아보면, 우리가 뭘 했나, 열심히 공부한 사람도 있을 거고 또 가방 들고 왔다 갔다 한 사람들도 일부는 있겠죠. 나도 그렇게 생각을 해보면 나이가 벌써 60이 됐어요. 내가 대학에서 강의를 들은 게 어제 일처럼 생생한데, 어느 날 대학을 졸업하고, 회사에 취직을 하고, 한 7년 반을 회사에서 공장도 지어보고, 생산도 해 보고, 그러다가 다시 어느 날 사표내고 공부하겠다고 미국으로 가서 4년 공부를 하고 이렇게 다시 서울대로 돌아왔어요. 그런 것들이 한 달음에 쭉 지나가는데, 석 달 열흘도 그렇게 지나갈 것이고, 내 경우 인생이 대학생부터 시작하여 그렇게 40년 지나간 거예요. 그럼 여러분도 오늘 하루하루는 굉장히 길고 지겨울 수 있지만, 어떻게 우리가 오늘을 보내는 게 좋은가. 우선 여러분이 꿈이 있었으면 좋겠다, 그런 생각이 들어요. 사실 나도 학교 다닐 때 큰 꿈이 있었던 게 아니거든요. 어떤 때는, 진해에 비료공장이 있었는데 거기에 엔지니어로 취직을 해서 진해에 살면 바다 경치도 구경할 수 있고 조용하게 잘 지낼 수 있는 게 아닌가, 이런 생각도 해 보고, 또 어떤 때는 교수가 되면 어떨까, 이런 여러 가지 생각도 해보았어요. 그런데 아무 생각이 없는 친구들도 가끔 있는 것 같아요. 그냥 하다가 길이 있으면 그리로 가지, 옆에서 보면 그런 게 안타까운 것 같아요.

우리 학부의 어떤 교수님 이야기를 하지요. 나하고는 좀 달라요. 나는 뭘할까 고민하면서 여기까지 왔는데, 그 분은 대학 때부터 60까지의 인생 플랜이 있었어요. 대학을 졸업하고, 미국에 가서 박사를 하고, 그 다음에 교수로 뭘 하고, 그래서 좀 보면 무섭기도 해요. 어떻게 그렇게 인생 설계를 다 해서 데뷔 debut를 하나? 그런데 그렇게 해서 성공적으로 인생을 잘 마치는 사람, 학교 커리어career를 마치는 사람, 어쨌든 그렇게까지 자기의 미래에 대한 꿈을 스텝 바이 스텝step-by-step으로 결국 자신이 목표한 길로 꼭 가는 사람도 있어요. 그런데 어떤 학생은 보니까 아직 아무런 생각도 없어요. 내년쯤에는 졸업할 텐데, 그래도 자기 인생은 뭔가 보람되게 이웃을 위한 존재being for others로 한번 살고 싶다, 그런 철학은 있는데 구체적으로 어떻게 그걸 달성을 하려는지 그런 건 아직 없어요. 꿈이 있는 곳에 길이 있어요. 그러니 꿈을 가지고 있으면 돼요. 그런데 꿈이 돈을 많이 벌고 싶다? 이건 꿈이 아니라 욕심일지도 몰라요. 그런데 '뭘 하고 싶다' 하는 꿈이 있으면, 그리고 그 꿈을 가지고 노력하면 길이 나타나요. 어쨌든 하다가 중단하는 것은 결국 아무것도 아니겠죠. 어떤 예를 많이 보냐면, 박사 공부를 하고 교수를 하고 싶다, 그리고 몇 년 있으면 어디든 돼요. 얼마나 좋은 대학에 되는지는 운일지도 모르겠지만. 회사도 마찬가지에요.

여러분 리포트를 생각해 보지요. 리포트 대충대충 써낸다, 또는 나를 감동시키는 수준이 아닌 그런 리포트를 계속 쓴다고 생각을 해보면 나중에 자기 책상 위에는 대충대충 산 인생만 남을 것이다, 하는 생각이 들고요. 비유가 좀 적절치 않지만, 여러분이 무슨 물건을 사는데 돈이 충분치 않다, 그래서 싸구려 물건을 샀다, 할 수 없이 싸구려를 산 것이겠지만, 다음에도 또 여러 가지 이유로 싸구려를 사고 또 그러고 또 그러고, 그러면 나중에 자기 주위에는 싸구려 물건들로 가득 차는 거예요. 그래서 자기가 뭘 하나를 하든지 정성스럽게 하고, 친구를 만나도 정성스럽게 잘 해주고 하면 나중에는 다 좋은 사람으로, 좋은 물건으로 가득 차 있게 되고, 그게 멋있는 인생이 아닌가, 그런 생각이 들어요. 우리 교수들 사이에서도 무슨 일이 있냐면, 어떤 일을 해야 되겠다 그럼 이것을 누구한테 맡길까 누구를 시킬까 이런 생각을 하지요. 그럴 때 물어보면 대답이 두 가지가 나와. 저 사람은 잘 하는데 너무 바빠서 할 수가 있을까 이렇게 얘기가 나오는 게 한 가지, 또 하나는 저 친구는 지금 아무것도 하는 게 없어요, 한

가해요. 저 친구 시킵시다, 그러는 게 있어요. 그럴 땐 누구를 시켜야 하는 거예요? 지금 한가하게 지내고 있는 사람을 시키면 일을 잘 할 거라고 생각하는 사람도 꽤 있는 것 같아요. 그런데 많은 경우에는 지금 무지무지하게 바쁘지만, 우리가 생각할 때는 그 사람이 일을 하면 좋겠다, 그럼 그 사람 시키는 거예요. 그 사람이 왜 바쁘냐? 하나하나를 정성스럽게 잘 해주기 때문에 인기가 있어서 바쁜 거예요. 그리고 그 사람한테 또 다른 일을 시키면, 그래서 일단 맡으면 또 정성스럽게 잘 해줘요. 그런데 지금 조용히 지낸다, 그 사람한테 일을 시키면 아무것도 안 될 때가 많아요. 그래서 어떤 것이, 무엇이 중요한가, 이런 생각을 같이 해보면 좋을 것 같고요.

여러분 리포트를 읽어보면 대부분 어떤 작은 문제를 하나 집어서 쓰는 사람이 있어요. 구체성이 있어서 좋아요. 그런데 리포트를 구체적으로 쓰라고 하면 그렇게 써야 되겠지만, 생각을 할 때는 크게 생각해주는 것think big이 필요해요.

그래서 내가 많이 인용하는 얘기에 '토끼와 거북이'가 있어요. 토끼하고 거북이가 경주를 했는데 동화에서는 토끼가 중간에 낮잠을 자고 그래서 거북이가 이겼다. 우리는 거기서 무슨 가르침을 얻느냐? 쉬지 않고 끝까지 정진하면 이긴다. 이건 꼬마들한테 하는 얘기죠. 여러분은 어떻게 생각해요? 세상에 그런 일이 어디 있느냐, 어떻게 경주를 하는데 중간에 자냐, 그런 얘기도 하죠. 그러니까 세상에서 그런 일은 없어요. 단지 꼬마들한테 부지런히 하라는 그런 얘기를 하는 건데, 요새는 꼬마들도 똑똑해서 안 믿을지 몰라요. 분명히 단거리 경주를 하면 토끼가 이겨요. 그게 세상이에요. 그래서 자기가 토끼처럼 잘 뛰는 재주가 있으면 자기는 토끼처럼 단거리 경주를 해야 해요. 그런데 자기가 단거리 경주는 못 하는데 대신 수영을 잘 한다, 그러면 거북이는 수영 시합을 해야 하는 거예요. 그래서 자기가 잘 하고 있는 게 뭔지를 알아서 그걸 해야 되는 거다, 그거죠. 토끼는 몇 년 사는지 알아요? 한 2, 3년 산대요. 산이 있으면 자기집이 있을 거 아니에요? 거기서 한 1～2km 안에서 껑충껑충 뛰다가 어느 날 심장이 망가져서 죽는 걸로 돼 있어요. 그런데 거북이는 몇 년 살아요? 100년 사는 거예요. 거북이가 움직이는 반경은 태평양을 한 바퀴 도는 거예요. 그래서 승부를 한 1년 안에 내겠다, 내가 앞으로 1년 안에 세계에서 제일 유명한 학자가 되겠다, 1년 후에 사장이 되겠다, 그렇게 생각하지 말고 10년 후에 사장이 되겠다, 10년 후에 유명한 학자, 연구자가 되겠다, 그렇게 길게 크게 생각을 해주고, 스텝 바이 스텝step-by-step으로 가는 게 맞는 게 아닌가, 그런 생각이 들어요. 이런 마음으로 이 생물학강의를 듣고, 공부하세요.

생각할 이슈들

- 생물학, 생명공학에서 중요한 발견, 발명은 무엇인가?
- 그러한 발견, 발명은 어떻게 이루어졌는가?

2강

과학기술의 발달과
바이오테크놀로지

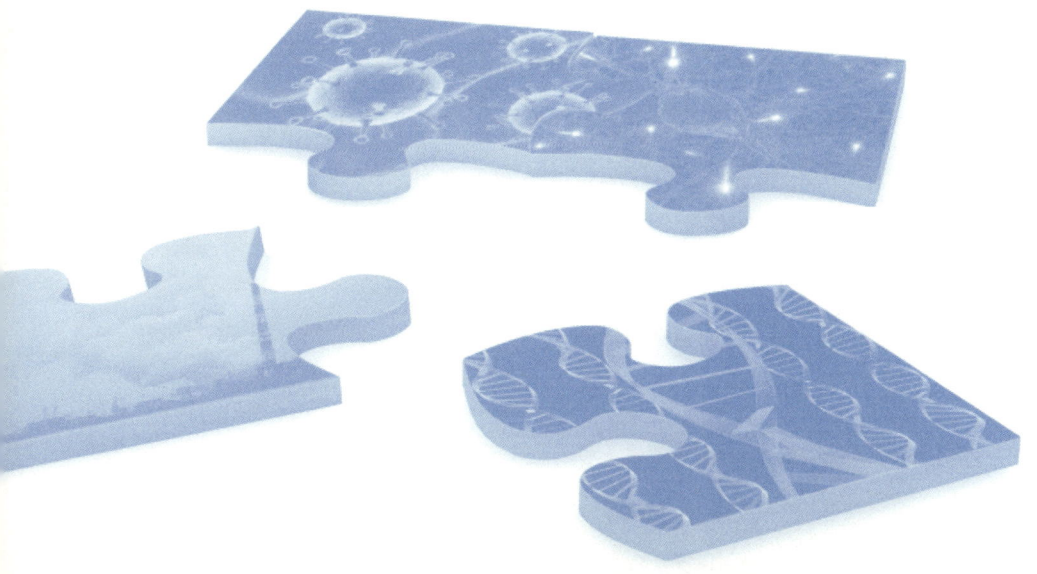

과학기술이 중요한 이유

오늘 함께 생각해 보고자 하는 것은 기술이 중요한가, 중요하다면 왜 중요한가예요. 회사의 경우, 새로운 기술을 연구 개발하는 것이 중요하다고 이야기하겠죠. 그것은 회사가 경쟁에서 살아남기 위해서, 회사가 발전하기 위해서 필요하다고 할 거예요. 여러분은 기술이 중요한가, 중요하다면 왜 중요한가에 대해서 어떻게 대답을 하겠어요?

생각할 이슈들

• 우리 사회/인류가 필요로 하는 기술은? 경제성은 낮지만 필요하면?
• 기술은 누구에 의하여 개발되는가? 기술개발 효과는 누가 누리는가?
• 나는 무슨 기술을 개발하고 싶은가?

기술이 중요한 이유 중에 가장 오래된 이유는 아마 전쟁에서부터 찾을 수 있을 거예요. 전쟁에서 승리하기 위해서는 상대방보다 더 좋은 무기가 있어야 되고, 전술이 있어야 되는데, 그 과정에서 기술이 중요한 것이죠. 나폴레옹이 전쟁에서 많이 이겼다, 어떻게 이겼느냐? 또는 이순신 장군이 왜군하고 싸워서 이겼다, 이긴 배경이 뭘까? 이순신 장군이 훌륭해서, 또는 나폴레옹이 훌륭한 군사전략가여서라고 이야기되고 있죠. 그런데 그 이면에는 뭐가 있느냐? 나폴레옹 군대는 기동력이 그렇게 강했대요. 기동력은 기술에서 나오는 것이죠. 전쟁에 관련된 과학기술 얘기를 쓴 책을 보면 그런 얘기들이 많이 나와요. 그리고 이순신 장군이 어떻게 배 몇 척으로 왜군을 물리쳤느냐. 그건 뭐라고 되어 있죠? 이순신 장군이 지형지물을 잘 이용해서 이겼다, 물론 이런 것도 한 가지 이유이겠죠. 그럼 우리는 악착같이 싸웠다, 왜군은 안 그랬을까? 왜군도 그랬겠지. 그런데 어떻게 알고 있어요? 왜군들이 처음엔 부산으로 들어와서 바닷가 해안에 진을 치고 있었고, 여기에 우리 이순신 장군이 거북선을 타고 가서 대포를 쏘면 왜군 진지까지 갔대요. 그런데 왜군이 대포를 쏘면 사정거리가 짧아 우리 쪽으로는 오지 못했대요. 이게 결국 기술 아니겠어요? 화약기술과 대포기술이 누가 위인가. 그러니까 우리는 쏠 만큼 쏘고 왜군은 쏴도 소용이 없으니까 우리가 이기는 거야. 전쟁에서 이기는 데는 여러 가지 이유가 있겠지만, 그 중에 하나는 이런 과학기술이라고 하는 것이 전쟁에서 승부를, 이기고 지고 하는 것을 갈라놓는 중요한 변수라는 것이에요.

또 기술이 왜 중요한 거예요? 흔히 기술이라고 하는 것이 질병에서 사람을 보호해주고, 먹거리를 제공해주고, 에너지를 주고, 소재도 만들어주고, 이런 것이 기술이다, 이래서 의미가 있는 거다, 이렇게 이야기하죠. 하지만 기술이 만병통치약이 아니에요. 질병에서 사람을 구한다, 그러면 지금 우리가 질병이 하나도 없느냐, 그거 아니죠. 그리고 우리 주위에는 암으로 고생하거나 죽는 사람 꽤 많죠, 그런 거 생각하면 아직도 멀었어, 갈 길은 멀었지만 과거에 비하면

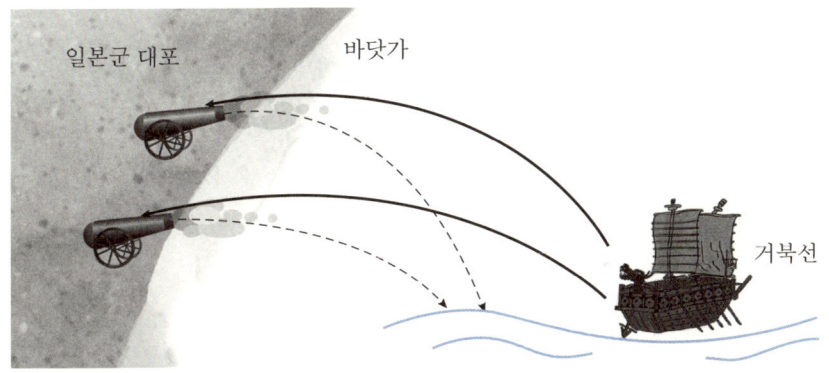

일본군 대포　　　바닷가

거북선

조선시대 국방과학 기술

거북선 대포의 사거리가 일본군 대포의 사거리보다 길었다.

많이 좋아진 거 아닌가, 과거라고 하는 것을 10년, 20년 전하고 비교하지 말고 100년 전하고 한번 비교를 해봐요.

독일의 비스마르크 재상이 활동하던 연대는 언제쯤이에요? 1860년대? 어쨌든 독일이 통일을 한 다음에 지금과 같이 발전을 한 거고, 그 전에는 조그만 제후, 귀족들로 나뉘어져 있었다 하죠. 그 당시에 교수들이 몇 세까지 근무했느냐, 정년보장tenure은 비스마르크 재상 때 65세까지로 정해졌어요. 150년이 지난 지금도 교수는 65세까지 근무하는 거예요. 똑같아. 그런데 왜 비스마르크 때 그렇게 했느냐. 그 당시 평균 수명이 45세였대요. 그래서 65세이면 지금 우리한테는 8,90 정도인거야. 그래서 90까지 근무해도 좋다는 거는 교수가 늙어 죽을 때까지 일을 하고 강의를 해도 좋다는 거였어요. 교수를 그만큼 존경한 것이지요. 지금은 수명은 늘어났는데 정년은 같아. 좀 고치면 좋은데. 미국은 정년보장이 나이로 사람의 능력을 차별하는 것age discrimination이라고 해서 정년나이가 없어졌어요. 근무하고 싶을 때까지 근무해도 좋다, 이렇게 되어 있어. 우리나라도 아마 조만간 그렇게 될 거예요.

종합해보면, 100년 전만 해도 인간 수명이 45세였다, 지금은 65세다. 어떻게 그렇게 많이 증가했느냐? 한마디로 이야기하면 과학기술이다. 구체적으로는 뭐냐? 냉장고와 상하수도가 지난 100년 사이에 많이 보급이 되어서 사람이 음식을 먹을 때 신선한 음식, 깨끗한 물을 먹고 위생적이 되어서 사람 수명이 이렇게 길어진 것으로 되어 있어요. 그 다음에 의술이 발전해서 세균에 감염되거나 상처가 생기면 전에는 죽었는데 지금은 항생제 주사 맞고, 약 먹고 낫고 그러는 거죠. 이런 것들이 사람의 수명을 연장시켜 주는 큰일을 한 거다. 어떻게 보면 우리가 과학기술분야에 있는 사람으로서 이렇게 국가를 지키고 인류를 위해서 좋은 일을 하는 거다, 이런 자부심을 가져야 되는 얘기예요. 최근에 와서는 통신수단의 발전으로 미국에 있는 혹은 멀리 떨어져 있는 가족이나 친구와도 소통할 수 있다, 이거 얼마나 좋은 거냐. 보고 싶은 것, 알고 싶은 정보를 실시간으로 볼 수 있잖아. 20년 전만 해도 인터넷이 지금처럼 안 돼서 미국 연구소에서는 무슨 연구를 할까? 근데 몰라. 몰라서 어떻게 하냐면 출장을 가요. 여기서부터 미국까지 비행기를 타고 가서, 누구랑 약속을 해서 그 연구소 구경을 하고, 그 사람들이 무슨 연구를 하고 있는지 듣고, 그 다음에 그 사람들이 만든 카탈로그나 책자를 보고, 그 다음에 디스커션discussion을 하는 그런 시대였는데, 지금은 어떻게 돼? 지금은 그냥 이렇게 컴퓨터 키보드를 누르기만 하면 군사기밀, 회사기밀을 빼놓고는 전 세계에서 일어나는 일을 금방 알 수 있는 거죠. 세상이 달라졌어요. 그런 것들을 과학기술이 제공을 해주고 있는 거다.

과학기술이라고 하는 것이 이렇게 중요하지만, 반대로 이것의 한계도 있겠지. 우리는 과학기술분야에 있으니까 과학기술이 참 멋있는 것이고 나도 그 분야에 있으니까 나도 좀 좋은 일 할 수 있다. 이렇게 생각을 하는 자부심이 있지만 동시에 과학기술의 한계에 대해서도 생각을 해봐야 하는 거죠. 우리가 과학기술의 문제점, 한계라고 그러면 뭘 알고 있어요? 제일 많이 이야기하는 것이 원자폭탄. 사람을 죽이는 살상무기로 쓰였기 때문이에요. 또 누구는 원자탄이 있어서 전쟁이 안 일어나는 거다, 저거 막 쏘기 시작하면 다 죽으니까 거꾸로 원자탄이 전쟁을 억제하는 그런 효과도 있는 거 아니냐, 그렇지만 어쨌든 이런 것이 한쪽으로는 테러에도 사용되고 하니 나쁜 거다, 이런 것이 과학기술의 한계다, 말해요. 또 이런 예를 나열하려면 수도 없어요.

그런데 굳이 이런 과학기술의 혜택만을 얘기하자면, 과연 기술의 혜택을 누리는 사람은 누굴까요? 우리의 경우, 과학기술의 혜택을 많이 누리고 있지만, 가난한 나라 국민들은 혜택을 거의 못 누리고 있지요. 이런 것도 우리가 한번쯤은 생각해 봐야 하는 이슈가 아닌가, 생각해요.

과학기술도 변화한다

과학기술이 중요하고 이런 한계점 내지 문제점도 가지고 있지만 세상은 늘 변화한다, 따라서 과학기술도 변화한다, 이런 이야기를 하고 싶어요. 세상이 변화하는 게 대표적인 게 뭘까? 살다보면 어제나 오늘이나, 오늘이나 내일이나 별 차이가 없는 거 같아, 좀 연장extension을 해도 앞으로 1, 2년이 지나도 세상이 달라지지 않을 거 같아, 그런 것이 우리가 가지고 있는 착각의 하나에요. 적어도 나는 그런 착각을 많이 해. 지금 내가 누구를 만난다, 그러면 이 친구하고 수십 년을 만날 수 있을 것 같고 그런데 그렇지가 않아요. 만나다 보면 헤어지게 되고 나이가 들면 여러 이유로 죽는 사람도 생기고. 그러니까 만나는 것도 영원한 게 아니에요. 내가 여러분하고 이렇게 강의실에서 만난다, 오늘이 수요일이니까 다음 주 월요일에 또 만나야지, 그렇게 만나는 게 이번 학기에 서른 번. 그러고 나면 그 다음에 어떻게 될지 몰라. 그래서 모든 것은 항상 변화하는 건데 내가 여러분과 만나는 것은 예상이 가능한 거예요. 종강이 되면 나를 안 봐서 좋다, 여기 안 와서 좋다, 그런 건 예측을 할 수 있지만, 많은 경우 예측을 하지 못하고 그러려니 하고 지나가는 게 많지요.

그런데 가만히 지나간 것들을 돌이켜보면 세상은 많이 변하고 있다는 것을 느끼죠. 그런 예 중 대표적인 것이 이동수단이에요. 옛날에는 이동수단이 뭐였어요. 말을 타고 다녔다, 마차를 탔다, 증기기관 나오면서 자동차가 생겼다, 그러면서 기차도 생기고, 그러다가 비행기가 생겼다, 이렇게 생각하면 세상은 끊임없이 변화하고 있는 거야. 큰 스케일로 보면 말이지. 이거는 지금 한 1000년 스케일로 본 거겠지. 지금 당장은 비행기가 서울에서 뉴욕까지 열두 시간 만에 가지만 과거에 비하면 세상이 완전히 달라진 거 아니겠어요? 1950년, 60년에 한국에서 미국에 간 사람들은 많은 경우 배를 타고 갔어요. 배를 타고 여기서 일본으로 해서 미국까지 한 달 걸려서 갔어. 나보다 한 세대 위의 분들은 그렇게 가고, 그 다음 분들은 여기서 일본 가서 비행기 갈아타고 하와이 가서 또 비행기 갈아타고 미국 가고 그랬어요. 지금은 미국까지 한 번에 가죠. 이렇게 모든 것은 크게 보면 변하는 거다.

또 변화하는 게 뭐가 있을까? 지금은 우리가 석유화학시대라고 이야기해요. 우리가 입고 있는 옷, 소재 상당한 부분은 석유에서 나온다, 그렇죠? 그래서 석유화학의 전성시대에 살고 있는 거예요. 그럼 몇 백 년 전에도 석유화학으로부터 많은 걸 얻었느냐? 아니겠지. 100년 전만 하더라도 석유화학은 없었어요. 뭐가 있었어요? 석탄화학시대였다, 석탄으로부터 에너지를 얻고, 석탄으로부터 여러 가지 화학소재를 만들었어요. 그게 100년 전이에요. 그러다가 7,80년 전에 석유가 발견되고부터 석유화학공업이 발전을 하고 그러면서 화학공학 Chemical Engineering분야가 뜬 거예요. 그렇게 생각하면 세상에 영원한 것은 없고 모든 것은 변화하는 거다. 그러면 석유화학이 앞으로 또 100년 갈 건가, 또는 1000년 갈 건가? 어떻게 생각해요? 지금 당장 우리가 경험하고 있는 것은 원유가격이 올라간다, 원유가 50년 쓸 게 남았는지 100년 남았는지 모르겠다, 하지만 몇 백 년 쓸 게 남은 것 같지는 않다. 그걸 우리가 알고 있죠. 그래서 원유가격이 올라가는 거죠. 지금 같으면 중동, 이란의 정세가 불안정해서 올라가는 것도 있겠지만 기본적으로는 원유가격은 올라가게 돼 있다. 왜냐면 공급이 수요에 못 미치기 때문에 올라가는 거다. 또, 지금 우리가 당면하고 있는 문제는 지구온난화, 이산화탄소문제다. 계속해서 석유를 태우니까 이산화탄소가 계속해서 많이 나오고 이것은 다시 지구온난화로 연결되고, 그래서 겨울에 안 추워서 좋다, 이럴 수도 있지만 그것보다는 기상이변이 너무 많이 생겨서 거꾸로 더 문제라고 생각을 하는 거죠. 그 다음에 새로운 기술의 개발, 이런 것들이 지금 우리가 직면하고 있는 상황이다. 그러고 보면, 석유화학이 계속 갈 거냐? 아니다. 그럼 그 다음이 뭐냐? 앞으로의 세상은 바이오화학시대가 된다. 그래서 생물소재 즉, 나무라든가 풀이라든가 옥수수라든가 하는 생물소재 이런 데서부터 에너지를 만들고 소재를 만드는 시대가 된다. 왜 그래야 되느냐? 원유가격은 올라가는데 나무, 풀 이런 건 올라갈 염려가 적고 늘 재생가능renewable한 거고 여기서 이산화탄소가 나오지만 결국 식물이 자라는데 다시 이산화탄소가 사용되기 때문에 전체적으로 보면 이산화탄소를 걱정할 필요는 없다, 또한 바이오테크놀로지는 계속해서 발전하고 있다는 이점이 있기 때문이다, 하는 거예요.

세상은 이렇게 변하는 거다. 그래서 모든 것은 변화한다, 이런 생각을 가지고 오늘 우리가 책에 있는 내용을 보더라도 그 내용이 내일, 또는 내년에는 틀릴 수도 있다, 이런 생각을 해주는 게 맞는 것 같아요. 책에 있는 내용은 영원한 진리고 불멸의 진리다, 이것은 잘못된 태도 같아요. 그래서 모든 것은 변하는데, 또 다른 변화는 뭘까?

또 다른 변화는 퓨전이다. 지금은 우리가 많이 느끼는 게 자기 전공 하나만 가지고서 써먹기에는 퓨전된 것들이 많다. 예를 들면 BT와 IT가 퓨전이 되고, 또는 기계하고 전기공학하고 퓨전이 되는 것도 있고, 이런 식으로 퓨전 이야기를 하면, 요즘은 융합의 시대다. 그러니까 인문사회학과 과학기술이 퓨전되는 것도 있고, 이런 예는 수도 없이 많을 거예요. 이럴 때 우리가 어떻게 처신해야 하느냐, 특히 어떻게 준비를 해야 하느냐, 이런 관점에서 생각을 해보자고요. 한 20년쯤 전에 어느 대학교 공과대학에서 기계전기공학부라는 것을 만들었어요. 왜 그런 걸 만들었냐, 그랬더니 앞으로 세상은 메카트로닉스mechatronics의 세상이다, 메카트로닉스라는 게 기계공학하고 전기공학이 융합이 된, 그런 것들이 이제는 많이 중요해지기 때문에 양쪽을 다 공부를 해야 한다, 그래서 학생들이 기계전기공학부 들어와서 양쪽을 다 공부할 수 있게 해준다. 그런데 사람들이 혼란에 빠졌어요. 맞는 것 같기도 하고 틀린 거 같기도 하고. 그거 맞아요? 그러다가 조금 지나니까 사람들이 어떤 이야기를 하기 시작했냐면, 진짜 멋있는 로봇을 만들려고 한다. 그럼 어떤 사람이 필요할까? 기계전기공학을 둘 다 공부한 사람이 필요할까? 답은 아니다. 어떤 사람이 필요하냐? 기계를 아주 잘 아는 사람. 전기를 아주 잘 아는 사람. 두 사람이 팀워크를 이루면 좋은 로봇이 만들어진다. 그래서 결론은 뭐냐면 영어로 쓰면 이런 거죠. T자 형의 공부가 필요하다. 자기 분야는 깊게 알고, 기계공학이다 하면 최고의 기계공학자가 되고, 전기공학 전공자와 커뮤니케이션할 정도의 기본적인 상식이 있으면 되겠다, 이렇게 결론이 났어요. 그래서 어느 전공분야 하나를 중요하게 생각을 해야 한다!

그 다음에, 퓨전을 한다는 것은 기본적으로 개념, 콘셉트가 중요한 거다. 어떤 하나의 테크놀로지가 중요한 게 아니다. 왜냐면 테크놀로지는 계속해서 변화하기 때문에 그리고 발전하고 있기 때문에 영원한 게 아니고, 그래서 새로운 거를 하기 위해서는 콘셉트가 잘 돼 있는 게 중요하다, 라고 하는 이야기를 시작했어요. 그렇게 생각하면 지금 BT와 IT가 퓨전되는 것이 많고, BT와 CT가 퓨전되는 것도 많고, 이런 예는 수도 없이 많이 들 수 있을 텐데 제일 중요한 것은 한 가지 프린시플principle을 제대로 아는 것이다. 그러니까 테크놀로지를 이해하는 것이 아니라, 하나의 프린시플, 하나의 콘셉트를 확실히 이해하는 것이 이런 변화하는 시대에 자기의 재산이 될 수 있는 거다, 라는 이야기에요.

요약하면 기술이라고 하는 게 중요하고 모든 게 변화발전하는데 이 변화발전하는 것에 잘 대응하는 방법은 기초를 단단히 하는 거다, 한마디로 하면 그거예요. 자기 분야에 기초를 단단히 하는 거지, 이것저것 잡식으로 공부하는 것은 아니다 하는 얘기에요.

기술을 실용화하려면

이런 기술 개발에 영향을 주는 것, 또는 그 단계는 어떻게 되나? 그래서 맨 처음에 어떤 콘셉트나 아이디어가 가장 중요하겠지만, 이걸 가지고 우리가 실험실에서 뭔가 제품을 만들어 낸다든가 기술을 개발한다, 라고 이야기할 수 있는데, 이것만 가지고 우리가 생각하는 기술이 어떻게 제품이 되느냐 설명하려면 스케일업scale-up이 가능한가, 라고 하는 질문에 대해서 답이 있어야 되는 거예요. 실험실에서는 됐는데, 100㎥ 반응기에서도 그 제품이 만들어지는 것인가. 이런 것에 대해서 답이 없는 경우도 가끔 있어요. 한 30년 전쯤에 어느 연구소에서 특수섬유, 지금 군인들 방탄용으로 쓰이는 아주 좋은 섬유가 있는데 그것을 실험실 규모의 플라스크에서 합성을 했대요. 합성을 했더니 폴리머가 만들어졌는데 이것을 대량생산하려고 하니까 안 돼서 몇 년을 실패를 했어요. 이유는 A와 B가 반응을 해서 프로덕트product가 나오는데, A와 B가 순간적으로 반응해야 되고 이게 천천히 반응을 하면 안 되는가 봐. 그러니까 요만한 플라스크에서는 순간적으로—볼륨이 작으니까—반응을 하지만 큰 스케일에서는 A가 있는 데다 B를 집어넣는다고 해서 순간적으로 다 반응을 해버리느냐, 하면 그건 아니다. 그래서 스케일업을 못했어요. 제일 핵심은 순간적으로 A와 B를 반응시켜야 한다는 거죠. 처음에는 스케일업 방법을 몰랐던 거죠.

또 다른 게 뭐가 있냐면, 여러분 전기영동이라는 거 알아요? 대학 실험실 또는 연구실 수준에서 단백질이나 아미노산을 분리하는 방법 중의 하나는 이런 묵과 같은 젤에다가 샘플을 놓아요. 여기다 전기를 보내죠. 하나는 플러스, 하나는 마이너스. 그러면 묵 같은 젤이니까 샘플을 넣고 전기를 걸어주면 마이너스 전하charge를 가진 물질은 +전극 쪽으로, 플러스 전하를 가지면 −전극 쪽으로 움직여요. 이제 다 갔구나 싶으면 묵 같은 거니까 면도칼 같은 걸로 시료가 움직인 곳을 잘라. 그 속에 분리가 된 샘플이 있겠죠. 그러면 이제 그걸 다시 분석identify하든가 그 다음 단계 일을 하는 데 써먹든가 하는데 대량 생산도 그렇게 하면 되는가?

1980년대의 큰 변화 중에 하나는 유전자 조작을 통해 인슐린, 인터페론, 인간성장 호르몬과 같은 단백질 치료제가 많이 개발이 됐어요. 실험실에서는 인슐린을 어떻게 분리하느냐? 어떤 특정한 pH에서 단백질은 전하를 가지니까 전기영동 방법으로 분리를 했어요. 그래서 이렇게 면도칼로 오려내니까 이것이 인슐린이다, 그럼 이제 공장을 만들어야겠다, 그래서 수많은 사람들을 위한 치료제를 대량생산해야겠다. 어떻게 해요? 그러면 실험실 규모의 장치에서는 1mg 나오니까 한 1kg 만들기 위해서는 젤을 이 방room만하게 만들어서 한다. 이게 스케일업인가? 어떻게 해야 하나? 이 기술은 스케일업을 못했어요. 전하가 다른 것들을 전기로 끌어줘서 분리하는 게 전기영동인데, 왜 이게 크게는 안되느냐? 크게 하면 전압을 많이 걸어 줘야 하고, 엄청난 고전압의 전기가 들어가야 하고, 그러면 열이 발생하고, 그러면 단백질이 변성이 되요. 바이오 제품, 단백질 제품을 생산하면서 이런 문제가 생겼어요. 실험실에서는 분리가 됐지만 대량생산하는 상업적 기술로서의 가치는 없는 거죠. 그럼 어떻게 하느냐. 그래서 다른 방법으로 했어요. 크로마토그래피 등으로. 일각에선, 전기영동이 스케일업이 되면 참 좋겠다, 이걸 어떻게 스케일업을 할까? 전기영동을 연속적으로 하면 안 될까? 1kg를 분리하려면 어떻게 해야 할까? 그런 걸로 연구를 한 사람도 있었어요. 답을 알려줘요? 튜브에다가 전하를 걸고 전하가 서로 다른 것의 혼합물을 튜브에다가 연속적으로 넣어주면 어떤 일이 생길까? 마이너스 전하를 가진 것은 ⊕전극쪽으로, 플러스 전하를 가진 것은 ⊖전극쪽으로 움직이죠. 그러니까 시간이 흐르면 한쪽은 마이너스 전하, 다른 한쪽은 플러스 전하를 가진

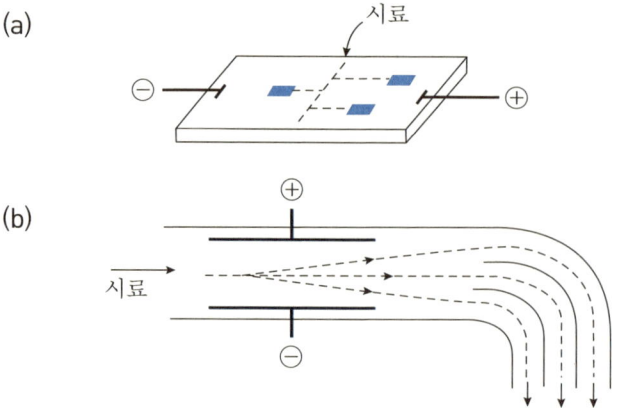

전기영동 모식도

(a) 실험실 방법, (b) 연속적 분리방법
(시료 중 ⊖전하를 가진 것은 ⊕전극쪽으로 이동한다.)

것으로 분리되는 것 아닙니까. 한 쪽에는 플러스 전하를 가진 것, 다른 한쪽에는 마이너스 전하를 가진 게 떨어지죠. 그래서 요즘에는 전기영동하는 것을 신경 안 쓰고 스케일업을 할 수 있는 기술이구나, 이렇게 생각을 해요. 어쨌든 그래서 스케일업을 한다는 게 아주 다른 콘셉트로 바뀌는 건데 스케일업을 할 수 있어야 이 기술이 가치가 있는 기술이 되는 거죠.

그 다음 경제적인 타당성이 있어야 한다. 밑지면 안 된다는 거예요. 물건을 만드는데 너무 비싸게 먹힌다, 경쟁제품 물건 값은 100원인데 이렇게 만들면 1,000원이다, 그럼 아무도 안 사요. 물론 질이 훨씬 좋으면 되죠. 그런데 질이 똑같다는 전제로 해서 비싸면 안 되는 거예요. 그래서 경제성이 있어야 한다. 하지만 예외도 있어요. 예를 들면, 태양광 솔라 패널solar panel을 통해서 전기를 만든다? 그거 엄청 비싸요. 대관령 가면 풍차 돌잖아요. 그걸로 전기를 만드는데 엄청 비싸요. 그래도 해. 경제성이 없어요. 그런데 그런 것들이 돌아가고 있어요. 그 이유는 뭐냐? 당장은 경제성이 없지만 그런 걸 통해서 기술이 개발되기를 기대하는 거죠. 그러니까 솔라 패널로 하게 되면 전기 값이 몇 배는 비싸게 나오는데, 기술은 계속해서 발전한다, 그러면 자꾸 연습을 할 수 있게 해줘야 언젠가는 더 좋은 기술이 나올 것이고, 그것이 장차 원자력발전으로 만드는 전기 값보다 더 경제성이 높을 것이라고 기대하는 거죠.

그 다음에, 사람들이 편안하게 느껴야 하겠죠. 지금 원자력에너지에 대해서는 불안론이 거세잖아요. 한마디로, 윤리적으로 허용이 돼야 하겠다. 우리가 그렇게 해도 되겠다는 공감대가 있어야겠죠. 그래서 이런 기본적인 아이디어가 있다고 해서 이것 가지고 세상이 달라지는 것이 아니라 다음 단계에서는 윤리적인 것들을 만족시켜야 하는 거다. 이런 것의 대표적인 예가 배아줄기세포죠. 이걸로 환자를 치료하자, 라고 누가 10년 전에 열심히 이야기했죠. 그랬더니 종교계에서 들고일어났죠. 정자와 난자가 만나는 순간에 생명이 탄생하는 것 아니냐. 그런데 그 생명체로 장기를 만든다? 이건 말도 안 된다. 그래서 문제제기를 했지요. 그 결과 어떻게 됐어요? 그 배아줄기세포로 연구하는 사람들도 있었지만, 또 어떤 사람들은 가톨릭 이야기가 맞는 것 같으니까 다른 방법으로 줄기세포를 만들 순 없을까 고민하다 성체줄기세포, 또는 역분화줄기세포와 같은 다른 방법들을 찾아낸 거죠. 사회적으로 문제제기가 안됐으면 그런 방법은 안 나왔을지도 몰라요. 아니면 천천히 나왔든지. 어쨌든 우리 사회가 그런 것을 편안하게 받아들일 수 있게 하기 위해 고민한 결과 기술들이 발전할 수 있지 않았나 하는 거예요.

요약하면, 아이디어만으로 되는 게 아니라 스케일업이 가능하고, 안전성, 윤리, 경제성이 다 갖춰져야 기술로서 가치가 있다는 이야깁니다.

과학과 기술

사이언스science, 테크놀로지technology, 그리고 엔지니어링engineering이란 게 뭐가 다른가. 한번은 집고 넘어가야 하는 문제예요. 기술과 사이언스와 구별을 못하겠다는 사람은 없죠. 우리 재료공학부 교수하시던 분이 지금 국가과학기술위원회 위원장을 하는데 그분 이야기가 그거예요. 돈을 가지고 새로운 지식을 만들어내는 것, 뭐든 새로운 걸 알아내는 것, 이건 사이언스다. 사이언스는 새로운 지식을 창출하는 거다. 테크놀로지는 그렇게 만들어진 지식을 가지고 의미가 있는 일을 하는 거다. 다시 말하면 돈을 만들어내는 게 테크놀로지다. 이렇게 이야기하고 있는데 여기서 과학이라고 하는 것은 엔지니어링 사이언스가 포함된 이야기예요. 우리가 학교에서 공부하는 것은 테크놀로지라기보다 엔지니어링 사이언스를 공부하는 거예요. 그러니까 어떤 원리를 공부하는 거지, 단순한 테크닉 이런 것을 공부하는 게 아니에요.

자, 그럼 이제 소위 사이언스의 지식과 테크놀로지는 어떤 과정을 통해서 개발되는 것인가 생각을 해보지요. 나름대로 가설을 세우는 단계부터 시작하는 거다. 그래서 가설을 세우고, 그 다음 단계는 테스트를 해서 자기 가설이 맞는지를 검증해보고, 그래서 자기의 가설이 맞으면 하나의 작은 결론이 되고, 이것이 일반화generalization되면 이론이 되는 거다. 우리가 어떤 이론에 대해서 이런 과정을 이야기하죠. 그럼 여기서 제일 중요한 것이 가설이다. 이것보다 더 근본적인 것은 뭐냐. 이러한 시스템, 문제에 대한 관심이죠. 관심도 없는데 이론이 나오는 경우는 없을 거예요. 그러니까 어떤 문제에 대해 관심이 있다, 나는 왜 오후 1시만 되면 졸리는가, 수업시간에도 잠만 자나, 이런 것에 대해서 고민을 하면 이유가 있을 거라고. 그러면 나름대로 '아, 이게 그랬구나' 알게 되잖아요.

예를 들면, 나는 요새는 일 년에 한 번쯤, 혹은 두 번쯤 감기에 걸리는데 여러분 나이 때는 일 년에 열 번쯤 걸렸던 것 같아. 그런데 감기 걸리면 내가 왜 감기 걸렸을까, 이런 생각을 하거든요. 내가 왜 감기에 잘 걸릴까, 가만히 생각을 해보는 거야.

여러분은 지금 커피 하루 종일 먹고서도 잠이 잘 오죠? 나는 오후 한 서너 시 넘어서 커피 마시면 잠을 잘 못 자. 오전에는 내가 커피 한 잔씩 먹는데 점심 먹고 나면 안 먹어요. 그게 언제 시작되었냐면 서른 살쯤 돼서 어느 날 잠을 못 잤어. 그리고 그 다음 날에도 잠을 못 잤어. 왜 잠이 안 왔을까 생각을 하다 보니 몇 가지 가설이 나왔어요. 그러니까 내가 잠을 못 잤다는 것은 중요한 관심이고, 그래서 생각을 해보니까 오후 서너 시 지나서 커피를 마신 날은 잠이 잘 안온 거 같다, 커피가 내 수면을 방해하는 거 같다는 가설이 되겠죠. 테스트를 어떻게 해? 오후 되서 일부러 커피 먹는 거죠. 그럼 그날 밤 잠이 안 온다? 내 가설이 맞는 것 같다. 다음날은 다른 조건은 비슷한데 커피를 안 마셨어. 잠이 잘 왔어. 그럼 내 가설이 맞다. 그럼 결론이죠. 커피를 오후에 마시면 잠 안 오는 사람들이 꽤 많아요. 그런데 커피가 왜 그러냐? 커피 속에 카페인이 있어서 그렇다. 카페인은 커피만 있느냐? 홍차에도 있고 다른 드링크에도 있다, 그런데 카페인은 홍차에도 많은데 밤 열 시에 마셔도 잠 잘 자. 그럼 커피의 카페인하고 홍차의 카페인은 무엇이 좀 다른 것 같다. 내지는 홍차에는 카페인이 수면을 방해하는 작용을 하는 걸 다시 방해하는 뭔가 있을 수도 있겠다, 이렇게 여러 가지 생각을 할 수가 있어야 되는 거죠. 그래서 커피 마시고 잠 안 오는 건 왜 그럴까? 이런 일상적인 것에서부터 이렇게 나름대로 가설을 생각하고 테스트를 하고 결론을 내리고, 이런 것들이 나만의 문제가 아니라 많은 사람들의 문제고, 커피 자체라기보다 커피 속의 카페인에 관련된 문제다, 이렇게 일반적으로 만들면 하나의 이론이 되는 거겠죠.

이런 걸 왜 만들어내야 하는가? 흥미가 있어서 만들어낼 수도 있겠지. 그런데 이런 이론이 있으면 뭔가 설명을 할 수 있으니까 우리가 가진 지식이 늘어나는 거죠. 그래서 그 새로운 지식을 다른 것에 접목하면 또 새로운 지식이 생기고 결과물이 생기는 거죠. 또는 새로운 기술이 생기는 거다, 이런 것의 기반이 지식이다, 그렇다면 이런 일을 하게 되면 그 다음에는 내가 오늘 오후 다섯 시에 커피를 먹으면 오늘밤은 잠을 잘 못 잘 거다, 라고 하는 예상이 가능한 거예요. 뻔한 거 아니냐고 하지만 이런 식의 이론, 모델이 있으면 미래를 예측할 수 있는 거다. 이런 건 과학에서만 나오는 것이 아니라 역사, 사회과학도 마찬가지에요. 사회과학에서도 이런 과정을 거쳐서 뭘 만들어내는 거예요.

이런 것들이 기술개발의 과정인데, 제일 중요한 게 뭐냐면 자기가 어떤 문제에 관심을 가지고 문제제기를 하는 마인드가 모든 것의 시작이고 그 다음에는 생각을 한다고 그랬는데 이 생각이라고 하는 게 몰입을 해야 한다는 거야. 「몰입」이란 책에 보면, 몰입을 하면 꿈에서 수식이 도출이 되고 새로운 이론이 나온대요. 어떤 문제가 생기면 그 문제에 대해서 아주 골똘하게 며칠이고 며칠 밤이고 생각을 하다 보면 답이 나온다는 거예요. 물론 아이디어 수준의 답이 나오는 것이겠지만, 그래서 이런 것이 참 중요하다 이거죠. 그래서 여러분도 집중해서 공부를 해야 한다, 공부를 할 때만 집중하는 게 아니라 골치 아픈 문제가 있어도, 궁금한 게 있어도 집중을 하면 답을 찾을 수 있다. 그럼 어떻게 집중하는 거냐? 사람마다 다르겠지만 궁금하면 책 보세요.

바이오테크놀로지

자, 지금까지 이런 일반적인 사이언스다, 테크놀로지다, 모든 건 변화한다고 하는 얘기는 왜 했느냐? 이런 것들을 염두에 두고 바이오테크놀로지, 또는 바이오사이언스라고 하는 것을 이해했으면 좋겠다는 이유에서 지금까지 이런 저런 이야기를 한 거예요. 그래서 바이오테크놀로지 또는 바이오사이언스, 하나는 사이언스란 말을 썼고 하나는 테크놀로지라는 말을 썼는데, 여러분 생물에 관련된 교과서를 보면 맨 처음에 나오는 것 중에 하나가 히스토리예요. 몇 년도에 누가 뭘 했고 몇 년도에 누가 뭘 찾아냈고 만들어냈고 뭐 그런 거죠. 그래서 그 내용이 무엇인지 이해하고 지나가면 되는 거지 외울 필요는 없을 거예요. 근데 크게 보면 1973년을 기점으로 해서 그 전에 있었던 바이오테크놀로지하고 1973년 이후의 바이오테크놀로지는 좀 다르다. 뭐가 다를까요? 유전자 재조합기술이 소개된 것이 1973년이고, 세포 융합기술이 소개된 것이 1975년이에요. 그 이후에는 세상이 많이 달라졌죠. 전통적인 바이오테크놀로지, 혹은 옛날 바이오테크놀로지라는 게 바로 빵을 만드는 거예요. 빵을 만드는 게 왜 바이오테크놀로지예요? 그 속에 이스트를 넣은 거죠. 이스트가 들어가서 뭘 해준 거예요? 이스트가 들어가서 밀가루를 부풀렸어. 밀가루를 그냥 먹으면 딱딱할 텐데 부풀려 만드니까 아주 소프트해졌어. 맛이 좋아진 거지. 두 번째는, 그냥 빵을 먹으면 밀가루 맛인데, 이스트를 같이 먹는 거잖아. 이스트맛 때문에 그 빵 맛이 좋아지고 아주 소프트해지고. 그런 것부터 시작을 해가지고 술맛도 그런 거고 된장, 고추장, 치즈, 식초 다 그런 거겠지. 더 거슬러 올라가면, 1950년대에 페니실린이 만들어지고 여러 항생제도 있겠지만, 크게 보면 1973년 전의 전통적 바이오테크놀로지, 그리고 그 이후의 현대 바이오테크놀로지로 나눌 수 있겠다. 그런데 지금 우리가 이렇게 바이오테크놀로지 또는 바이오사이언스를

Red BT	Green BT	White BT
바이오의약품	농업	에너지
의료바이오	식품	화학소재
		환경

색(color)으로 보는 생명공학(Biotechnology, BT)의 분류

유럽(EU)에서는 바이오의약품, 의료바이오는 인체의 혈액을 나타내는 red로 표현하고, 농업, 식품관련 생명공학은 논, 밭을 나타내는 green으로 표현하고, 바이오에너지, 화학소재, 환경 관련 생명공학은 공해가 없다는 의미에서 white로 표현하고 있다.

공부하는 이유는 1973년 이후에 수많은 가능성이 제시돼서 그런 거다, 뭔가 세상이 많이 달라질 거 같은 그런 것들이 소개돼서 그런 거다, 하는 거예요.

그럼 이 바이오테크놀로지가 갖는 장점이 뭘까? 수천 년간은 그저 그런 정도로만 바이오가 소개가 됐는데, 1973년 이후에는 뭔가 무한한 가능성을 본 거겠죠. 유전자를 다룰 수 있다, 라고 하는 것이 소개가 되면서부터 가능성이 높아진 거예요. 그러니까 유전자를 다룬다, 유전자를 조작을 하게 되면서부터 인슐린, 인터페론 이런 단백질 치료제도 많이 만들어내게 된 거죠. 그 전에는 그런 것 만들어낸다는 생각을 못했어요. 인슐린, 인터페론 분자구조가 얼마나 복잡해, 그런 걸 어떻게 합성을 하겠어요. 무지하게 비싸고 무지하게 복잡한데 이런 것이 가능해지니까 '싸게 쉽게 되더라' 이런 가능성이 열리게 된 거겠죠.

그 다음에는 미생물 속에는, 세포 속에는 효소라고 하는 게 있는데, 아직도 이 분야는 초창기라고 할 수 있어요. 그럼 효소가 몇 개냐, 몇 가지나 있을까? 한 오천 개쯤 알려져 있어요. 그럼 우리 세포사이즈가 얼마만한가? 한 1~2 마이크론짜리 조그만 세포 속에 효소가 몇 천 개쯤 있을 거예요. 그러니까 분자

세계라는 것이 좀 다른 세상 같아. 효소 하나가 화학반응 하나를 수행한다고 가정을 하면, 수천 개의 화학반응이 가능한 거죠. 여러분 유기화학에서 화학 메커니즘 많이 배우죠? 한 몇 개를 배워요? 한 수십 개쯤 배울 거예요. 물론 프린시플로 하면 산화, 환원, 에스테르화 등 뭐 이렇게 배우겠지만, 효소도 그런 반응을 다하는 거예요. 그 종류가 한 오천 가지쯤 되니까 오천 개의 반응이 수행된다, 그럼 화학 테크놀로지에 비해서 얼마나 포텐셜이 큰 거예요? 우리가 아직 다 찾지 못했을 뿐이지. 그 다음에 옛날에는 있는 효소 가져다 썼는데, 지금은 효소도 우리가 마음대로 상당한 부분 유전자 조작을 해서 새로운 효소를 만들 수 있다는 거예요. 그 다음에 아까 석유화학하면서 얘기했지만, 바이오화학은 땅 속에 있는 걸 쓰는 게 아닌, 재생 가능한 자원renewable resource을 사용하는 거다, 그러니까 미생물을 키울 때 우리 밥 먹듯이, 콩가루 주고 뭐뭐 주면 미생물 자라요. 또는 저런 산에 있는 나무, 억새, 갈대 이런 거 가져다가 케미컬을 만들 수 있어요. 그러니까 이런 가능성들이 있기 때문에 바이오테크놀로지라고 하는 것이 좋은 것이에요. 화학공정의 단점은 위험하고, 나쁜 가스 냄새 나고, 물론 바이오에도 취약한 부분도 있겠지만 대부분 상온 상압에서 반응을 하니까 안전 그거 큰 문제 아니죠. 그러니까 훨씬 더 인간친화적인 그런 것 아니겠는가. 그래서 바이오테크놀로지라는 게 이렇게 많은 가능성이 있기 때문에 지난 73년부터 계속 많은 발전을 해왔고 그 결과로 이렇게 한 학기 공부를 하는 거다, 생각하면 되겠죠.

생물학의 시작

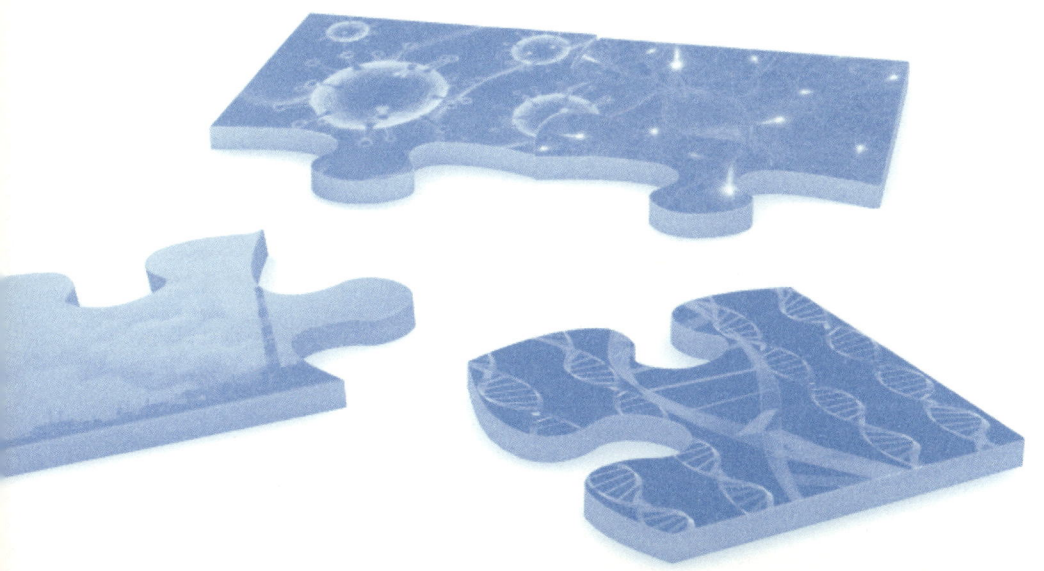

인간은 살아있는 동안 육체적인 면과 정신적인 면 두 가지가 함께 일어난다, 그래서 우리가 밥을 먹고, 운동을 하고, 호흡을 하고, 그래서 이런 육체적인 것이 한 쪽에서 일어나고, 동시에 우리는 어떤 감정이 일고, 심리작용도 있고, 이런 정신적인 것이 일어나고 있는 거예요. 어떻게 생각하면, '우리가 생각하는 것도 뇌에서 일어나는 대사작용이다'라고 생각할 수 있고, 그래서 정신적인 것, 심리적인 것도 다 육체적인 것의 한 부분이다, 라고도 생각할 수 있죠. 그러나 과거에는, 우리의 과학은 정신적인 또는 심리적인 것을 육체적인 한 부분으로 다루는 것이 어렵거나 불가능하다고 생각해서 두 개를 다르게 취급을 해왔어요.

예로부터 우리나라엔 '화병으로 죽는다'는 말이 있어요. 어떤 일을 당해서 분하고 억울하고 그러면 그것이 마음에 계속 쌓여서 죽는 사람이 많았다고 해요. 현대적으로 해석하면, 이 스트레스라고 하는 것은 누가 나한테 정신적으로 압박감, 피해를 주기 때문에 받는 그런 스트레스, 공부를 많이 해야 된다, 잘해야 된다, 등등 스트레스라고 하는 게 있잖아요. 그럼 스트레스는 분명히 정신적인 것이고 심리적인 것인데, 이것이 이런 생리적인 것에 영향을 미치고 있는 것이 현실이겠죠. 그래서 '암의 원인이 뭐냐'라고 얘기하면, 유전자가 암에 걸리는 유전자라서 그렇다. 그럼 암에 걸리는 유전자가 있으면 다 암에 걸리냐? 그건 아니다. 어떤 외부의 스트레스에 의해서 그 유전자가 발현되는 거다. 그럼 외부의 스트레스가 뭐냐? 우리가 깨끗하지 않은 음식을 먹는다, 깨끗하지 않은 공기를 마신다, 깨끗하지 않은 물을 먹는다, 이런 종류도 있지만 정신적인 스트레스도 암의 원인이다, 이렇게 얘길 한다 말이죠. 그럼 우리가 깨끗하지 않은 음식, 유독한 공기, 이것은 화학물질이니까 '아! 그게 들어가서 우리 몸의 DNA를 변화시킬 것이다' 그리 생각은 할 수 있지만, 정신적인 스트레스를 받아도 몇 가지 경로를 거치면 암이 생긴다. 그래서 어떻게 보면 육체적인 것과 정신적인 것은 서로 연결이 돼 있는데 우린 아직 잘 모를 뿐이다, 이 얘깁니다. 우리 학부 교수 중 한 분이 연구하는 것이 '스트레스 단백질'인데, 스트레스를 받으면 어떻게 되나, 우리 몸에 생리적인 것이 어떻게 달라지나 등등의 연구를 해요. 그래서 이 둘이 같이 통해져 있는 것이긴 하지만, 이것은 우리가 아직 잘 모르는 다른 영역이고, 아직은 상관관계도 잘 모르기 때문에, 대학에서 공부하는 수준은 이런 생리적인 것을 우선 이해를 하자, 그래서 이런 이해의 시작점으로서 세포를 공부하는 것이에요.

세포의 특징과 역할

생각할 이슈들

• 원핵세포에 비해 진핵세포의 장점은?
• 고온성, 중온성, 저온성 미생물의 차이, 응용성은? 이러한 것들을 연구하는 세계적인 연구소는?

그러면, 세포라고 하는 것은 무엇이냐? 세포의 특징은 무엇이냐? 일반적으로 세포의 특징을 6가지로 나누고 있는데, 무엇인지 외우는 것은 바보 같은 짓이다. 여섯 가지가 어떤 의미를 가지는지 이해하는 것이 중요한 게 아닌가 생각해요. 어쨌든 세포의 특징은, 세포는 성장growth하는 거다, 또 증식reproduction을 하고, 그 다음에 유지maintenance를 하고, 그 다음엔 외부의 어떤 조건에 의해서 반응response, 소통communication을 하고, 분화differentiation를 한다, 이거예요. 여러분한테 이 세포가 하는 일이 무엇이냐 하고 물으면, 여러분도 이렇게 여섯 개를 쓰거나 열 개를 쓰거나 서너 개를 쓰거나 다 그럴 수가 있다, 생각하면 되죠. 그래서 여섯 개가 뭔지를 아는 것은 그렇게 중요한 게 아닌데, '그럼 뭐가 중요할까' 하면 이 세포라고 하는 것은 바로 생명체, life의 한 파트이다. 그런 면에서 비생명체 즉, 생명체가 아닌 것과의 차이를 생각하는 것이 중요한 거죠. 생명체가 아닌 것 하면 생각할 수 있는 건, 로봇이에요. 기계, 전기 이런 걸로 만드는 로봇을 생각해보면, 그래도 소프트웨어를 집어 넣어주면 활동을 해요. 하지만 그게 자라느냐? 아니다! 그럼 번식하느냐? 아니다! 다만, 어디 망가지면 고친다, 외부의 어떤 자극에 대해서 반응한다, 사람들과 또는 자기들끼리 소통한다, 다음엔 그 속에 여러 가지 분화를 한다, 이건 뭐 맞는 것도 있고 안 맞는 것도 있겠죠. 어쨌든, 그럼 이번엔 로봇과 바이러스가 뭐가 다른 거냐? 이런 생각 한 번쯤 해볼 수 있겠죠. 나는 여러분이 생각을 자꾸 분자수준으로 해야 한다 생각해요. 그러니까 성장을 한다고 하는 것은 무엇일까? 성장을 하기 위해서는 어떤 일이 세포에서 일어나는 걸까? 이런 식으로 생각을 파고 들어보는 거예요.

대사작용의 메커니즘

기본적으로 우리 인체 안에서 일어나는 화학반응들을 대사작용-metabolism이라 얘길 해요. 대사작용은 우리가 음식을 먹었으면 그걸 분해시켜서 에너지를 얻는 그런 분해과정과 거기서부터 우리가 필요로 하는 것, 예를 들면 단백질이라든가 호르몬 등을 만들어가는 그런 합성과정 그리고 번식, 유지, 반응과정을 통틀어 말하는 거죠. 벌이 꿀이 있는 데로 모여드는 것, 그런 것도 어떤 작용이 있는 거죠. 외부에 이렇게 자기 먹을 것이 있다, 먹이가 있다, 그럼 그것을 감지하고 가는 것 또는 미생물 박테리아조차도 먹을 것이 있으면 움직여 가죠. 먹이가 스스로 숟가락 위에 올라가 '나 먹으시오' 하고 오진 않잖아. 미생물도 자기가 움직여서 가야 되는 거예요, 먹이가 있는 데로. 그러니까 박테리아가 그렇게 움직이는 거지. 박테리아가 움직이려면 그냥 데굴데굴 굴러갈 수는 없는 거고, 편모flagella가 있어서 어디에 먹이가 있다, 먹이라고 하는 게 예를 들면 포도당 또는 전분 등 그런 게 있으면 뭔가 감지를 해 가지고 옮겨간다, 그래서 화학주성chemotaxis이라는 용어를 쓰죠. chemo-는 chemical한 것, 결국은 전분에서 전분 한 조각 케미칼chemical이 돌아다니다가 박테리아를 자극을 하면 -taxi 되는 거지. Taxi라는 게 길거리에서 돈 주고 타는 차, 그것도 taxi지만 기본은 움직여 간다는 거예요. 비행기가 움직여 굴러가는 것도 taxi라고 하잖아. 어쨌든 그렇게 움직여 가는 것을 chemotaxis라고 하는데, 사람들이 이렇게 뜨거운 물에다 손을 담그면 얼른 빼는 것, 이런 것 다 이런 작용에 의한 것일 것이고, '소통을 한다' 사람은 이렇게 말을 하지만, 소통이란 '말'로 하는 것만이 아니라 서로 상대방의 뜻과 뜻, 어떤 상태와 상태가 서로 교통하는 것을 소통이라 그러면 여러 가지가 있을 거예요. 그래서 이 소통에 관련된 것도 중요한 주제의 하나가 될 것이고, 세포 하나가 두 개로 쪼개지고 이렇게 해서 분화가 돼서 조직이 되는 것 이것도 참 중요한 이슈죠. 어쨌든, 이런 이슈들이 중요하다, 하는 정도의 얘길 해둡시다.

그러면 이러한 일들이 일어나는 과정의 메커니즘mechanism은 뭘까? 하나씩 하나씩 볼 수도 있지만, 이제 크게 봐서 여기에선 무슨 일이 일어날까, 여기에선 이런 일들이 일어나기 위해 에너지가 공급이 되어야 한다, 그리고 이러한 과정이라고 하는 것은 효소반응에 의해서 다 모든 게 일어나고 있고, 어딘가에 의해서 조절되고 있는 거다, 하는 거예요. 그래서 생물체에서 일어나는 여러 가지 대사작용을 논할 때는 어떤 관점이냐? 에너지가 공급되는 관점. 에너지가 어떻게 만들어지냐? 에너지가 필요할 때마다 만들어질까? 아님 저장되는 곳도 있을까? 생각해 보면은 질문이 막 나오잖아. 우리 몸에서 에너지가 어떻게 만들어지나, 에너지는 어떻게 운반이 되나, 이렇게 따지면 아직도 모르는 게 많아. 전부 일어나는 것이, 뭘 하나 하는 것이 하나하나 다 효소반응이다, 이거예요. 그다음에는 이것이 필요할 때만 일어나는 거지, 필요 없을 때는 일어나지 않는다. 그러니까 세포에서 일어나는 일을 어딘가에서 조절해주는 뭔가가 있는 거다, 하는 것이고.

그래서 나중에 가면 대사작용에서 에너지가 어떻게 만들어지는지, 또는 에너지를 저장하는 메커니즘이 뭔지, 이런 것을 공부를 하게 될 것이다. 그다음에는 대사작용을 이해하다 보면, 포도당이 하나의 먹이로서 세포 안에 들어갔을 때에, 여기서부터 여러 가지 반응들이 일어나는 거, 또는 호흡을 하는 거, 이러한 과정이라고 하는 것이 수많은 화학반응들의 집합이다, 이런 것들을 이해하는 거고. 하지만 필요할 때만 일어나는 거다. 필요 없으면 일어날 필요가 없는 거죠. 필요 없는데도 일을 하면 에너지 낭비잖아. 그래서 필요할 때 하는 그런 조절 메커니즘을 이해하는 것이 중요한데, 그래서 이런 것들을 공부를 하고, 그래서 우리가 이런 에너지 공급, 효소반응, 조절 메커니즘을 공부를 한다, 라고 하면은 세포 안에서 일어는 현상을 이해하기 위한 거다. 한마디로 어떻게 해서 그런 현상이 일어나는 것을 이해하는 것이 첫 번째 목표다, 하는 거예요. 그다음에, 이걸 어떻게 하면 써먹을 수 있을까, 이런 생각을 해야죠. 또는 어떻게 하면 에너지를 더 만들어낼 수 있을까, 그런 생각도 해보고, 뭐 꼭 살아있는 세포에서만 에너지가 만들어지나, 그냥 어떻게 인공적인 반응기를 만들어서 거기서 광합성을 하면 안 될까, 이런 생각도 해보고. 적어도 그 과학 하는 사람들이 생각하는 것은 왜 그런가 생각하는 건데, 응용학문을 공부하는 사람들은 생각을 다양하게 하는 거지. 생각을 다양하게 하다보면, 또 새로 질문을 해야 돼요. '왜 그런가' 이걸 알아야지 그걸 어떻게 써먹을지를 생각할 수 있죠. 그래서 그걸 써먹으려고 하다 보면 자연과학을 하는 사람보다 궁금한 게 더 많아져요. 자연과학을 하는 사람은 그냥 '이거 왜 이렇게 되지?' 이러는데, 우리는 이걸 잘 되게 만들려면 이게 왜 이렇게 되는지를 알아야 되겠다, 해서 계속 새롭게 질문을 하는 거예요.

세포의 구조

그럼 세포cell라고 하는 것은 어떻게 생겼느냐? 상식적으로 cell이라고 하는 게 뭔지 알아요? cell은 세포다 뭐 이런 얘기하지 말고——그걸 번역하자고 하는 질문은 아닐 텐데——어떤 설명이나 배경 얘길 듣고 싶은 거지. 근데 우리는 습관적으로 cell이 뭐냐 그러면 세포다, 이렇게 하면 다른 생각이 안 나오잖아. 어쨌든, 나는 수도원을 가보진 않았지만, 수도원은 작은 방들이 여러 개 있다고 해요. 그 하나 하나를 셀cell이라고 한대요. 후크Hooke란 사람이 현미경으로 코르크 조각을 들여다봤더니 조그만 방들이 있더래. 그래서 이게 셀cell이다, 이렇게 얘길했다는 거죠.

기본적으로 우리가 세포를 이해할 때, 세포 속에는 핵도 있고, 미토콘드리아도 있고, 뭐 많다, 이렇게 얘기를 하지만, 거시적인 관점에서는 세포는 80%가 물로 되어 있다, 그럼 나머지 한 20%가 내용물이다, 하고 이해하게 돼요. 그러면 또 하나, 세포는 그냥 80%가 물이다, 라고 생각을 하고 더 이상 생각도 안 하는데, 물이 그러면 균일하게 골고루 세포에 퍼져 있느냐, 아니면 불균일하게 어떤 부분은 물이 더 많고 어떤 부분은 물이 더 적고 한 것이냐, 이런 생각도 할 수 있겠죠. 그래서 알려진 것이, 세포는 기본적으로 80%가 물이라고 하지만,

어떤 지역은 소수성hydrophobic이 강하고, 어떤 지역은 친수성hydrophilic이 강하다, 이거예요. 그럼 경계선이 뭐냐? 우리가 어떤 물질을 얘기를 할 때, 이것이 소수성인지 친수성인지라고 하는 관점에서 생각하는 것은 중요한 것 같다, 왜냐하면 친수성인 것은 친수성인 것끼리 어울리고, 소수성인 것은 소수성인 것끼리 어울리기 때문이에요. 그러면 우리 세포 안에는 예를 들어 효소가 2,000개나 있다, 그러니까 우리 몸에서 일어나는 것은 전부 다 이런 효소반응이라고 그랬는데, 효소 반응이 몇 가지나 일어나느냐? 효소는 필요할 때 만들어져서 반응에 들어가는 것도 있고, 항상 존재하는 것도 있고. 항상 존재하는 것은 항상 존재해야 되니까, 우리가 호흡을 할 때 필요한 효소는 우리에게 항상 필요한 것이고, 우리가 밥 먹을 때 소화에 필요한 효소는 우리가 밥을 먹을 때만 나와 주면 되는 거죠. 밥도 안 먹었는데 소화 효소가 나올 필요는 없는 거지. 어쨌든, 그럼 이런 효소들이 세포 내에, 심하게 표현하면, 2,000개가 막 흩어져 있는 거야. 그렇게 생각을 해도 좋겠죠.

그 다음에, 우리는 물water이라고 하는 것에 대해서는 더 이상 질문을 안 하는 사람이 많아요. 여러분이 서점에 가서 '물'이라고 하는 책을 보면, 물은 육각형수가 좋고, 좋은 얘기하고 그럴 때 물 사진을 찍으면 어떤 잘 정돈된 그런 결정구조의 물 사진을 찍을 수가 있고, 옆에서 누가 막 화내고 신경질내고 시끄럽고 할 때 물 사진을 찍으면 모양이 깨져 있는 사진이 나온다, 이러한 얘기들 듣잖아요. 그런데 그것은 그냥 하는 이야기 정도로만 받아들이고 있는데, 어쩌면 실은 우리가 그 부분을 놓치고 있는지도 몰라요. 그러니까 물은 딱 하나가 아니라 물의 구조는 여러 가지일 수가 있고, 좀 더 과학적으로 따져보면 뭔가 재미있는 이야기들을 많이 만들어낼 수 있을지도 모르지.

어쨌든, 이 세포의 구조를 크게 봤을 때 80%의 물과 20%의 기타인데, 기타는 뭐냐? 여기에 탄수화물도 있고, 지질도 있고, 또 여러 가지 있는데 나중에 더 보기로 하고, 세포 안에서 여러 가지 현상들이 일어날 텐데, 그걸 먼저 살펴 보죠. 세포하고 세포가 아닌 것의 경계면을 만들어두는 것이 세포막이라고 얘 길한다. 세포막cell membrane이 하는 역할은 뭐냐? 그것은 안에 있는 것들이 바깥 에 나가지 않게 해주는 거죠. 삼투현상을 생각해보면, 세포 안이 농도가 높으 니까 세포에 있는 물질들이 다 빠져나갈 수도 있잖아요. 근데 그렇게 되면 곤란 한 거죠. 사람은 최종적으로 피부로 덮여 있고, 그래서 이 '막'이라고 하는 것이 어떻게 보면 세포의 기능이 잘 일어나도록 하는 그런 조직을 가지고 있는 거겠 죠. 그리고 포도당도 필요하면 들어와야 하겠고, 또 필요하면 뭔가 바깥으로 나 가야 되겠고, 그러려면 통로가 있을 거예요. 근데 그 통로가 항상 열려 있느냐? 항상 열려 있을 필요는 없겠죠. 필요할 때 열리면 되는데, 그 필요할 때 열린다 는 게 뭐냐? 나중에 이것의 구조를 공부하다보면, 필요할 때 열리는구나, 그래 서 물질이 어떻게 이동하는가, 이런 것도 함께 공부할 수 있을 거예요.

원핵세포와 진핵세포

그럼 이런 세포가 다 한 가지 형태인가? 세상에 모든 걸 한가지로 설명할 수 있는 그런 건 없는 것 같아요. 세포도 2개로 나눠요. 원핵세포prokaryote, 진핵 세포eukaryote. 그래서 이 용어가 뭔지는 이해를 해야 돼요.

우리가 알고 있는 생물체 중에, 어떤 아주 간단한 박테리아 이런 것들은 원핵세포라고 얘길하고, 그 다음에 조금 사이즈가 큰 미생물들은 진핵세포이 다, 하는 것. 그리고 식물, 동물, 이런 세포는 다 진핵세포에 들어간다. 그 다음 에, 원핵세포에서 사이즈가 작은 것 이런 것들은 대장균이다, 된장 이런 데 있는 미생물은 고초균bacillus이라 하고, 김치에 있는 것은 유산균, 이런 것들은 우리가 박테리아에 속하는 걸로 얘기를 하는데, 박테리아를 보면 다시 그램양성Gram-positive, 그램음성Gram-negative 박테리아로 분류를 해요. 생물 공부할 때 쉽게 생각하면 세포는 진핵세포와 원핵세포로 나눈다, 나누는 기준은 핵이 막으로 싸여 있느냐 아니냐를 가지고 구분한다. 그 다음에, 같은 원핵세포에서도 박테리아다, 그러면 박테리아는 세포막만 있는 것도 있고 두 개의 막으로 되어 있는 것도 있다. 이렇게 해서 그램Gram이라고 하는 사람이 만들어 놓은 시약에 대해서 염색이 되느냐 안되느냐 가지고 구별을 하는데, 이런 차이 때문에 반응이 달라진다고 얘기를 해요. 여러분한테 주는 숙제 하나는 이게 왜 필요한가 하는 거예요. 우리가 얼핏 생각하면 이런 박테리아에 속하는 원핵세포들은 사이즈도 작고, 진핵세포는 크고 속에 내용물도 많이 있고, 원핵세포는 하등 생물이고, 진핵세포는 고등 생물이니까 큰 차이가 난다, 그렇게 하고 지나가도 되겠지만, 왜 하등 생물 원핵세포는 이 핵을 뒤집어 싸는 막membrane이 없고, 고등생물에만 막membrane이 있나? 그 다음에는 이 차이는 왜 필요할까? 그램양성과 그램음성 박테리아의 차이는? 그램시약에 대해서 반응을 하고 안 하고, 또 구조를 보면 어떤 영역이 존재를 하고 안 하고, 그런데 이런 영역이 주는 의미가 뭘까?

고온성세포와 중온성세포, 그리고 저온성세포

이렇게 원핵세포와 진핵세포로 분류한다, 라고 얘길 했는데, 또 다른 관점에서 보면 고온성thermophilic인가, 중온성mesophilic인가 관점에서 얘기할 수도 있어요. 그렇게 생각하면 저온성psychrophile이라고 하는 것도 존재를 하는 거죠.

일단, 우리 지구상의 생물체로 국한한다고 하면, 지구상에 모든 조건은 다 동일한가? 이때 말하는 조건이라고 하는 것은 예를 들면 온도라든가, pH라든가, 압력이라든가, 또 무기염 농도라든가 등등. 모든 지구에 있는 생명체가 접하고 있는 이런 환경은 동일한가? 그건 아니다! 왜 아니냐? 예를 들어, 일본에 후지산이 조만간 폭발을 할 거라는 얘기를 하고 있는데, 그런 화산지대, 일반적으로 온천지대, 그래서 일본에 후지산 옆에는 하꼬네라고 하는 유명한 온천이 있고, 온천이라고 하는 것은 뭐냐면 따뜻한 물이 나오는 거고, 거기에 여러 가지 무기염류들이 많이 있다. 그 중에는 유황화합물도 있고 다른 무기염류들이 많이 있다는 거예요. 그 무기염류들이 만약에 유황화합물이면, 그래서 온천에 들어가 있으면 피부에 붙어있는 잡균이 죽는다 해서 피부병 있는 사람들은 온천욕하면 낫는다 하는 거지. 그럼 기본적으로 온천이라고 하는 것은 뜨겁고 여러 가지 화학물질들이 많이 있는 거다. 그런데 거기에도 미생물들이 살고 있으니까 어떤 조건은 뜨겁고 염분이 좀 다르고 유황화합물이 있는 독성이 있는 조건에서도 미생물들이 살아있다, 하는 걸 알 수 있어요. 또, 바다 1km를 내려가면 압력을 많이 받겠지. 잘 모르면 집에 가서 한번 옛날 책들 뒤져봐요. 압력을 많이 받는데, 사람은 압력을 받으면 세포가 터져 죽어요. 세포를 터트리는 방법 중의 하나는 압력을 줬다가 압력을 갑자기 풀어주는 거예요. 그것과 유사한 예가 강냉이pop corn 튀기는 거야. 그래서 압력이 높다는 것은 생물체가 기본적으로 살 수가 없는 건데, 그럼에도 불구하고 바다 1,000m, 2,000m 아래에 사는 생물체가 있고, 또 어떤 경우는 pH가 2~3, 굉장히 강한 산성이죠, 또 pH가 14쯤 되는 알칼리 조건에서도 생명체가 살고 있다, 라고 하는 것은 어떻게 해석을 해야 되는 거냐? 남극, 북극에는 온도가 영하 50도가 돼요. 영하 50도가 무지하게 춥다는 것만 알아. 거기에도 미생물, 생명체는 존재한다, 그러니까 우리는 이런 것들을 크게 보면 생물체는 한 가지 종류가 아니라 다양한 생명체가 있다, 이런 세포들이 다 다른 데서도 그러니까 외부환경이 다른 데서도 살아남았다,

이런 얘기예요.

　　그러면 예로, 고온에서 자라는 미생물이다, 그러면 박테리아 세포벽이 있다, 외부는 100℃다, 그럼 세포 안의 온도는 몇 도일까? 90도가 될까? 잘 몰라. 여기에도 효소는 존재하는 거죠. 그럼 이 효소는 90℃에서 반응하는 것일까? 그럼 이 속에 있는 물들은 다 뜨끈뜨끈한 물일까? 아주 뜨거운 물인 조건에서 존재하는 것인가? 이게 100℃라고 하면, 적어도 세포벽이 한번 차단을 하겠죠. 열을 한번 차단을 해서 70℃로 좀 떨어뜨려놔야 되겠지. 그러니까 적어도 여기서 단열을 해 두려면 일반 미생물, 일반 세포가 가지는 세포벽의 구조하고는 뭐가 좀 다를 수도 있겠다, 이런 생각이 들고. 두 번째는 여기에 있는 미생물의 효소와 일반 미생물 속의 효소는 같을까? 다를까? 극단적으로 생각하면, 외부는 100도지만 세포 속은 30도다. 그래서 고온에 있는 미생물의 효소는 일반적인 효소와 똑같은 환경에서 반응을 한다, 이런 가설을 생각해 볼 수 있겠죠. 또, 아니다, 세포내부는 한 6,70도쯤 되는 거다, 그 얘기는 세포벽이 열을 차단하고 그래도 6,70도 되는 고온에서도 잘 움직이게끔 되어 있는 거다, 라고도 생각을 할 수도 있어요. 어떤 것이 맞느냐?

　　그러니까 고온성 미생물은 중온성인 미생물에 비해서 뭐가 다를까, 하는 게 세 번째 숙제입니다. 그래서 거기에 관련해서 아주 옛날 기사이지만 내가 아주 깨끗하게 보관을 해 둔 게 있어서 복사를 해 준 거예요.

　　이걸 보면, 제목이 극한 환경에 존재하는 효소라고 돼 있어요. 어떤 극한 환경에서 사는 효소다! 효소는 이제 생물, 세포로 바꿔서 생각해도 돼요. 그래서 이것을 읽어보면 어느 지역에 가서 어떤 미생물을 찾아냈고, 그 속에 있는 미생물 속에서 또 어떤 좋은 효소를 찾았다. 예를 들어보지요. 폼페이Pompey가 어딘지 알아요? 이탈리아의 로마 남쪽에 있는 바닷가도시예요. 거기서 옛날에

화산이 터졌다, 라는 거지. 지금도 그 근처에는 뜨거운 온천지역이 있어요. 여기에 사는 미생물은 무엇이 다를까 하는 것이 첫 번째 질문이고, 두 번째는 다르다면 그 다른 것은 우리가 어떻게 이용할 수가 있을까, 하는 거예요. 예를 들면 PCRpolymerase chain reaction이라고 유전자 증폭하는 경우에 사용되는 효소가 있는데, 그 효소는 95℃에서도 견뎌요. 95℃에서 사용하면 좋은 이유가 많이 있는데, 그건 30℃ 또는 60℃에서 반응을 하는 효소에 비하여 안정하고, 반응 속도가 훨씬 빠르다는 거예요. 또 다른 장점도 있지요.

그래서 오늘 숙제가 세 개니까 이것을 1페이지로 해서 낸다, 보통 일부 학생들을 보면, 인터넷에 있는 것을 그대로 다운로드해 가지고 편집을 해요. 그러고는 이게 답이다 그러고 내는 거죠. 그래서, 1페이지로 하라는 거는 그런 자료들을 읽고, 자기가 직접 쓰라는 거예요. 다른 것을 베끼면 안 된다. 다운로드를 한 자료, 어디서 복사를 한 자료가 있으면 그것은 뒤에다 붙여도 좋아요. 참고자료는 10페이지, 20페이지 붙여도 좋아요. 단, 답으로 자기가 직접 요점만 1페이지를 써보세요.

Science & Technology   BusinessWeek

BIOTECHNOLOGY

EXTREME ENZYMES

Science is commercializing nature's diehard proteins

Thirteen degrees north of the equator in the East Pacific, a mile and a half below the surface, University of Delaware scientists in a submersible vessel collect worms with feathery bacterial plumage from the sides of hydrothermal vents where the water temperature reaches 185F. Half a world away, in Iceland, a German team collects hardy microbes from a vent spewing sulfuric steam into the air. In Israel, researchers hunt for bugs in the intense salinity of the Dead Sea. And from arctic pools, scientists collect bacteria that grow best at 32F.

Criss-crossing the globe, these scientists are chasing some of nature's oddest enigmas: microbes called extremophiles that populate the world's most inhospit-

ed top academicians who study these creatures. As consultants, they share data with RBI and license the company to commercialize enzymes from organisms they collect.

The quest carries them to some bizarre locales. One RBI collaborator, University of Delaware marine biologist Craig Cary, has spent hours on the ocean floor in the Alvin, a U.S. Navy research submarine. With grants from the National Science Foundation, he studies the behavior of

HOME IN HELL
Pompeii worms (top photo) inhabit "one of the harshest environments on the planet" —undersea

강의자료 사진(극한 환경 효소)

4강

에너지 저장

세포를 구성하는 물질은 여러 가지가 있는데 중요한 분자는 크게 4가지가 있다, 또 탄수화물은 이런 거다 등등, 이렇게 여러분한테 50분만 설명을 하면 다 끝날는지 모르겠어요. 그래도 우리가 공부를 깊이 있게 하려면 생각하는 공부를 해야 하는 것 아닌가? 그래서 조금은 더 자세하게 한번 들여다보죠. 세포를 구성하는 성분은 여러 가지가 있는데, 그중에서 제일 중요한 분자를 공부한다, 제일 중요한 분자는 지질, 탄수화물, 단백질, 핵산 이런 것이 있는데, 제일 기본이 되는 것이니까 이런 것에 관해서 공부하는 것이 필요하겠다 이런 것이지요. 먼저 에너지 저장에 관련되는 물질에 대하여 공부하지요.

지질

생각할 이슈들

• 동물에서 포화지방산이 만들어지는 메커니즘은? 불포화지방산이 합성되도록 할 수 있을까?
• 생분해성 고분자가 필요한 경우는?

지질lipid이라고 하는 게 뭘까, 이게 왜 필요할까, 이것이 우리와 무슨 관계가 있을까, 이런 것들을 공부해야 하는 게 아닌가 생각을 해요. 우선 지질에 대해서 가장 기본적인 사항 즉, 지질은 이렇게 생겼다, 라고 얘기를 할 수 있어야 되는 게 아닌가. 지질도 종류가 많지만, 가장 기본적인 것이 지방fat인데, 그럼 지방이라고 하는 게 뭐냐? 지방이라고 하는 것은 지방산fatty acid과 글리세롤glyc-erol과의 화합물이죠. 그럼 어떻게 결합을 한 화합물이냐? 여기까지 알아야 하겠죠. 그래서 글리세롤이라고 하는 것은 C가 3개짜리고, OH가 3개 있어요. 지방산이라고 하는 것은 카르복실기−COOH가 끝에 있고 여기에 탄소가 열 몇 개씩 있는 것이지요. 그럼 글리세롤에 지방산이 3개가 달라붙으면, 여기에서 무슨 결합이 일어나요? 여기에서 물이 빠지고 나면 남는 게 COO죠. COO가 결합

(a)

(b)

(C)

지방의 구조

지방(a)을 가수분해하면 지방산(b)과 글리세롤(c)이 얻어진다. (b)는 지방산 중의 하나인 팔미틴산(palmitic acid). 탄소수, 이중결합 개수에 따라 지방산의 특성이 달라진다.

하는 것을 무슨 결합이라 해요? 이것은 에스테르ester 화합물이다. 이게 가장 기본적인 사항일 거예요. 이 전체를 보게 되면, 우리가 특징을 몇 가지 알 수 있죠. 지방은 기본적으로 소수성이에요? 친수성이에요? 소수성인 지방산과 친수성인 글리세롤의 에스테르가 지방인데, 전체적으로는 소수성 화합물이에요. 이 지방이 상온에서 액체인 것을 기름oil이라고 그래요. 또, 지질에는 지방만 있는 것이 아니라 콜레스테롤cholesterol 등의 화합물이 있는데 우선 지방에 대해서 얘기를 해보지요.

왜 지방이 이렇게 생겼을까? 이것은 잘 몰라요. 하지만 이렇게 생겼기 때문에 갖고 있는 특징이 뭘까? 이건 우리가 생각할 수 있겠죠. 그래서 첫 번째는, 이것이 소수성인 것이다, 이것이 에스테르인 화합물인 것이다, 라고 하는 것이 특징이고, 그 다음에 이걸 보면, 결합 에너지를 생각하는 사람이라면, 이것이 갖고 있는 그 결합 에너지가 꽤 될 것이란 걸 짐작할 수가 있어요. 그래서 화학 결합을 하는데 에너지가 필요할 것이다, 라고 생각을 하는 거죠. 그럼 에너지가 어디에 들어가 있는 거냐? 에너지가 여기 탄소-탄소 결합, 또는 탄소-수소 결합, 이런 데 에너지가 들어가 있는데, 이런 걸 생각해보면 의미가 있겠다. 그래서 이 지방은 에너지를 저장하는 수단의 하나다, 한마디로, '기름이니까 그렇다'가 아니라 기름을 연소하면 9 kcal/g가 나오고, 탄수화물은 4 kcal/g가 나오고, 왜 그럴까 생각해보면 이런 화학물이 화학결합을 하는 과정에서 에너지를 저장하는 것을 특징으로 하기 때문이다, 라고 생각을 하는 거죠. 그래서 이런 지방이라고 하는 것은 우리가 어떻게 이용을 하는 거냐, 에너지가 들어가 있으니까 에너지를 저장하는 걸로 사람이 이용을 하는 거겠죠. 그러면 또 다른 걸로는 연료로 써먹는 거죠. 연료로 쓴다는 건 어떻게 생각하면, 옛날 호롱불이라고 하는 것은 피마자 기름 등 그런 기름, 기름은 지방의 한 부분이라고 했으니까, 그런 지방을 태우는 거죠. 태우면 거기서 빛이 나오고, 에너지가 나오고 그런 거고, 그 다음에는 에너지를 가지고 있으니까 또 자동차용 연료로도 쓰는 것이예요. 호롱불 밝히는 것 외에도 우리가 지금은 디젤이다 뭐다 하는 것들이 다 이런 화합물이에요.

그럼 디젤이라고 하는 건 자동차 연료이고 더 이상 모르겠다, 생각하지 말고, 디젤이 뭘까 한번 생각을 해보면 좋겠어요. 독일 사람 디젤이 1895년에 디젤기름을 사용하는 디젤 엔진을 발명을 해서 그걸 이용하여 차를 타고 다녔어요. 그때 디젤은 땅콩기름을 가지고 만들었어요. 땅콩기름은 어떻게 생겼냐? 기본적으로 기름이니까, 분자구조는 똑같아요. 그럼 기름을 연소시켜도 에너지가 나오겠지만, 더 연소를 잘 시키는 게 뭘까? 아마 그런 생각을 했을 거 같아요. 그래서 어떻게 기술을 개발했냐면, 기름에 메탄올methanol을 반응시켜요. 촉매를 넣고 메탄올을 반응시키면 어떻게 되냐? 지방산의 메틸 에스테르Fatty Acid Methyl Ester가 생기는 거예요. 어떤 사람들은 이걸 발음하기가 싫은가봐. 그래서 이걸 뭐라 그랬냐면은, 페임FAME이라고 얘길 해요. 약자를 써서요. 그래서 이 페임FAME이란 게 뭐냐면 디젤, 그러니까 이렇게 하는 것이 이 큰 기름분자를 태우는 것보다는 더 편하고 장점이 있으니까 이렇게 했겠죠. 그래서 땅콩기름 가지고 디젤기름을 만들어서 자동차연료로 썼어요. 그러다가 지방산과 같은 것이 석유로부터도 얻을 수 있다—석유성분의 하나가 파라핀인데 탄소가 길게 붙어 있는 거잖아요—해서 파라핀으로부터 디젤을 만들어서 썼어요. 최근에 와서 오히려 석유로부터 디젤을 만드니까 좀 문제가 많다, 그래서 다시 콩기름으로 디젤을 만드는 방향으로 바뀌고 있고, 우리나라도 석유에서 만드는 디젤에다가 식물기름에서 나오는 디젤을 섞어서 쓰고 있어요. 사람들이 처음에 바이오 소재로 만들었다가, 석유 소재로 만들었다가, 다시 바이오 소재로 만들기 시작했지요. 최근에 와서는 두 개를 디젤이다, 바이오디젤이다 이렇게 구별을 해요. 일반적으로 디젤이라고 그러면 석유로부터 만드는 것이고, 바이오디젤은 식물성 기름으로 만드는 것을 지칭하는 겁니다.

이제 지방이라고 하는 건 어떻게 생긴 것이고, 이것이 갖는 중요한 기능은 에너지를 저장하는 것이고, 따라서 이것을 변형해서 우리는 자동차 연료로 쓸 수 있는 것이다, 하는 걸 알았어요. 그러면 이처럼 '에너지를 저장하는 것이다'라고 생각하면 그게 지방밖에 없을까, 이렇게 생각을 할 수 있겠죠. 또는 지방이라고 하는 것이 에너지를 저장하는 거면, 사람들한테도 이게 해당되는 게 아닌가, 생각을 할 수 있어요. 사람에게 있어서도, 우리가 알고 있는 것은 이런 지방이라고 하는 것은 에너지를 저장하는 수단이라고 알려져 있죠. 이렇게 배웠죠? 그래서 우리 사람 몸에 에너지를 저장하는 방법이 여러 가지가 있는데, 지금 기억을 더듬어보면 뭐가 또 있어요? 지방도 있고 간 속에 글리코겐도 있어요. 이런 것이 에너지를 저장하는 수단이고, 또 에너지를 저장하고 전달하는 수단에 ATP도 있어요. 또 들라면 더 들 수도 있겠지만, 대표적으로 세 개를 가지고 얘기를 하지요. 우선 이 지방 얘기를 더 하면 나이가 들면 뱃살이 많이 나온다고 그러잖아요. 그러니까 요즘에는 젊은 사람도 잘 먹고 운동 안 하면 살

$$
\begin{array}{ccccc}
\begin{array}{l}
H \\
H\ C-COO-R_1 \\
| \\
H\ C-COO-R_2 \\
| \\
H\ C-COO-R_3 \\
H
\end{array}
&
+\ 3CH_3OH\ \rightarrow
&
\begin{array}{l}
\\
CH_3-COO-R_1 \\
\\
CH_3-COO-R_2 \\
\\
CH_3-COO-R_3 \\
\\
\end{array}
&
+
&
\begin{array}{l}
H \\
H\ C-OH \\
| \\
H\ C-OH \\
| \\
H\ C-OH \\
H
\end{array}
\\
\text{지방} & \text{메탄올} & \text{바이오디젤} & & \text{글리세롤}
\end{array}
$$

바이오디젤 합성 반응

바이오디젤은 지방산의 메틸에스테르(fatty acid methyl ester, FAME)이다.

찌죠. 살찌는 게 대부분이 기름이 생기는 거겠죠? 옛날 같으면 젊은 사람은, 또는 활동력이 좋은 사람은 누구든지 사냥을 해서 쉽게 먹을 수가 있기 때문에 에너지를 저장할 필요가 없었다, 라고 생각을 하는 거예요. 그래서 사람이 이렇게 오늘과 같이 된 것은 몇 만 년 전 또는 백만 년 전에 됐다고 생각을 하면, 그 당시에는 사냥을 하고 먹고 살았으니까 나이가 들면 몸이 둔해지고, 몸이 둔해지면 제때 못 먹어요. 그럼 안 되니까 나이가 들어도 살 수 있는 방법의 하나는 에너지를 저장하는 거예요. 그래서 나이가 들면 우리 몸에 기름이 많이 생기는 거다, 이렇게 생각을 하는 거지. 그러니까 지방이 안 생기게 하려면 적게 먹어야되고, 운동을 해야 되는 거잖아. 운동해서 이걸 태워버려야 되는 거잖아요. 요새는 다이어트diet라고 하는 게 중요한 이슈이니까, 어쨌든 지방이라고 하는 것은 우리 몸에도 에너지를 저장하는 수단 중의 하나다, 특히 나이가 들면 우리 몸의 대사작용이 느려지니까, 자기를 지키기 위해서는 에너지를 비축해둘 필요가 있어서, 지방이 늘어나는 것이다. 안 생기게 하려면 태워버려야 하는 것이다. 또 적게 먹어야 하는 것이다, 이런 생각을 할 수 있는 거죠. 우리 몸에 에너지를 저장하는 방법은 3가지다. 그래서 밥을 먹으면 포도당이 우리 몸에 있는 간에 가서 글리코겐으로 저장이 되는 거다, 그런 이야기는 들어봤죠? 그럼 이 3가지의 차이가 뭘까? 왜 어떤 경우에는 글리코겐으로 저장을 하고, 어떤 경우에는 지방으로 저장을 하고, 또 조금 다른 면에서 보면, 어떤 경우에는 ATP로 저장을 할까, 왜 그럴까?

그러면, 사람만 에너지를 저장을 하는 거냐? 아주 작은 미생물의 경우에는 어떻게 될까? 조그만 아주 원시적인 것 같은 그런 미생물인 경우, 혹은 단세포 생물인 경우에는 어떻게 저장을 하느냐, 해서 PHB라고 하는 고분자화합물polymer을 찾았어요. PHB는 polyhydroxybutyrate라고 하는 고분자화합물이고,

$$\left[-O-\overset{\displaystyle \overset{CH_3}{|}}{CH}-CH_2-\overset{\displaystyle \overset{O}{\|}}{C}- \right]_n$$

PHB(polyhydroxybutyrate) 구조

구조를 보면 탄소가 네 개니까 부티레이트butyrate이고, 에스테르의 고분자화합물이니까 폴리에스터polyester. 이런 폴리에스터를 미생물이 만들어요. 그러면 에스테르는 지방에 있는 것이고, PHB도 에스테르 구조예요. 이것을 언제 알아냈냐면, 듀퐁Dupont이라고 하는 회사에서 나일론을 만들었다, 이건 역사적인 사실이고, 그때가 대략 1930년대쯤 되는 거 아닌가 싶은데, 듀퐁에서 나일론이라고 하는 고분자화합물을 만들고, 독일의 바스프BASF라고 하는 제일 큰 화학회사에서 폴리우레탄이라고 하는 고분자를 만들었어요. 듀퐁이 바스프보다 새로운 걸 조금 빨리 내놨기 때문에, 우리는 '듀퐁이 나일론을 만들었다'만 기억하고, 바스프라는 회사가 폴리우레탄을 만든 것은 기억을 않죠. 그러면서 폴리머 시대가 시작이 되는데, 많은 사람들이 '아! 폴리머! 뭔가 쓸모가 있구나' 하는 생각을 하면서 연구를 많이 했겠죠. 그러다가 어떤 사람이 미생물에게서도 이런 폴리머가 나온다는 것을 알아냈어요. 어떻게 알아냈는지는 몰라. 그래서 PHB라고 하는 폴리머가 참 멋있는 폴리머다, 생각을 하고 물성을 체크를 해봤더니 우리가 지금 알고 있는 폴리프로필렌polypropelyne과 비슷하니까 쓸만한 거다, 라고 생각을 하고 이것을 상업화해서 팔아야 되겠다 해서 계속 연구를 했는데, 이것이 생분해가 되더라, 하는 사실을 알았어요. 우리가 지금 사용하는 폴리에틸렌, 폴리프로필렌은 자연계에서 분해가 안돼요. 아마 만 년쯤 되면 어떤 미생물이 폴리에틸렌을 분해해서 쓸 수도 있겠지만 일반적으론 분해가 잘 안 되는 것으로 알려져 있는데, PHB는 분해가 돼서 안 되겠다 싶어서 그만두었어요. 그리고 나서 1980년쯤에 와서, 이때는 지구상에서 환경이라고 하는 것이 중요한 이슈 issue거리였죠. 그전에는 환경이라는 것을 별로 돌아보지 않다가 플라스틱을 막 버리니까 환경이란 것이 심각하다, 이거 어떻게 해결할까? 이런 고민들을 하던 때에 마침 어떤 사람이 다시 보니까 이런 폴리머가 있었다는 자료가 있고, 그러니까 무슨 생각을 했었을까? '아! 이걸 가지고 플라스틱을 만들어서, 그러니까 일회용 컵을 만들어서, 쓰고 버리면 자연계에서 분해가 되니까, 이거 괜찮은 소재다' 싶어 가지고, 1980년대에 영국에 제일 큰 화학회사에서 이걸로 신제품을 만들었어요. 만들어서 여러 나라 사람들에게 테스트를 해보니까 쓸 만하더라, 했는데 문제는 이것이 킬로그램당 3달러 수준이더라. 근데 우리가 지금 알고 있는 샴푸병 등 이런 것들의 원료 중에 많이 사용되는 게 폴리프로필렌인데 이런 것은 킬로그램당 1달러 정도예요. 그러면, 샴푸병을 이걸로 만들면 좋겠다. 예를 들어 내가 원료를 1년에 100만 달러어치 쓰는데 PHB를 사용하면 원료를 1년에 300만 달러어치 써야 된다, 하는데 하겠어요? 안 하는 거지. 그러니까 안 팔렸어요. 그러니까 어떻게 해야 돼? 방법은 몇 가지가 있겠지만, 크게 보자면 두 가지. 하나는, 이게 좀 비싸도 환경을 생각하면 씁시다, 라고 캠페인을 하는 거야. 혹은 정부에서 어떠한 용기에는 이런 걸 써야 된다, 라고 입법화를 하는 방법도 있을 것이고, 두 번째는 이것의 가격을 1달러 수준으로 낮춰야 되는 거죠. 그래서 그 이후로 이것을 싸게 만들려고 하는 연구들을 많이 했어요. 그런데 이게 그렇게 만만치가 않아서 한 30년을 헤매다가 최근에 공장을 짓고 있어요. 이제 가격이 1달러 근처로 비슷하게 가는 거야. 어떻게 이것이 1달러 단위로 갈 수 있느냐, 하는 것은 미생물의 대사작용을 조절하고 등등 나중에 더 얘기를 하기로 하고, 어쨌든 이런 미생물이 고분자화합물을 만드는데 왜 만들까, 사람들이 이제 그런 연구를 했어요. 그 연구는 왜 하냐면, 어떻게 하면 이걸 값 싸게 만들까 하는 관점에서. 어떤 특정한 미생물은 하나가 두 개가 되고 하면서 잘 자라다가 바깥에 먹이가 부족해지면, 다시 말해 탄소원도 있어야 되고 질소원도 있어야 되고 여러 가지 영양분이 있어야 되는데, 없으면 죽는 건데, 보니까 질소원은 없어요. 이게 다 있으면 하나가 두 개가 되고 두 개가 네 개가 되고 이렇게 증식을 할 텐데, 질소원은 없는데 탄소원은 있다, 그럼 어떡해, 아깝잖아. 이 탄소원을 가만 내버려두면 이제 딴 놈이 다 가져가니까 그걸 자기가 세포 안으로 끌어 들여서 이것을 자기 몸에 에너지로 가지고 있는 거야. 그러다가 다시 질소원이 생기면 이것을 다시 탄소원으로 분해를 해서 다시 증식을 하는 거지. 아주 나쁜 환경에 처했을 때, 바깥에 있는 에너지 소스를 자기가 몸속에 저장을 하기 위해서 이런 걸 만드는데 역시 에스테르 결합과 C-C로 연결되는 화합물로 만드는 것이 가장 에너지를 저장하는 좋은 수단이다, 라고 생각을 한 거죠.

그래서 이 지방이라고 하는 것은 에너지를 저장하는 수단이다, 에너지가 얼마나 많이 저장이 돼 있을까 하는 것은 아까 얘기한대로 그 결합에너지가 얼마 만큼일까를 한번 따져보면 비슷하게 감을 잡을 수 있는 거예요. 그 다음으로 이것의 특징 중 하나는 아까 '소수성이다'라고 했어요. 소수성이기 때문에 이것이 여러 가지 활용가치가 있는 것이죠.

세포의 형태를 유지해 주거나 또는 세포의 내용물이 바깥으로 흘러가지 않게 하는 수단이 세포막인데, 그럼 이런 세포막은 어떻게 해서 외부와 세포 내부를 분리시키는가? 포스포리피드phospholipid가 그런 역할을 하는 것이다, 그래서 글리세롤에 지방산이 두 개 그리고 포스페이트phosphate가 붙어 있는 것이죠. 왜 하필 포스페이트를 골랐을까, 그건 잘 모르지만, 이 포스페이트가 갖고 있는 특징의 하나는 친수성인 성질이겠죠. 그러니까 한쪽의 큰 덩치는 소수성이고, 다른 한쪽은 친수성인 것이 있어요. 그래서 이런 것이 세포 외부를 차단하게 하는

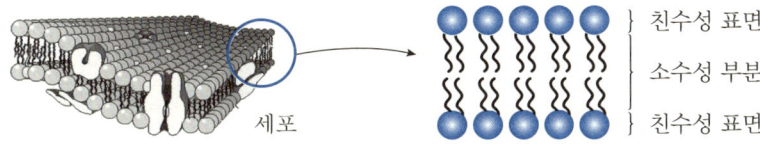

친수성 표면
소수성 부분
친수성 표면

세포

세포막의 구조

역할을 한다. 어떻게 차단하느냐? 막membrane구조에서 보면 소수성인 것이 서로 마주보고, 친수성인 것이 밖으로 튀어나와 쭉 연결돼 있는 것이 세포막이라는 것이죠.

이런 원리를 이용한 또 하나가 비누예요. 비누는 소기름을 고온에서 가성 소다를 넣고 반응을 시키면, 비누가 얻어지고 부산물로 글리세롤이 얻어지는 것이에요. 왜 이게 비누 역할을 하느냐? 비누 역할을 하는 건 뭐냐? 때라고 하는 건 뭐냐? 때도 종류가 많겠지만, 기본적으로 때라고 하는 것은 기름 때, 또는 핏자국 같은 단백질 때가 있고, 또 다는 아니지만 소수성이다. 그럼 비누의 소수성인 부분이 있고, 친수성인 부분이 있어서 비누 분자 하나하나가 때를 둘러싸면 어떻게 되는 거예요? 전체적으로 맨 가장자리에는 친수성인 것이 있으니까, 전체적으로 수용성water-soluble이 되는 것이지. 그러니까 때를 물에 용해되게 만들어서 그 다음에 물을 버리면, 그 물은 하수로 가면 그만이죠. 어쨌든 옷은 깨끗해지겠죠. 이것이 빨래의 원리에요.

그럼 지방산은 하나냐? 다 똑같으냐? 지방산의 종류가 수십 가지가 되는데 탄소 수가 몇 개인가? 또는 중간에 이중결합이 있는가, 없는가? 결과적으로, 이중결합이 있는 것과 없는 것, 그런 것이 몇 개 있느냐, 그 다음에는 탄소가 몇 개가 붙어 있느냐에 따라서 지방산의 특성이 결정이 되는데, 이걸 단순하게 보면 포화되어 있는 것이 있고, 포화가 안 되어 있는 것이 있다, 그러니까 불포화된 것은 중간에 이중결합이 있는 것이다, 그러면 차이가 뭘까? 실제로 중간에 이중결합이 있으면 직선상으로 또는 평면에 얹혀있는 그런 모양으로 되는 게 아니고, cis-trans 결합을 하면서 좀 더 입체적인 모양을 갖는 것이다, 그러면 입체적인 모양을 갖는다고 하는 것은 무슨 영향을 미칠 것인가? 포화지방산은 그 분자들이 차곡차곡 또는 콤팩트compact하게 있고 불포화지방산은 그렇지 못하다, 그런 생각을 하는 거예요. 그러면 콤팩트하고 콤팩트하지 않은 것의 차이는 뭐냐? 콤팩트한 것은 상대적으로 융점melting point이 높아요. 그럼 이 지방 또는 기름이 사람의 혈관에 흘러간다고 했을 때 미치는 영향이 뭘까? 포화지방산은 분자가 콤팩트하게 돼 있으니까 이것은 굉장히 점도가 높다, 그런 것이 결과적으로 나타나는 현상이다. 그러면 포화지방산이 우리 몸속으로 흘러가는 동안 굉장히 끈적끈적해지니까, 어떻게 되는 거야? 혈액이 공급이 잘 안 되는 거

> **Tip** 소고기를 먹는 경우, 소기름을 일부러 먹는 사람도 있겠지만, 소고기 속에 마블링marbling이라고 해서 기름이 틀어박혀 있어요. 이게 최상급의 소고기 중의 하나겠지. 어쨌든 소고기를 먹는다고 하는 것은, 소기름을 같이 먹는 것이고, 소기름을 먹는다는 것은 포화된 지방산을 먹는 거다. 포화된 지방산을 먹으면 융점이 높으니까 우리 몸에서 굳어져요. 굳어지면 별로 좋지 않겠지. 그 다음에 점도가 높아져요. 그래서 건강을 생각하면 소고기 많이 먹지 말고, 불포화지방산이 많은 '등푸른생선을 먹어라' 이렇게 말하는 거죠. 등푸른생선에는 불포화지방산이 많이 있어서 좋다. 그럼 왜 소 같은 가축에는 포화지방산이 많이 있고, 생선에는 불포화지방산이 많이 있는가? 그것도 따져보면 이유가 있겠지. 어쨌든 걱정 안하고 소고기 먹고 싶은데, 소고기의 기름이 불포화지방산으로 되게 할 수는 없을까? 소고기에 있는 기름이 불포화지방산으로부터 만들어진 거라면 소고기를 더 많이 먹을 텐데, 또는 미국 소는 포화지방산이 많고 한우는 불포화지방산이 많으면 한우가 잘 팔릴 텐데, 이렇게 만들 수 없을까? 이렇게 만들면 무슨 문제가 생길까?

죠. 잘 안되면 어떻게 돼? 혈액이 잘 공급이 안 되면, 심하면 피가 심장으로 잘 안 가고 또 어디 멀리 안 가는 거예요. 그럼 그걸 병이라고 하는 거죠. 그래서 이 포화지방산은 우리가 먹으면 나쁘다, 라고 사람들이 결론적으로 얘기를 하는 것이고, 불포화지방산은 이런 의미에서 괜찮은 거니까 좋다, 또 '융점이 높다'라고 하는 것은, 포화지방산은 상온에서 고체이고 불포화지방산은 액체이다, 하는 것을 알 수 있겠죠.

앞에서, PHB라고 하는 폴리에스터가 미생물에 의해서 분해가 된다, 그랬는데 여러분이 알고 있는 폴리에스터가 또 뭐가 있어요? 폴리에스터 종류가 굉

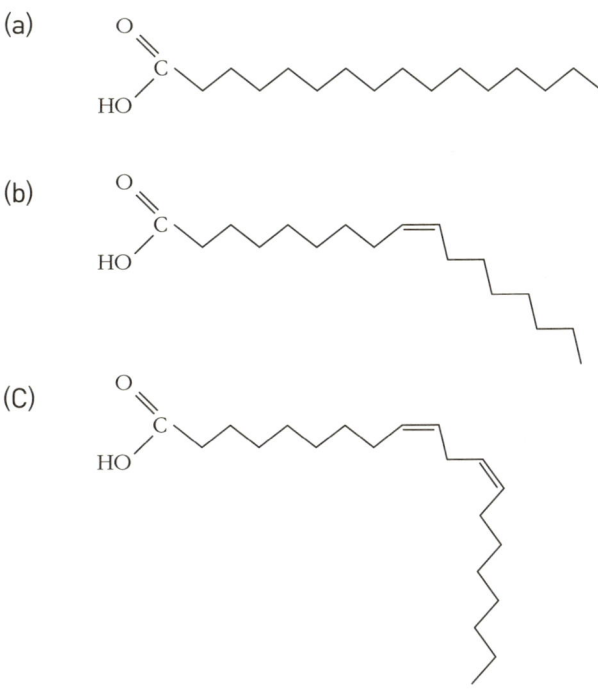

포화지방산(a), 불포화지방산(b),(c) 구조

장히 많아요. 그래서 폴리에스터 중에는 우리가 옷 만드는데 쓰는 폴리에스터 섬유도 있어요. 우리가 옷을 만드는 폴리에스터 섬유의 구조는 좀 달라요. 중간에 방향족고리aromatic ring가 있어요. 텔레프탈산terephthalic acid 방향족 화합물과 결합을 시켜서 만든 것이 폴리에스터 섬유, 고분자화합물이에요. 이것은 우리가 빨고 널고 해도 분해가 안 돼. 아마 백 년쯤 가면 분해가 될 수도 있겠지만, 어쨌든 왜 어떤 폴리에스터는 자연계에서 미생물에 의해서 쉽게 분해가 되고, 어떤 폴리에스터는 분해가 잘 안되는가, 이런 생각을 할 수가 있는데 그 답은 간단해요. 자연계에는 벤젠benzene화합물이 적기 때문인데, 설명하자면 이 벤젠 화합물은 잘 끊어지지가 않아요. 이게 분해가 잘 안 되는 거야. 그러니까 미생물이 들어와서 딱 끊어야 되는데 벤젠 고리가 하나 있기 때문에 미생물의 효소가 이것을 쉽게 끊지 못한다. 그래서 방향족 폴리에스터는 미생물에 의해서 분해가 잘 안되고, PHB는 선형고분자이니까 미생물에 의해서 잘 끊어지는 것이죠. 이 차이를 알고 나면 사람들이 PHB는 비싸니까 이것 말고 다른 폴리에스터 화합물을 만들어서 생분해성 용도로 쓰자, 그래서 화학회사에서 선형 폴리에스터를 많이 합성을 했어요. 생분해성이 좋아서 환경 친화적인 용도로 쓰는 거다, 라고 생각을 하고 마케팅을 하는 경우도 있어요. 그 폴리에스터의 하나가 수술용 봉합사. 바로, 수술하고 살을 꿰매는 실이에요. 몸 내부를 수술을 한다면 거기를 꿰매고 난 후에는 생분해가 돼야 돼. 그러니까 꿰매고 한 달쯤 있으면 꿰맨 실이 없어져야지 있으면 안 되잖아. 그래서 수술용 봉합사는 반드시 생분해되는 것을 써요. 그러니까 용도에 여러 가지가 있는데 그 중에 하나가 수술용 봉합사이다, 하는 거예요.

지질의 하나는 스테롤sterol이에요. 지질에는 콜레스테롤도 있다고 했는데, 이 콜레스테롤은 구조상으로 스테롤에 속하는 화합물이에요. 그래서 이 스테롤이라고 하는 것은 환상고리를 가진 탄화수소 화합물을 일컫는 것인데, 그 중에서 우리가 콜레스테롤을 공부하는 게 좋을 거예요. 콜레스테롤은 동물세포막의 성분이다. 그러니까 동물한테는 있고 식물한테는 없는데, 왜 식물한테는 없는지 잘 몰라요. 어쨌든 콜레스테롤의 구조는 그림에 나타나 있는 그런 화합물이에요.

콜레스테롤에도 끝에 OH기가 하나 있는 것 빼고는 다 소수성인 거죠. 그러니까 소수성인 화합물이다. 콜레스테롤이 우리 몸에서 어떻게 만들어지는지 나는 잘 몰라요. 우리가 상식적으로 지방산으로부터 여러 가지 과정을 거쳐서 콜레스테롤이 만들어지는 걸로 알고 있어요. 관심 있으면 찾아보세요. 콜레스테롤이 만들어지는데, 만들어질 때는 크게 두 가지 형태로 만들어진다. 하나는 low density lipoprotein(LDL)에 결합한 콜레스테롤, 다른 하나는, high density lipoprotein(HLD)에 결합한 콜레스테롤이에요. LDL은 포화지방산과 관련이 있어서, 우리 몸에 나쁜 것이다, 그렇게 알려져 있어요. 그리고 HDL은 괜찮은 것이다, 콜레스테롤이 우리 몸에는 꼭 필요한데, 여러분 나이 또래는 콜레스테롤

스테로이드 구조 (a) 콜레스테롤, (b) 에스트로겐

수치가 높지는 않지만, 나이가 40대가 되면 콜레스테롤 수치에 관심을 가져야 되고, 또는 여러분 부모님은 이제 이것이 문제가 되는 경우도 많아요. 나는 콜레스테롤을 낮춰주는, 콜레스테롤의 합성을 저해하는 약을 먹어요. 그 약을 만든 사람은 돈을 많이 벌었겠지요.

참고로, 스테로이드steroid라고 하는 것은 부신피질에서 만들어지는 호르몬을 얘기하는 건데, 구조는 벌집 네 개쯤이 모여 있는 구조다. 이것은 소위 성호르몬과도 구조가 비슷해요. 근육통이 있다 그러면 여기다 스테로이드주사를 놓죠. 그럼 근육이 뭉친 것이 잘 풀려요. 피부에 상처가 나면 연고를 바르는데, 그 연고에는 대부분 항생제와 스테로이드가 들어가 있어요. 스테로이드가 있으면 스테로이드 호르몬 작용으로 피부가 빨리 아물어요. 운동선수가 달리기를 할 때 스테로이드 주사를 맞으면 아주 잘 뛰어요. 말 경주를 할 때 말에다가 스테로이드 주사를 놓으면 말이 아주 잘 뛰어요. 스테로이드는 운동선수나 경주용 말에는 법으로 금지되어 있고, 오로지 병의 치료에만 쓰게 되어 있는 것이지요.

탄수화물

생각할 이슈들

- 전분은 주로 $\alpha-1.4$ 결합, $\alpha-1.6$ 결합에 의하여 셀룰로스는 $\beta-1.4$ 결합에 의한 것이다. 그럼 알지네이트, 키토산과 같은 다당류의 경우는?
- 식물이 오랜 기간 변화된 것이 석탄 또는 석유이다. 석탄화학에서 나오는 방향족 화합물은 리그닌에서 유래한 것이다. 리그닌에 어떤 변화가 일어났는지, 어떻게 인위적으로 변화시키면 될 수 있을까?

일반적으로 탄수화물이라고 하는 것은 CHO의 비율이 1:2:1을 가리켜요. 꼭 그게 1:2:1이 되는지는 잘 모르겠어. 내가 지금까지 아는 바로는, 포도당은 $C_6H_{12}O_6$다, 이건 1:2:1이다, 이렇게 이야기를 할 수 있겠지만, 또 다른 탄수화물들도 1:2:1의 비율이 맞는지는 지금까지 생각 안 해봤어요. 그런데 꼭 이렇게 돼야 탄수화물이라고 이야기하는 건 아니겠지. 어쨌든, 여러분이 알고 있는 탄수화물은 뭐가 있어요? 포도당, 과당, 젖당, 그리고 또 뭐가 있어요? 셀룰로스, 전분, 이건 아는 거죠? 전분이라 그랬더니 누가 이거 일본말이래. 우리말로는 녹말이라고 그래야 된대요. 또 뭐가 있어요? 더 생각해보면 설탕도 있을 수 있을 것이고, 또는 광고에 많이 나오는 것, 키토산chitosan. 게 껍데기에서부터 키토산을 만든다, 키토산은 어떠한 용도에 좋다, 라고 건강기능식품으로 광고를 많이 해요. 그런 것 중의 하나가 키토산. 이것도 탄수화물이에요.

이렇게 많이 있는데, 우리가 활용을 하려다 보니까 먼저 이걸 어떻게 이해해야 되나, 그래서 분류를 한번 해보는 거죠. 그럼 분류를 어떻게 해요? 어떤 것은 단당류monosaccharide, 어떤 것은 이당류disaccharide, 그 다음에는 보통 다당류polysaccharide로 넘어가요. 여기다가 하나를 더 넣으면 올리고당oligosaccharide. 여기서 단당류라고 하는 것은 포도당과 같이 분자가 하나로 되어 있는 것을 얘기하는 것이에요. 포도당 말고 또 있는 것이 과당fructose, 또 있는 것이 갈락토스galactose. 이런 것만 있는 건 아니겠지. 이것은 탄소가 여섯 개짜리를 이야기하는 것이고, 탄소가 다섯 개짜리도 있어요. 그렇게 생각하면 자일로스xylose, 이런 것들을 쭉 나열할 수 있을 거예요. 이런 단당류가 있다는 정도는 여러분이 생물을 공부를 했으면 다 들어본 이야기겠지.

그럼 이당류라고 하는 건 뭐냐? 단당류가 합해진 거다. 어떻게 합해진 거냐? 예를 들어 포도당과 포도당이 결합이 돼있으면 뭐가 돼요? 이것은 말토스maltose다, 이렇게 배웠는데 말토스만 되느냐? 꼭 그런 것은 아니다. 그럼 또 뭐가 있느냐? 셀로바이오스cellobiose라고 하는 것도 생길 수가 있다. 이게 어떻게 다른지는 좀 있다 보기로 하고, 그 다음에 포도당과 과당이 결합한 화합물이 설탕sucrose이다. 그 다음에 포도당과 갈락토스가 결합한 것이 락토스lactose다. 이것 말고도 또 있겠지만, 이 정도가 기본적으로 대학교에서 생물이나 화학을 처음 공부하는 학생들의 수준에서 공부하는 내용이다. 그래서 단당류 두 개가 붙어있으면 이당류다.

그럼 올리고라고 하는 건 뭐냐? 요즘 광고에 올리고당 광고 더러 나오죠? 모 회사에서 나오는 올리고당은 순수한 올리고당만 있고, 어떤 회사에서 나오는 올리고당은 설탕도 섞여 있다, 그러니까 순수한 올리고당만 있는 회사 제품이 더 좋은 것이다, 이것이 그 광고의 내용이에요. 이때 이야기하는 올리고당이라고 얘기하는 것은, 올리고당도 여러 가지 종류가 있으니까 그 중의 하나를 특정해서 이야기하는데, 일반적으로 올리고당이라고 이야기하는 것은, 단당monosaccharide이 서너 개서부터 열 개 정도 붙어 있는 것들을 말해요. 물론 시중에서 파는 것들은 그런 것들의 혼합물이기도 하죠. 그래서 이런 올리고당이라고 하는 것은 기본적으로 한 서너 개에서 열 개쯤 붙어 있는 것들을 이야기한다. 그 다음에, 다당류polysaccharide에는 뭐가 있느냐? 다당류에는 우리가 많이 아는 것이 전분, 혹은 녹말, 그 다음에 셀룰로스, 이것이 우리가 보통 아는 것이고, 이것 말고도 또 다른 다당류가 많이 있어요. 예를 들면, 키토산chitosan, 알지네이트alginate, 잔탄검xanthan gum, 이런 종류가 수도 없이 많이 있어요. 그럼 여기서 우리가 탄수화물이다, 그러면 이런 것들의 구조와 기능을 아는 것이 모든 것의 시작이겠지요.

포도당과 포도당이 반응을 하면 말토스가 되기도 하고 셀로바이오스가 되기도 하지요. 이런 것들이 무슨 의미를 가지는가? 그런 생각을 해봐야 하겠죠.

왜 어떤 경우에는 말토스가 되고, 어떤 경우에는 셀로바이오스가 되는가 등 생각할 게 몇 가지 있을 거예요. 그럼 포도당과 포도당이 반응을 할 때 어떻게 되는 거냐?

　　그래서 포도당은 기본적으로 탄소 링이 있는데 여기에 −OH가 있고 그 다음에 CH_2OH가 있는 거다. 그럼 두 개가 같이 있으면, 여기서 물이 빠지고 이게 이당류disaccharide다, 라고 이야기하는 거죠. 근데 여기서, 잠깐 탄소에 대해 설명하자면, 우리가 탄소에 숫자를 표시를 해요. 그럼 탄소에 1번, 2번, 3번, 4번, 5번, 6번 이렇게 표시를 하는데, 이당류는 많은 경우 1번과 4번이 결합을 한 것이다. 그래서 이렇게 1, 4 결합을 하는데 이것이 평면상에 있다. 그러면 이걸 베타(β)−1, 4 glucosidic 결합이라고 이야기하고, 이것이 틀어서 결합하면 알파(α)−1, 4 glucosidic 결합이라고 이야기하는 거예요. 그래서 이렇게 결합한 것 중에 알파−1, 4 결합을 하면 이걸 말토스maltose라고 이야기하고, 베타−1, 4 결합을 하면 이걸 셀로바이오스cellobiose라고 한다, 물론 포도당과 포도당이 결합할 수 있는 방법이 알파−1, 4 결합만 있는 건 아니고 알파−1, 6도 결합할 수 있는데, 그 중에 가장 많은 것이 말토스이죠. 그래서 포도당이 말토스가 되고, 이런 알파−1, 4 결합이 연결되어 있으면, 그걸 우리가 전분 또는 녹말이라고

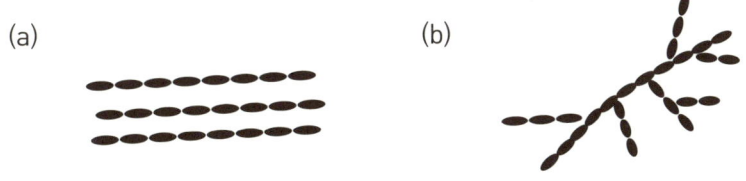

(a)　　　　　　　　　　　　(b)

셀룰로스(a)와 전분(b)의 구조
셀룰로스는 선형고분자로서 평면상에 존재하고, 전분은 가지가 있는 고분자로 3차원 구조를 가진다.

하고, 베타-1, 4 결합이 쭉 연결되어 있으면 그걸 우리가 셀룰로스라고 이야기 해요. 그러니까 전분과 셀룰로스의 기본적인 단위는 포도당인데, 포도당이 어떻게 결합하느냐에 따라서 달라진다. 이게 왜 중요하냐? 입체적으로 보면 셀룰로스라고 하는 것은 평면 위에 포도당이 선형인 형태로 연결되어 있는 모양새를 가지고, 전분 또는 녹말이라 하면, 평면이라기보다는 3차원적인 구조를 가지는 것이다, 하는 이유예요.

그러면 이렇게 3차원적인 구조를 가지는 당 중 하나가 전분이고, 평면상에 있는 것 중의 하나가 셀룰로스다. 그러면 이게 또 무슨 상관이 있는 거냐? 앞에서 포화지방산, 불포화지방산 이야기를 하면서 그것이 입체적으로 중요하다는 이야기를 했어요. 마찬가지로 여기서도 셀룰로스라고 하는 것은 포도당이 선형으로 연결되는 거다, 이렇게 연결되면 힘을 가질 수가 있겠다, 그러니까 구조체로서 사용할 수 있겠다, 하는 거죠. 그 다음에 전분처럼 3차원적인 구조를 가지고 있으면, 구조보다는 기능을 위해서 이런 모양으로 만드는 게 아닌가 생각할 수 있어요. 전분은 주로 곡물에 존재하죠? 곡물에서 탄소동화작용, 광합성을 해서 생긴 포도당을 고분자로 만들어서 저장을 하게 되는데 저장하는 형태가 바로 전분인 거예요. 고구마, 쌀 이런 것들은 다 전분이 주성분이다, 그러니까 이런 에너지 저장 목적으로 3차원적 구조로 돼 있는 것이다. 우리가 보는 나무라고 하는 것은, 구조를 보면 셀룰로스cellulose와 헤미셀룰로오스hemicellulose, 그리고 리그닌lignin으로 되어 있다. 그러니까 셀룰로스라고 하는 것은 포도당이 연결된 형태고, 헤미셀룰로오스는 탄소가 다섯 개짜리, 그러니까 자일로스xylose가 연결된 형태가 되는 것이고, 그 다음에 리그닌이라고 하는 게 있다. 억새, 갈대, 풀 이런 것들도 이건 다 있는데 이들의 조성이 다 달라요. 그래서 우리가 보는 어떤 나무는 셀룰로스 40%, 헤미셀룰로오스 30%, 리그닌 30% 이렇게 돼 있다. 이러면 우리가 보는 풀, 억새 이런 것들은 이런 것의 조성이 달라질 뿐이지, 기본적으로 식물은 이런 세 가지로 구성이 돼 있는 거다. 그러니까 셀룰로스는 나무의 구조를 유지하기 위한 것이죠. 전분은 에너지를 저장하는 그런 용도로 합성을 하는 거예요.

　그러면 이것들이 어떻게 해서 나무가 되는 거냐? 여러분, 건물 공사하는 것 본 적 있어요? 자세히는 안 봤겠지만 지나다니다 보면 우리가 볼 수 있는 것 중의 하나는 철근 콘크리트로 집을 짓는 거예요. 기둥을 먼저 올리죠? 기둥을 올릴 때 보면 네모난 거푸집이라는 걸로 모양을 만들고 네모난 통에다가 철근을 쭉 집어넣어요. 철근, 직경이 1cm짜리, 5mm짜리 이런 철근을 쭉 박아 넣죠. 그런 다음에 여기다 그냥 콘크리트를 붓나요? 콘크리트라고 하는 것은 시멘트와 자갈을 섞은 것. 그럼 무슨 일이 생길까? 그렇게 부으면 철근이 그대로 수직으로 올라와 있어야 힘을 균형 있게 받을 텐데, 그냥 여기다 콘크리트를 부어버리면 막 흔들려버리죠? 그래서 공사하는 사람들은 철근을 철사로 묶어줘. 그렇게 묶어주는 것은 수직구조를 유지시켜 주려고 묶어 주는 거죠. 그 다음에 여기에 콘크리트를 부어주고, 진동을 가해주면 구석구석 잘 혼합돼요. 그럼 며칠 있다 거푸집을 떼어내고 나면 기둥이 생기는 것이죠. 이런 것이 일반적으로 철근콘크리트 공법으로 집을 짓는 거예요. 이렇게 하려니 귀찮지. 인부가 철근을 철사로 묶어주고, 콘크리트를 부어주고. 귀찮으니까 어떻게 해요? 아예 쇠를 H자로 만들었어, 그리고 여기에 콘크리트를 부어주는 거지. 부어주면 힘을 여러 개로 받던 것을 하나를 가지고 받는 모양이 되지만, 요것도 모양이 흔들리지 말라고 H형태로 만들고 이런 걸 우리가 H빔beam이라 그래요. 이런 것들이 우리가 집을 짓는 방식이다. 나무가 어떻게 생기는가를 보고서 사람이 이렇게 집을 짓기로 한 것은 아니겠지만 결과적으로는 나무가 구조를 유지하는 원리나 우리가 철근콘크리트로 건물의 힘을 지탱하는 원리는 마찬가지인 거죠.

나무를 보면 가운데 셀룰로스 분자가 쭉 있는 거예요. 그 다음에 헤미셀룰로스가 중간 중간에 셀룰로스를 고정하고 있어요. 그리고 거기에 콘크리트 대신 리그닌이라고 하는 화합물이 들어가 있는 거예요. 리그닌이라고 하는 것은 페놀phenol 계열의 화합물인데 구조는 매우 복잡해요. 어쨌든 우리가 아는 것이 페놀 수지, 접착제로도 쓰이고 이걸 가지고서 라디오, TV 기판도 만들어내고 그렇게 알고 있는데, 리그닌도 비슷하게 페놀 계열 고분자화합물이에요. 식물이 불규칙적인 리그닌 고분자화합물을 만들어서 나무의 빈공간들을 채워나가는 거예요. 그렇게 해서 나무가 힘을 받는 것이다. 그런데 여기에 셀룰로스라고 하는 것이 힘을 받는 가장 큰 이유는 이게 평면에 있는 구조를 가지기 때문에 철근을 집어넣은 것처럼 나무의 힘을 받는 장치다, 이거예요. 갈대잎, 억새, 풀 이런 것들도 이렇게까지 정형화되어 있지는 않지만 나름의 분자 구조는 같은 거예요. 그래서 이런 분자가 생겨서 나무의 힘을 지탱해주는 용도로 식물체에서 사용되고 있는 거라는 이야기죠.

그 다음에 전분이라고 하는 것은 식물이 포도당을 보관하는 수단이죠. 포도당으로 보관하지 않고 전분으로 보관을 해요. 포도당은 기본적으로 수용성이에요. 물 1L에 포도당 결정을 넣으면 상당히 많이 녹아요. 그러니 그걸 그냥 보관할 수는 없는 거예요. 생체 내에서 보관하려면 전분 같은 고분자화합물을 만들어서 물에 안 녹게 해야 하는 게 아닌가, 그런 생각을 하지요. 식물은 전분으로써 보관을 하고 사람은 글리코겐으로 보관을 하는 거죠. 왜 이런 차이가 오는지는 몰라요. 이런 차이를 생각해 보는 것도 의미가 있겠지.

바이오 에너지

이야기하는 김에 좀 더 이야기하면, 요즘 사람들이 전분이나 셀룰로스를 가지고서 여러 가지 화합물을 만들려고 해요. 전에 이야기한 대로 지금까지는 석유자원을 이용했는데 석유자원은 소비가 공급보다 많아 가격이 자꾸 올라가요. 그리고 매장량도 어느 정도 한계는 있지 않느냐? 두 번째는 석유를 사용하면 이산화탄소가 배출이 되고, 이건 지구온난화의 주범이고 그렇게 생각하면 석유로부터 나온 소재나 에너지는 가급적 피해주는 게 좋아요. 단, 대안이 있어야 하겠지.

그래서 대안으로 나온 게 뭐냐면 전분을 분해하면 뭐가 되요? 포도당이 되지. 포도당을 가지고 에탄올ethanol을 만들 수 있지. 에탄올이 술이죠? 에탄올을 만들고 에탄올을 가솔린과 섞어서 쓰면 가솔린＋알코올, 개소홀gasohol이라는 이름으로 미국에서도 사용하고 필리핀, 태국에서도 써요. 브라질에서는 100%로도 써요. 미국 같으면 전분의 주원료가 옥수수예요. 옥수수의 주성분이 전분이니까 옥수수 전분으로부터 포도당을 만들고 에탄올을 만들어서 10% 쯤 가솔린gasoline에 혼합해서 사용을 해요. 필리핀도 그래요. 우리나라는 아직 안 해요. 이것은 여러 가지 이유가 있겠지만 미국에서는 농민들을 보호하기 위해서, 미국의 광활한 평야에서 농산물이 많이 만들어지고 소비가 되어야 농민들에게도 좋겠죠. 그러니 옥수수를 만들어서 사료에 쓰고, 그리고 남는 것들을 에탄올을 만들어 사용해 왔어요.

설탕이라고 하는 것도 있었죠? 브라질, 쿠바 이런 데서 많이 나오는 게 사탕수수예요. 사탕수수에서 설탕을 얻는 거예요. 이 설탕을 지금까지는 감미료로만 사용을 했지만, 설탕을 분해하면 포도당과 과당이 되고 다시 이것은 에탄올 만드는 데 별 문제가 없는 거예요. 그러니까 세계에서 사탕수수가 제일 많이 나오는 나라가 브라질이니까 브라질에서 에탄올을 만들기 시작했고, 브라질에는 사탕수수가 매우 많고, 거꾸로 석유는 수입을 하니까 할 수 있는 만큼 에탄올을 쓰자. 그래서 정부차량은 100% 에탄올 자동차로 바꿨죠. 그리고 일반 상용차는 강제로 할 수는 없고 권장을 하는데, 최소한도 에탄올이 10% 들어간 가솔린을 쓰든가 100%를 쓰든가 선택을 하게 해줬어요. 그래서 브라질은 이걸로 보면 세계 최대의 에탄올 생산국이에요. 그런데 석유 가격이 배럴당 50달러일 때는 미국이나 브라질에서만 하는 줄 알았는데, 석유가격이 올라가고 유전도 한계가 있고 장기적으로는 불안해서 이젠 국가 정책으로 '에탄올을 많이 만들어라' 그렇게 되는 거죠.

그렇게 에탄올 정책을 폈더니 사료가격이 올라갔어요. 옥수수는 원래가 사료로 쓰였던 것이고, 아프리카에 원조할 때 옥수수가루를 가져다 줬어요. 그런데 그 가격이 올라가니까 많은 사람들이 문제를 제기했어요. 그래서 석유를 대체할 뭔가가 필요한데, 먹는 걸로 하는 것은 한계가 있으니 지금 정도만 하고 앞으로는 다른 걸로 하겠다, 그게 바로 셀룰로스에요. 셀룰로스도 분해하면 포도당이 되고 포도당으로 에탄올 만들면 똑같은 거죠. 그래서 지금은 세계적으로, 셀룰로스를 가지고 에탄올을 만드는 시범공장을 짓기 시작했어요. 그래서 우리나라의 KIST도 인도네시아에 이런 방식으로 에탄올을 만드는 시범공장을 짓기 시작했어요. 이런 걸 하다 보면 에탄올을 싸게 만드는 게 중요해요.

에탄올을 싸게 만들려면 어떻게 해야 하느냐? 그러면 포도당으로부터 에탄올을 만드는 기술은 같은 것이라고 보면, 셀룰로스에서 포도당 분해하는 것이 중요하겠죠. 셀룰로스에서 포도당을 누가 더 잘 만드느냐? 그런데 셀룰로스는 어디서 나와요? 나무에서 나오잖아요. 그래서 여기에 몇 가지 연구과제가 있는 거예요. 첫 번째는 셀룰로스에서 포도당으로 가수분해를 누가 더 잘 시킬 수 있느냐? 여기서 소위 기술의 경쟁력이 생기는 것이고, 그 다음에는 뭘까? 그 다음에는 헤미셀룰로스, 이건 버리는 거냐? 이걸 분해하면 자일로스라고 하는 탄소 다섯 개짜리 당이 돼요. 이 자일로스 가지고도 에탄올을 만들면 좋겠다, 이게 두 번째 중요한 기술이 되는 거죠. 세 번째로 리그닌은 접착제니 버리는 거냐? 아니죠. 리그닌을 잘 활용해야 하겠다, 아까 리그닌을 페놀계 고분자라고 했어요. 그러니까 잘 쪼개고 응용하면 여러 가지 화합물을 만들 수 있는 거죠. 그래서 우리 학부의 교수 한 분도 이런 쪽에 관심을 가지고 연구하고 있죠. 이런 식의 연구를 많이 해요. 이걸 더 세부적으로 들어가면 리그닌을 잘 활용하자. 당연한 이야기죠. 당연한 이야긴데 또 다른 아이디어는 없을까? 리그닌의 함량을 더 줄이면 안 될까? 리그닌은 현재로는 별로 돈 되는 게 아니거든요. 리그닌의 함량을 줄이자, 그러면 생각을 해봐요. 5m짜리, 1m짜리 나무가 있는데, 혹은 억새 같은 2m짜리 풀이 있는데 여기서 리그닌 함량을 줄인다, 리그닌 함량을 줄이면 상대적으로 다른 것의 함량이 높아지니 전체적으로 경제성은 좋아지지요. 그런데 과연 리그닌이 줄어도 나무가 지탱할까? 리그닌은 30%인데, 이걸 15%로 줄이면 나무가 풀이 되니 곤란하다, 근본적으로 문제가 있다, 이렇게 생각하고 대부분 손을 안대요. 그런데 또 어떤 사람은 단지 10%만 줄여도 되지 않을까? 그 정도만 하더라도 경제성은 좋아지겠다. 예를 들어, 내 몸무게가 얼마고 뼈의 굵기가 이런데 뼈의 굵기가 10% 줄어도 내 활동에 지장이 있을까? 없겠죠. 우리 사람들 중에서 뼈가 굵은 사람도 있고 뼈가 가는 사람도 있는데 어느 정도 오차범위 내에서는 괜찮은 거죠. 그러니 나무도 약간의 오차범위 내에서는 괜찮을 수 있다, 이렇게 생각하면 리그닌 함량을 줄일 수 있겠다. 그런데 이걸 사람 마음대로 할 수 있느냐? 하지만 가만히 생각하면 식물에서 리그닌이 만들어지는 것도 다 유전자에 의해 만들어지는 것이고, 구체적으로는 유전자가 만들어낸 효소에 의해 만들어지는 것이니까 그런 것들을 조금 조정하면 새로운 나무를 만들어 낼 수도 있겠다, 생각할 수 있는 거죠. 이와 같이 여러 가지 사회적·경제적 필요성에 의해서 과학적인 연구 테마가 나오는 겁니다.

그 다음에 여기 보면 셀룰로스에서 포도당으로 가수분해하는 것이 중요하다, 이건 당연한 얘긴데 구체적으로 어떻게 할까? 생각해보면 셀룰로스는 포도당이 연결되어 있는 거예요. 그럼 이걸 빨리 분해시켜야 하는데 지금까지 이걸 분해시킨다고 알려진 효소가 셀룰라제cellulase예요. 자연계의 셀룰라제를 집어넣으면 가수분해가 되긴 되는데 생각보다 천천히 돼. 그런데 이걸 빨리 할 수는 없을까, 이런 생각을 할 수 있는 거죠. 셀룰라제가 지금 가격에서 차지하는 비중이 가장 높아요. 그러니 어떻게 하면 셀룰라제를 값싸게 만들까, 이런 것이 아주 중요한 연구 테마의 하나예요. 그래서 버클리의 캘리포니아 대학 UC Berkeley의 어떤 교수는 포스트닥터post-doctor를 몇 명 데리고 어떻게 셀룰라제를 싸게 만들까 그것만 연구하고 있어요. 그렇게 포스트닥터 여러 명에게 다 이러한 일을 시킬 정도로 그것이 공학기술 분야에서 중요한 연구 주제다, 이거죠. 그런데 나중에 이야기하겠지만 그냥 하면 승부가 안나요. 그래서 셀룰라제를 어떻게 쪼개는가, 그 메커니즘을 연구하고 이렇게 쪼개면 좋겠다, 이런 생각을 해야 하는데, 그것은 나중에 효소 이야기할 때 다시 이야기하죠.

그 다음에 다당류 중에는 알지네이트, 키토산 같은 것들이 있다고 했어요. 그런데 이런 것들의 구조는 포도당과는 달라. 어떻게 다른지 하나 예를 들어주면, 알지네이트의 구조는 기본적인 구조는 같은데 이것이 −COOH로 이렇게 돼 있어요. 그래서 포도당은 구조가 CH_2OH로 되어 있는데 이것은 −COOH로 돼있어요. 또, 우리가 아까 게 껍데기에 있는 주요한 성분인 키틴은 여섯 개짜리 탄소인데 이것은 아민기가 있어요.

알지네이트 구조

—COOH, —OH기를 갖고 있다.

어쨌든 알지네이트니 키틴이니 하는 것들은 포도당과 비슷하게 생겼지만 조금 다르다. 그 알지네이트는 갈조류 세포벽의 주성분이에요. 키틴은 주로 갑각류의 외골격의 주 성분이에요. 미역, 다시마 같은 해조류들, 이런 것들의 주 성분이 알지네이트예요. 그럼 이게 무슨 의미가 있느냐? 이 미역, 다시마 만지면 어때요? 끈적거리죠? 미끈거리고. 이게 왜 미끈거리냐? 풀처럼 고분자화합물이기 때문에 미끈거린다. 미역은 아이를 낳고 요오드 성분이 있으니 먹는다. 그런데 또 하나 생각을 해보면 이게 다이어트 음식이에요. 왜냐하면 미역은 주성분이 알지네이트 고분자화합물이니까 알지네이트 고분자화합물을 먹는 것이고, 마른 미역을 물에 넣으면 부풀죠? 여기 —OH기가 많아서 그래요. 전분은 우리 몸에서 포도당으로 깰 수 있지만 미역이나 갑각류, 게, 새우 껍데기의 다당류는 우리가 분해시킬 수 없어요. 우리 몸속에 들어가면 포만감, 배가 부른 느낌을 전달해요. 그렇지만 분해는 안 돼. 그러니 미역을 많이 먹어도 칼로리상으로 도움되는 건 없다, 그래서 다이어트에 효과적이다. 또, 최근에 찾아낸 게, 우리 몸속에 중금속이 들어오면 어떻게 돼요? 중금속이 얼마나 무서운지는 여러분이 아는 거죠. 중금속이 들어오면 우리 몸속에 있는 중금속결합단백질이 이것과 붙어서 중금속이 작용을 못하게끔 막아놓는데, 그래도 중금속을 계속 먹으면, 병을 일으키는 거죠. 그런데 우리가 미역을 먹으면 알지네이트의 카르복실기에 중금속이 달라붙어요. 그리고 그 다음에 미역이 빠져나가면서 중금속도 같이 붙어서 배설되는 거죠. 그러니 중금속이 들어가 있는 한약, 나물, 민물 생선 이런 것들을 먹게 되더라도 미역을 먹게 되면 좋은 효과가 있는 거다. 이렇게 중금속이 붙는 걸 우리는 생물흡착biosorption이라 해요.

탄수화물의 주요 기능 중의 하나는 에너지를 저장하는 것이에요. 맛이 매우 없다, 이상한 냄새가 난다 이러면 안 먹죠. 맛이 달콤해야 동물이 그걸 찾게끔 돼 있는지 몰라. 그럼 거꾸로 냄새가 나는 것은 거기에 요소 등 화합물이 있으니 냄새가 나는 거겠죠. 그러니 그런 것은 근처에 안 가게끔 싫어하고 그렇게 되어 있는데, 그런 의미에서 우리가 아는 것은 설탕은 달콤하다, 이런 걸 아는 거죠. 그래서 설탕의 감미도를 100%로 했을 때 포도당도 이것과 유사하니까 감미도가 70% 정도 되요. 과당, 얼마나 달아요? 꿀맛 같다 그러잖아요. 꿀맛이라는 것이 과당 맛이잖아요. 과당은 감미도가 170 정도. 그러면 감미료로 이런 것만 단 거냐? 이것만이 아니고 또 다른 것도 있을 수 있는데, 맥아당 같은 거죠. 전분에다 아밀라제amylase 효소를 넣어 분해를 시키면, 처음부터 포도당이 하나씩 차곡차곡 쪼개지느냐? 그렇게는 아니고, 두 단계, 한 서너 개에서 열 개짜리 올리고당으로 쪼개놓고, 그 다음에 여기에 글루코시다제glucosidase라고 하는 효소가 들어가서 하나씩 쪼개는 거예요. 왜 한 번에 하지 두 단계를 거칠까? 그건 잘 몰라요. 그런데 한 번에 하나씩 쪼개는 것보다는 무작위로 막 쪼개두고 그 다음에 딴 놈이 가서 쪼개는 게 빠를지도 모르죠. 그래서 실제로 두 단계를 거쳐 얻어지는데 중간에 있는 게 올리고당이다. 엿 만들 때 쓰는 게 올리고당이에요. 그러니까 울릉도 엿의 원료가 뭐에요? 어쨌든 울릉도 호박 가지고 올리고

당까지 만들어서 굳힌 것이 울릉도 엿이에요. 호박에도 전분이 있으니까 전분을 쪼개면 설탕도 아니고 포도당도 아닌 중간 것인 올리고당이 된다. 이걸 가지고 엿을 만든 거예요. 그럼 올리고당은 이것만 있느냐? 우리 몸에 흡수가 안 되는 당 몇 개가 붙어있는 올리고당도 있어요. 알지네이트에 과당이 붙어있는 것. 이런 것은 사람에게는 별로 필요가 없는데, 우리 몸은 대장에서 미생물과 같이 공생을 한단 말이죠. 그러니까 우리 장 속에는 미생물이 여러 가지가 있는데 미생물이 뭘 제일 좋아하느냐? 올리고당을 좋아한대요. 그래서 올리고당이라고 하는 것은 포도당 하나에 몇 가지 다른 당이 붙어서 우리는 잘 쪼개지 못하지만, 미생물이 쪼개는 것, 이런 좀 독특한 단당류로 결합된 올리고당도 있어요. 우리가 먹으면 장까지 그냥 가고, 장에서 미생물이 좋아하니까, 유산균을 많이 먹는 것 대신에 장 속에서 자연히 번식을 하니까, 대장의 활동이 좋아지면 화장실 가는 게 편해진다, 이런 거죠. 그리고 이것이 기본적으로 당이니까 단맛도 있다. 약간 달콤한 맛도 나와요. 그래서 이런 것들이 올리고당이다. 그래서 감미료로 쓰이는 거다.

또 감미료로 쓰이는 것 중의 하나는 이런 게 있어요. 옥수수 시럽corn syrup 이다, 그러면 뭔지 알죠? 옥수수로부터 만들어내는 올리고당을 옥수수 시럽이라 그러고 그걸 물엿이다라고 해요. 물엿이라는 게 엿 만드는 거죠. 물 빼버리고 나면 엿이 되는 거니까 물엿이 이거예요. 그럼 꼭 그렇게만 만들어야 되는 거냐? 또 다른 방법이 있다는 거죠. 1970년대에 설탕가격이 엄청 올라갔어요. 설탕가격이 올라가니 음식을 달달하게 만들어야 하는 사람들은 문제가 생긴 거죠. 그런데 설탕이란 무엇이냐? 설탕이란 포도당과 과당의 화합물이다. 그러면 어떤 생각을 할 수 있어요? 단맛을 내는 것이 중요하면 설탕 대신 포도당과 과당의 혼합물을 먹으면 어떻게 될까, 이런 생각을 할 수 있죠. 그럼 어떻게 혼합물을 만들 수가 있을까? 사람들이 연구를 해서 알아낸 게 포도당을 효소와 반응시키면 과당이 돼요. 그런데 이게 가역 반응이에요. 그러니까 포도당을 넣고 거기에 효소를 집어넣으면 포도당과 과당의 혼합물이 생겨요. 그럼 맛은 어떨까? 맛은 설탕과는 조금 다르겠죠. 하나는 화합물이고 하나는 혼합물이니까 다르긴 다르겠지만, 그래도 사촌은 될 거다. 설탕은 화합물이니까 주로 결정, 분말 형태로 많이 사용이 되고, 이것은 혼합물인데 액체 상태로 사용이 돼요. 사탕을 만들어야 할 때는 사탕은 눅눅해지면 안 되니까 사탕을 만들 때는 설탕을 써야 하지만, 소주에 단맛을 내기 위해서는 설탕 대신 혼합물이 훨씬 좋을 수도 있어요. 그래서 이걸 만들었어요. 이게 뭐냐 하면 옥수수 시럽인데, 거기에 과당이 더 많이 있는 거다. 그래서 HFCShigh fructose corn syrup이라고 하는 것이 나와서 70년대 중반에 엄청나게 많이 만들기 시작을 했고 지금도 많이 써요. 왜냐면 이렇게 하는 것이 설탕보다는 싸거든. 그리고 달콤한 걸 좋아하는 사람들에게는 이렇게 하나 저렇게 하나 비슷하니까.

그 다음에 탄수화물 용도의 하나가 감미료이고, 그 다음에는 분자인식. 이건 맛있고, 이건 맛없고 느끼는 것. 그럼 사람들이 느낀다고 하는 건 뭐냐? 이것만 생각해도 매우 복잡하고 생각할 게 많아요. 맛을 느끼는 것은 분자인식 작용이지요. 어떤 분자가 어딘가를 자극하기 때문에, 예를 들면 내 몸에 어떤 분자가 있는데 어떤 분자가 들어와서 딱 결합을 하는 순간에 무언가 달라지겠죠. 이것이 다른 데에 영향을 미쳐서 맛이 어떻다 이런 인식을 하는 거예요. 그런 의미에서 보면 이런 탄수화물도 분자인식을 하는 것과 연결이 되어 있는 거죠. 또 우리 몸의 혈액형이 A, B, O, AB형으로 나뉘는데, 이것은 바로 적혈구 세포에 탄수화물이 붙어 있는 거예요. 각각이 다르게 붙어 있어서 면역 시스템이라든가 여러 가지로 영향을 미치는 거죠.

탄수화물은 에너지를 저장하는 거니까 에너지를 만드는 데 쓴다. 그래서 에탄올을 만들었다. 그런데 지금은 에탄올뿐만 아니라 여기서 수많은 화학물질을 만들어낼 수 있어요. 포도당만 잘 만들면 석유화학 콤비나트에서 나오는 그 수백 가지의 화학물질을 만들어 낼 수 있기 때문에 중요한 거예요. 그 다음에 우리가 인위적으로 에너지를 저장하려고 하면 어떻게 해야 해요? 인공 광합성을 해야죠. 자연계에서 나무를 심어서 곡식을 만들어내기도 해야겠지만, 인공적으로 광합성을 해서 햇볕을 쪼여주고 물주고 이산화탄소 넣어주면, 그래서 포도당이 만들어지면 얼마나 좋겠어요. 그게 우리의 꿈이에요. 지금 어디까지 왔느냐? 아직 해냈단 이야기 못 들었죠. 어쨌든 우리가 가진 꿈의 하나는 공기 중의 이산화탄소를 집어넣고 햇빛 받고 물 집어넣으면 반응기에서 포도당이 떨어지면 얼마나 좋을까, 그런 연구를 해야 해요.

기능을 담당한다 융복합시대다

단백질

우리가 알고 있는 단백질protein 중에 가장 많이 얘기되고 있는 것이 효소en-zyme예요. 그 다음에 또 알려진 게 뭐가 있어요? 항체antibody도 있을 것이고, 그 다음에 수송 단백질transporter protein, 예를 들면 헤모글로빈hemoglobin도 있고, 그 다음에 구조 단백질structural protein, 예를 들면 케라틴keratin이라는 머리카락, 또는 손톱의 단백질, 그 다음에 액틴actin이니 미오신myosin이니 하는 근육을 구성하는 단백질들이 있고, 그 다음에 우리가 또 얘기하는 것이 호르몬hormone이에요. 이것을 크게 보면 구조 단백질structural protein —— 어떤 구조를 이루는 단백질 —— 이 있고, 그 다음에 뭔가 기능을 하는 기능 단백질functional protein이 있겠죠. 그래서 전통적인 분류에서는 이런 기능 단백질protein이 효소, 항체, 수송 단백질, 호르몬이고 이렇게 얘기를 하지요. 나도 얼마 전까지는 항체와 효소는 다른 거지, 효소와 호르몬은 다른 거지, 또는 수송 단백질과 호르몬은 다른 거지, 라고 생각을 했는데, 크게 보면 기본적인 그 단백질이 하는 역할, 기능을 주는 메커니즘은 다 똑같은 것 아닐까, 그런 생각이 들어요. 그래서 그냥 이런 종류가 있다고 생각을 하고 넘어가지를 말고 이런 것들이 어떻게 역할을 하는지 그 공통점을 한번 찾아보면 공부가 될 것이라고 생각이 들어요. 아주 상식적인 것, 효소가 뭐다, 이런 건 얘기할 수 있고, 또 항체는 뭐다 이런 건 얘기할 수 있어요. 하지만 그 차이를 얘기하라고 하면 그것은 쉬운 것이 아닐 거예요. 어쨌든 그런 것들을 한번 머릿속에 넣고 보도록 하지요. 그래서 다른 다양한 생물체를 생각할 때는 단백질 종류가 많이 있어요. 예를 들면 뱀한테 물리면 죽는다, 이럴 때 뱀의 독은 뭘까? 그것도 단백질이라고 알려져 있어요. 그러니까 어떻게 보면 이 단백질이라고 하는 것은 다양한 것이에요. 그럼 뱀의 독이라든가 항체라든가 하는 것이 갖는 기본적인 역할은 뭐예요? 바로, 자기를 보호하는 거죠.

단백질이라고 하는 게 뭘까? 우리가 알고 있는 기본적인 상식은, 단백질은 전부 다 아미노산으로 이루어져 있다. 그러니까 아미노산이 수십 개 또는 수백 개 결합된 아미노산의 폴리머를 단백질이라고 부른다. 그럼 아미노산이라고 하는 것은 어떻게 생긴 것이냐? 아미노산은 탄소가 있으면 탄소 옆에 하나는 −COOH가 있고, 하나는 −NH₂가 있고, 하나는 H가 있고, 하나는 여러 가지 기능기functional group R이 있는 것을 아미노산이라고 그런다. 그러면 여기에 −COOH와 −NH₂의 중간의 센터 역할을 하는 탄소를 알파 탄소α-carbon라고 한다. 이 R이라고 하는 것은 여러 개가 있는데, 우리 자연계에 알려져 있는 R은 20개가 알려져 있다. 그럼 자연계에 존재하는 R이 20개라고 하는 얘기는, R을 여러 가지로 바꾼다면 우리가 자연계에 존재하지 않는 것도 만들 수가 있지 않느냐? 그러니까 아미노산 하면 자연적인 것이 20개다, 라고 자기의 사고를 국한시키지는 말자는 거예요. 생각을 더 확장해야 해요. 그런데 이런 생각을 언제부터 했냐면 오래되지 않았어요. 지난 20년 전부터 사람들이 아미노산의 R을 다른 걸로 바꾸면 어떻게 될까, 하는 생각을 하기 시작했고, 구체화된 건 최근의 일이죠.

단백질은 아미노산으로 된 폴리머다. 그런 아미노산이 어떻게 결합이 되어 있느냐? −COOH와 NH₂에서 물이 빠지면 어떻게 돼요? 물H₂O이 빠지면

펩타이드 결합

펩타이드 결합

아미노산 중심에 있는 탄소를 알파탄소(α-carbon)라고 하며 C_α로 표시한다.

NHCO가 되죠. 2개의 아미노산이 결합을 하는 형태는 중간에서 물이 빠지는 건데, 이걸 우리가 특별히 펩타이드 결합이다, 라고 얘기를 하는 거죠. 그래서 일반적으로 아미노산이 두 개에서부터 수십 개가 붙은 것을 펩타이드라고 하고, 그것이 50개, 100개 정도 붙은 것을 단백질이라고 얘기를 해요.

크게 보면은 펩타이드라고 하는 것은 원칙적으로 펩타이드 결합을 가진 모든 것을 다 얘기를 하지만, 우리가 관례적으로 '어디까지는 펩타이드이다'라고 하고, '어디서부터는 단백질protein이다'라고 부른다. 이렇게 보면 펩타이드든 단백질이든 아미노산 열 개가 붙었든 백 개가 붙었든 한쪽 끝은 NH_2로 돼

R기의 극성(pH=7)에 따른 아미노산 분류

R	아미노산	약자1	약자2
비극성	alanine	Ala	A
	valine	Val	V
	leucine	Leu	L
	isoleucine	Ile	I
	proline	Pro	P
	methionine	Met	M
	phenylalanine	Phe	F
	tryptophan	Try	W
극성이지만 비전하	glycine	Gly	G
	serine	Ser	S
	threonine	Thr	T
	cysteine	Cys	C
	tyrosine	Tyr	Y
	asparagine	Asn	N
	glutamine	Glu	Q
(−)전하	aspartic acid	Asp	D
	glutamic acid	Glu	E
(+)전하	lysine	Lys	K
	arginine	Arg	R
	histidine	His	H

있을 것이고, 한쪽 끝은 −COOH로 돼 있겠죠. 그래서 이것을 보면 C 터미널 terminus, 그리고 N 터미널terminus, 즉 질소가 끝에 있는 부분이다, 라고 얘기를 하는 거예요.

그러면 천연 아미노산이 스무 개라고 했는데 그 스무 개는 어떤 것이 있을 까? 우선 이름을 한 번씩 쭉 읽어봅시다. 비극성nonpolar R이 수소로 돼 있는 것, 제일 작은 것이겠죠. 그게 뭐예요? 그게 글리신glycine이에요. 그리고 R이 메틸 기가 있는 것이 알라닌alanine. 이제 아미노산을 생각할 때 어떤 게 적을까, 어 떤 게 더 클까, 이런 식의 비교를 해보라는 거예요. 그러니까 글리신보다는 알 라닌이 더 크고, 알라닌보다는 루이신leucine이 더 크고, 루이신보다는 페닐알라 닌phenylalanine. 이렇게 커지게 되는 것들을 우리가 볼 수 있겠고, 그 다음에 방 향족고리가 붙어 있는 R 그룹, 예를 들면 페닐알라닌, 트립토판tryptophan 등이 있다. 여기에 또 보면 전하가 하나도 없는 비극성nonpolar인 R 그룹을 가진 아미 노산이 있고요, 전하를 가진 아미노산도 있는데 라이신lysine, 아스파르테이트 aspartate, 글루타메이트glutamate 이런 것들이 보이고, 그 다음에는 극성인 R 그룹 을 가진 것 세린serine, 시스테인cystein. 시스테인은 분자 안에 황sulfur이 있고, 메 티오닌methionin도 황이 있어요. 해서 트립토판tryptophan 하면 '아! 아미노산을 얘 기하는 거구나' 그 정도는 알아야 할 테고, 그 다음에 기본적으로 질소가 있어 야 아미노산이 되는구나, 그래서 이 질소가 중요하단 얘기예요. 이 질소가 있어 야 아미노산이 되고, 아미노산이 있어야 단백질이 되는 거구나. 그 다음에 특별 히 어떤 아미노산, 예를 들면 라이신의 R 기능기 끝에는 NH_2 또는 NH_3가 있는 거다, 그 다음에 또 어떤 거는 황sulfur이 있는 거다, 그래서 어떤 음식이 썩으면 유황냄새, 즉 썩은 계란 냄새가 난다. 썩은 계란이 뭐예요? 계란 속에 단백질이 분해되면서 거기서 황화합물이 나오는 거죠. 그래서 유황냄새가 나오는 것은 황이 있어서 그렇고, 그래서 질소화합물, 황화합물 때문에 그런 거다, 이렇게 알면 되는 거예요.

　이렇게 수많은 아미노산들이 단백질을 구성하는 데 사용되는데 이 아미노산이 어떤 상품 가치가 있을까? 그런 것도 조금은 알아두면 좋을 것 같아요. 그래서 우리나라에 바이오회사가 몇 개가 있는데, 그 중에서 가장 인기가 좋은 회사에서 오래 전에 조미료에 사용되는 글루탐산glutamic acid을 만들기 시작을 했어요. 이것을 나트륨 형태로 만드니까, Sodium Glutamate가 돼요. 나트륨이 하나니까 Mono Sodium Glutamate라고 해서 일반적으로는 MSG라고 하는 사람도 있어요. 그리고 몇 십 년 전에는 이 MSG를 음식에 뿌려서 먹었어요. 그럼 이것이 왜 중요할까? 우리가 고깃국을 먹으면 맛이 있어요. 그럼 고깃국이 왜 맛있을까 생각을 하면, 고기를 넣고 끓이면 고기 속의 단백질이 열에 의해 가수분해되고 이때 아미노산이 나오는 거겠죠. 아미노산 중에 가장 많은 성분이 글루탐산이에요. 그래서 고깃국의 맛은 글루탐산의 맛이다, 라고 얘기를 할 수가 있어요. 그러면 고기를 끓여서 먹으면 좋지만, 돈이 없는 가난한 백성은 어떻게 할 수 있느냐? 국에다 MSG를 뿌려 먹으면 고깃국의 맛이 나오는 거예요. 그래서 지금도 중국집에 가면 중국음식의 상당한 부분에 MSG를 많이 쳐요. 그래서 맛이 좋은데, 이걸 많이 먹으면 신경계를 자극한다는 그런 얘기가 있어요. 어쨌든 이런 식으로 중국음식에 가장 많이 쓴다는 MSG가 신경에 어떤 좋지 않은 작용을 한다는 걸로 알려져 있고, 이걸 우리가 다른 말로 표현을 하면 Chinese Syndrome이라고 그래요. 어쨌든 과거에 이런 것이 큰 문제가 안됐을 때 일본의 회사에서 MSG를 만들었고 우리나라의 바이오회사들이 이것을 만들어 팔아서 성장했어요. 지금 세계에서 이 MSG를 가장 잘 만드는 곳이 바로 우리나라예요. 어쨌든, 이와 똑같은 원리로 만들면 또 라이신lysine이 얻어져요. 라이신은 어디다가 많이 쓰냐면, 동물들에게 사료를 먹이는데, 풀에 제일 부족한 것이 라이신이에요. 그래서 사료에는 이런 특정한 아미노산이 부족하지 않도록 사료첨가제로 라이신을 집어넣는데 우리나라가 세계 최고의 기술을 가지고 있다, 라고 얘기를 하죠. 그 다음에 또 사료 첨가제로 많이 쓰이는 것이 메티오닌methionine. 과거에는 합성을 했어요. 유기 합성을 하다가 최근에는 역시 미생물 가지고 만드는 기술이 개발돼서 작년부터 메티오닌은 바이오 기술로 만들고 있어요. 지금 메티오닌은 사람들이 간장 보호약으로도 많이 먹어요. 그래서 간이 안 좋다, 그럼 이것을 먹으면 대사작용을 좋게 해서 간이 좋아진다, 라는 얘기도 있죠. 그래서 아미노산 하나하나가 용도가 많아요.

우리 인체 내에 있는 아미노산은 L-형이에요. 그런데 여러분이 배운 화학의 지식을 생각하면은 D-형도 있을 거예요. 그럼 여기서 또 생각해야 되는 것이, 왜 우리 몸에는 L-형 아미노산 단백질이 있고 또 L-형 아미노산만 만들까, 이런 생각을 해볼 수가 있죠. 또 다른 생각을 하면, 만약에 D-형 아미노산을 사람이 함께 섭취를 하면 어떻게 될까? D-형은 사람 몸에 없는 건데, 이걸 먹으면 죽는 게 아닌가?

> **Tip** 우리 몸에서 엔돌핀이라는 호르몬이 분비가 돼요. 엔돌핀이 나오면 통증이 없어지고 기분이 좋아지죠. 그런데 이 엔돌핀은 시간이 지나면 분해가 돼요. 그래서 운동을 하고 기분 좋은 일이 생기면 엔돌핀이 나왔다가 몇 시간 있으면 분해가 되는데, 이 D-형의 아미노산을 먹었더니 우리 몸에 엔돌핀이 생겼다가 천천히 없어지더라, 그 얘기는 우리 몸에 통증이 있는 사람들이 통증완화작용을 느낀다, 또는 기분이 좋아진다 등등 엔돌핀이 가진 그런 효과를 보는 거예요. 아미노산에는 L-형과 D-형이 있는데, 이 L-형과 D-형의 차이란 게 무엇일까? 그래서 차이는 그런 거다, 라고 설명을 하면 그만이지만, 이런 것들이 세포, 또는 인체에 어떤 메커니즘을 미칠까, 라고 생각을 하는 것도 중요한 이슈이겠죠.

우리가 기본적으로 단백질의 구조를 얘기를 할 때는 1차, 2차, 3차, 4차 구조란 말을 써요. 영어로 얘기하면, 1차 구조primary structure, 2차 구조secondary structure, 3차 구조tertiary structure, 4차 구조quaternary structure, 이렇게 얘길 하는데, 이게 뭐냐? 아미노산이 50개, 100개가 붙어 있으면 단백질이다. 그럼 50개, 100개가 어떻게 붙어 있느냐? 아미노산들이 어떤 순서로 붙어 있는지 얘기를 하는 것을 1차 구조라고 얘기를 한다. 그러면 이 아미노산이 100개가 붙어 있으면 선형으로 쭉 연결돼 있는가? 아니다! 어떤 3차원적인 구조를 이루고 있는데, 그럼 이 3차원적인 구조라고 하는 것이 어떻게 이루어지는 것이냐? R 그룹들이 서로가 상호작용을 하면서 끌어당기고 또 어떤 것은 배척하면서 3차원 구조를 만들게 되는 것이다. 그러니까, 3차원 구조일 때 공 같은 구조가 만들어지고, 그 안에 나선helix이라고 하는 부분이 있고 시트sheet 부분도 있더라, 그래서 그 사이에 있는 이 3차원 구조를 이루는 성분을 2차 구조라고 한다. 그래서 알파 나선α-helix이 어떻고, 베타시트beta-sheet가 어떻고, 라고 하는 얘기는 다른 말로 하면 2차원 구조가 어떻게 돼 있느냐, 라고 얘기를 하는 거다. 2차원 구조가 어떻냐, 라고 얘기를 하는 것은 알파 나선이 어디에 있을까, 또는 베타 시트가 어디에 있을까, 또는 이런 것들을 서로 연결하는 고리가 어떻게 되어 있을까, 얘기를 하는 것을 말하는 것이다, 하는 얘기예요. 그럼 4차 구조는 3차원 구조의 단백질이 하나가 아니라 2개 또는 그 이상이 연결되어 어떤 기능을 하는 경우도 있고, 또는 어떤 경우는 세포막에 단백질이 달라붙어서 작용하는 경우도 있기 때문에, 이 단백질 하나만 갖고 생각을 하면 답이 안 나온다. 그래서 단백질이 2개, 또는 4개, 또는 단백질이 붙어있는 형태로 있는 그 상태에서 전체를 이해해야 된다, 라고 하는 의미에서 4차원 구조라는 표현을 해요.

우리는 3차원 구조에 관한 얘기를 많이 하는데, 그래서 더 보면 알파 나선이 어떻게 생기는 거냐? 알파 탄소를 중심으로 한쪽은 −CO가 있고, 한쪽은

NH가 있는데 이게 펩타이드죠. 그리고 알파탄소에 기능기 R이 달라붙어 있는 거다. 그래서 그것들이 쭉 연결이 되는데, 여기에 어떤 CO가 그 윗부분과 약한 결합이 이루어지고, 그래서 이것이 쭉 연결되면서 나선 코일 같은 것이 생기는 거다. 그럼 결과적으로 나선 간의 거리는 3.6 잔기이다. 아미노산은 일반적인 이름이고 단백질에 붙어있는 아미노산을 우리가 잔기residue라고 한다. 그래서 이렇게 코일을 이루는 것을 우리가 알파 나선이라고 얘기를 해요. 생각을 해보면 아미노산이 연결돼 있으면 항상 알파 나선이 되느냐? 그것은 아니죠. 왜 아니냐? 생각해보면 또 여러 가지가 있는데, R에 대해서 생각을 안 한 거잖아. R이라고 하는 게 실제로 있잖아요. R이 어떻게 되어 있느냐에 따라서 더 가까이 붙기도 하고 더 멀리 붙는 그런 일들이 일어난다, 라고 보면 거기에 따라서 나선이 생길 수도 있고, 안 생길수도 있다, 라고 생각을 하는 거죠. 그럼 베타 시트는 뭐냐? 아미노산이 쭉 있는데, 아까는 나선을 이룬다고 했는데, 이것은 돌지를 않고, 옆에 있는 잔기residue와 수소결합들을 하면서 한 평면에 존재를 하는 것이 생기더라. 아미노산이 10개가 있다고 하면 베타 시트의 길이는 알파 나선의 길이보다 길죠. 왜냐면 알파 나선은 꼬였으니까 10개라도 길이가 좀 짧고, 베타 시트는 10개 길이가 길어지겠죠. 나는 지금도 궁금하게 생각하는 게 왜 이런 나선이 만들어지고 왜 베타 시트가 만들어질까, 하는 거예요. 그러니까 만들어지는 것을 보고서 '아! 여기에는 저런 수소결합이 존재하는구나' 라고 이해를 하면 되지만, 그건 이해하는 한 가지 방법이고, 또 다른 걸로는 '이게 왜 이렇게 생겼을까' 이건 잘 모르겠어요. 여러분도 베타 시트, 알파 나선이 왜 필요할까 이런 것을 생각을 해보세요.

단백질이 구형globule 형태를 갖는 것을 3차구조라고 한다. 처음에 아미노산이 쭉 연결이 돼 있는데, 우리가 이렇게 연결이 되어 있는 과정을 가지고 '접혀졌다'라고 얘기를 하죠. 접혀지는 것을 가지고 folding이란 얘기를 하고, 이

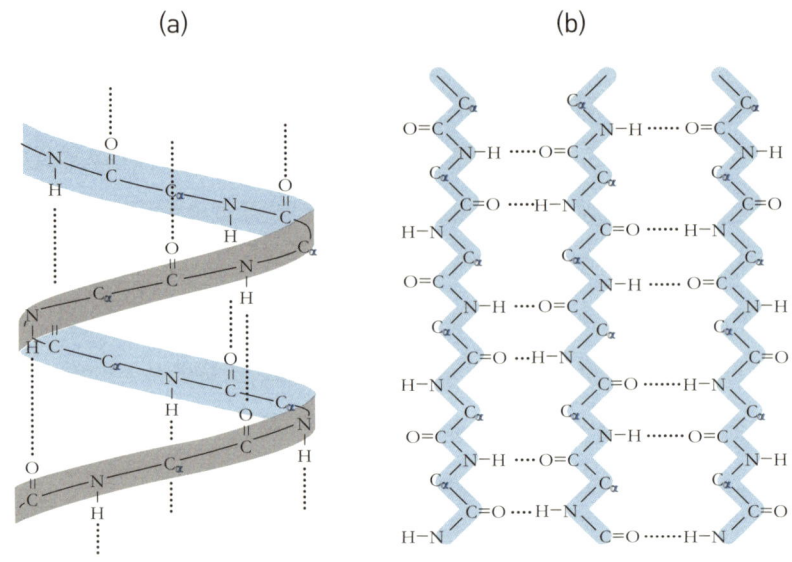

(a) (b)

(a) 알파나선 구조, (b) 베타시트 구조
C_α는 알파탄소(α-carbon)를 가리킨다.

게 풀어지는 것을 우리가 unfolding이라고 얘기를 해요. 단백질이 어떻게 3차원적인 구조를 갖는가? 어떻게 접혀지는지는 아직도 잘 몰라요. 그럼에도 불구하고 지금 어디까지 왔느냐 하면, 아미노산의 서열을 주면 유사한 서열을 갖는 단백질의 구조를 참고로 하여 계산해서 구조를 예측해요. 이와 같이, 예측을 하는 단계까지 왔고, 이 예측을 잘 하는 나라가 우리나라인데, 구조가 복잡하지 않은 단백질의 1차원 구조를 알면 3차 구조를 비슷하게 예측하는 단계까지 왔어요. 정확한 구조는 어떻게 아느냐? 그것은 X-선 결정학 또는 NMR 방식을 통해서 구조를 아는데, 단백질의 구조를 보면 여기에는 여러 가지 결합들이 있는데, 그런 것 중의 하나가 소수성인 작용이 있고, 어떤 것은 비극성인 곁사슬side chain들의 결합, 또 어떤 경우에는 수소결합, 그리고 시스테인이 2개가 결합을 하면 이황화disulfide, S-S 결합도 형성이 되고 그렇다. 그래서 지금은 컴퓨터로 구조를 예측을 하기도 하고 그리기도 하는데, 3차원 구조라고 하는 게 여기에 무엇이 꽉 들어찬 게 아니라 사이사이 빈 공간도 있는 그런 구조예요. 그래서 그 공간에 용매 또는 물이 어떻게 접근할 수 있는지 없는지 그런 그림도 그릴 수가 있고, 그래서 단백질들을 보면 어떻게 이해를 할까? 우선 여기에서 2차원 구조 나선이나 시트가 어디에 있을까, 하는 것과 단백질이 자기의 3차원 모양을 잘 유지를 해야 하는데, 그래야 자기의 기능을 유지할 수가 있는데, 실제 상황은 3차원적인 구조가 잘 유지가 안 되더라, 왜 그럴까 또는 어떻게 하면 막을 수가 있을까, 이런 것들이 중요한 이슈가 되겠죠.

수송 단백질

세포가 내부환경을 잘 유지한다는 것에 관련된 내용도 생각해보지요. 그래서 기본적으로 세포막이 하는 작용이란 게 뭘까 또는 세포막이 어떻게 생겼을까로부터 시작을 하는 거예요. 그래서 세포막이라고 하는 것은 인지질phospholipid 분자가 2개의 층을 이루고 있다는 것으로 시작을 하고, 그래서 세포가 있으면 세포를 보호해야 되는 거니까 보호한다는 것이, 예를 들면 인지질을 친수성인 것과 소수성인 것으로 그리면 바깥에는 친수성이고 세포 안에 구성 성분하고 닿는 것도 친수성이게끔 되어 있는 거다. 그래서 기본적으로 세포 안에 있는 여러 가지 물질이 바깥으로 나가지 못하게 하고 또는 바깥에서 이상한 것들이 들어오지 못하게 하는 역할을 하는 거다. 하지만 필요한 것은 들여보내야 하잖아요. 그래서 바깥에 어떤 물질이 있으면 그것을 인식을 해서, 필요하면 공격을 한다든가 방어를 한다든가 여러 가지 기능이 있어야 될 것이고요.

수송 단백질에 초점을 맞추어 몇 개만 공부를 더 해보죠. 바깥에 있는 물질들 중에서 주로 영양분에 해당하는 것들을 세포는 어떻게 안으로 전달시키느냐? 기본적으로 어떤 물질이 있는데 그 물질이 아주 작다든가 또는 소수성이면 이런 것들은 기본적으로 확산diffusion에 의해서 세포 안으로 전달이 될 것이다. 그럼 확산으로 모든 것을 다 세포 속으로 집어넣을 수는 없는 것이고, 물은 어떻게 들어갈까? 여러 가지 염, 포타슘 이온, 나트륨 이온 이런 것들도 들어갈 수 있는 방법이 있어야 할 텐데, 그리고 포도당도 들어가야 할 텐데 어떻게 들어가나, 공부를 했으면 좋겠어요.

여러 가지 방법이 있는데 그 중의 하나는 수송에 관련되는 단백질에 의해서 그런 것들이 수행이 된다. 수송 단백질 중에도 예를 들면 통로channel 단백질이라고 하는 것이 존재한다. 그래서 세포벽이 닫혀 있다가 어떤 물질이 가까이 오면 이것이 통과하도록 문이 열리는 거다. 그럼 단백질에 진짜 이런 문이 있느냐? 기본적으로 보면 어떤 필요에 의해서 그 문이 열린다, 열린다는 것은 단백질의 구조가 변화하는 것이고, 그럼 그 단백질 사이로 들어온다고 보는 거죠. 그래서 상징적으로 문이 있다가 문이 열리면서 들어오게 해주는 그런 역할을 해주는 단백질을 통로단백질이라고 한다. 여기에는 나트륨이라든가 칼슘이라든가 이런 것들이 들어올 수 있고 물도 들어올 수 있는데 특별히 물이 통과하는 것을 아쿠아포린aquaporin 단백질이라고 한다. 이것도 중요하니 연구를 많이 해야 하겠지요. 어쨌든 이런 것이 생물체에서 일어나는 작용이니 이해를 하는 수준이다, 하는 정도예요.

또 다른 걸로는, 운반체carrier 단백질이 존재하는데, 이 운반체 단백질은 같이 가는 단백질이다, 이런 뜻이잖아요. 그래서 어떤 물질이 있으면 이것이 단백질 어떤 성분과 결합해서 이동을 한다, 이렇게 이해를 하는 거예요. 분자 사이즈가 크면 단백질에 통로가 생길 수가 없으니까 이런 운반체 단백질이 필요한 게 아닌가 싶어요. 기본적으로 이런 것이 수송을 하는 일반적인 것이냐? 이걸로 다 설명을 못한다. 그래서 하나는 확산되어 들어가고 하나는 통과를 해서 들어가는데, 우리가 알기에 농도가 높은 데서 낮은 데로 간다, 이런 것은 가능할 수 있겠지만, 근데 에너지 레벨이 낮은데서 높은 데로 간다, 농도가 낮은 데서 높은 데로 간다, 이런 것은 우리가 생각할 때에 자연적으로 일어날 수는 없는 게 아닌가, 그렇게 생각을 하면 어떤 경우에는 능동 수송active transport이라는 표현을 써요. 산 위에 있는 물을 내리는 데는 자연적으로 중력에 의해서 내려오게 되는 것이고, 반대로 호수에 있는 물을 위로 올려야 되겠다, 그러면 중력에 반해서 거꾸로 올리니까 에너지가 필요한데 에너지를 공급해주는 것이 펌프pump다. 그래서 실제로 공장에 가면 아래에 있는 것을 위로 올려줘야 되는 경우도 있고, 굉장히 점도가 높은 물체도 우리가 수송을 해야 하는 경우가 있는데, 그런 경우에는 우리가 펌프를 사용한다. 세포에서도 똑같이 우리가 펌프라고 해요. 그런데 기본적으로 인공적으로 아래에 있는 걸 올리려면 프로펠러로 올리는데, 그 때 필요한 에너지는 프로펠러 날개에 의해서 전달이 되는 것이다, 물과 같이 점도가 낮은 것에는 좋지만 아주 끈적끈적한 것도 필요하면 수송을 해야 하는데, 그런 것은 그럼 어떻게 해야 하느냐? 물 같은 것을 올리는 건 원심펌프centrifugal pump를 이용하고, 또 다른 방식으로 우리 몸속에서 일어나는 또 다른 펌핑작용도 있어요. 예를 들면, 뱀이 작은 동물을 잡아먹으면 그것이 뱀 몸속으로 흘러가면서 소화가 되는 과정처럼 우리 몸에 대장, 소장에서도 물질이 이동하는 것도 연동peristaltic 운동에 의해서 이동하는 방식도 있다. 그래서 어떤 것이든 다 그렇게 흘러가게 해준다. 어쨌든 세포에서도 마찬가지로 이 포도당을 수송을 하는데, 포도당 같은 것이 단백질 사이를 뚫고 가는 경우가 있나 봐요. 그래서 아까 여기 운반체 단백질 중에 포도당은 분자가 크지 않으니깐 단백질 사이로 통과시키는 것도 있고 하지만 이게 다는 아니고, 이 포도당 펌프로 바깥에 있는 나트륨이 속으로 들어오면서 여기서 에너지가 나오고 이 에너지가 외부에 있는 포도당을 내부로 옮기는 데 사용돼요.

그 다음에 우리 세포 안에는 포타슘 이온 등 여러 가지 이온들이 많은데, 이런 것들이 서로 필요한 만큼 들락날락 하는 걸로 알려져 있어요. 예를 들어서 우리 세포 안에는 포타슘 이온이 어떤 적정한 레벨로 있어야 되고, 대신 나트륨이 많으면 여러 가지 대사작용이 방해를 받는 걸로 알려져 있어요. 그래서 어떤 경우에는 나트륨이 너무 많으면 밖으로 보내고, 포타슘 이온을 거꾸로 바꾸는 데 이런 작용을 하는 메커니즘을 우리가 나트륨-포타슘 펌프라고 해요. 이 과정에서는 Sodium Potassium ATPase라는 효소가 관여를 해서 이런 이온들을 수송하는데 우리 몸에서 만들어지는 ATP의 상당한 에너지가 이런 이온들을 수송하는 데 사용되고 있지요.

칼슘 이온이 수송되는 메커니즘도 여러 가지 있다. 나트륨 이온과 포타슘 이온이 비슷한데 실제로 나트륨 이온이 많으면 유체가 굉장히 끈적해져요. 그래서 여러분은 고혈합 환자는 아니겠지만 어른들 보면 꽤 많은데 그 사람들은 짠 것을 먹지 말라고 해요. 나트륨이 많으면 혈액의 점도가 올라가서 혈액순환이 잘 안 되니 대신 포타슘을 많이 권해요. 그 다음에 칼슘 이온은 근육수축, 근육이 작용할 때에 거기에 관여해요. 우리 몸속에서 나트륨, 포타슘, 칼슘 이온들은 굉장히 중요한 역할을 하고 있는데, 이것이 이 세포 안으로 들락날락하는 메커니즘이 존재하고, 그 경우에 단백질에 의해서 단백질 모양이 바뀌면서 관여되는 게 있고, 또는 어떤 에너지가 필요로 하는 펌프로 전달이 되기도 한다.

그리고 또 우리 심장에서의 부정맥 현상도 저런 이온이 원활하게 전달이 잘 안 돼서 그런 것이다. 또는 우리 신경이 전달되는 것도 저런 이온에 의한 것이다, 하는 걸 알면 돼요.

그 다음에는 물이라고 하는 것이 굉장히 중요한 것이다. 이게 왜 중요하냐, 라고 하면 일반적으로 우리 세포의 약 80%는 물로 되어 있기 때문이에요. 그런데 삼투현상이라고 알죠? 락토스lactose를 먹었는데 락토스를 소화를 못 시킨다, 락토스를 소화 못 시키면 어떤 일이 생기느냐? 락토스는 포도당과 갈락토스로 되어 있는 당이에요. 우유에 있는 주된 당 성분이 락토스인데 우유를 먹었는데 우리가 락토스를 포도당과 갈락토스로 분해하는 효소가 없으면 소장에서 대장으로 바로 넘어가는 거죠. 대장에 가면 거기는 온갖 종류의 미생물들이 있는데 락토스를 만나면 어떤 일이 생기느냐? 대장에서는 락토스를 분해하는 미생물이 많이 있고 락토스를 분해하면 최종적으로 이산화탄소가 나와서 결국 뒤로 가스가 많이 나온다, 그 다음에 우리 장에 락토스가 들어가면 상대적으로 삼투압이 높아지는데 이것을 낮춰주기 위해 장에 물이 많이 들어간다, 물이 많이 들어가면 심하면 설사를 하고, 그래서 우리가 음식을 소화 잘 못 시키면 설사를 한다, 그것도 한 가지에요. 아침마다 화장실에서 볼일 잘 보는지 모르겠는데 이게 사람들한테 아주 중요한 얘기죠. 아침에 가서 변기에 빼는 게 소화가 안 된 음식 찌꺼기다. 우리가 음식을 먹으면 거기서 전분 성분은 포도당이 되어 우리 몸에 들어가고, 단백질성분은 아미노산으로 분해돼 우리 몸에 쓰이고 지질도 마찬가지죠. 근데 셀룰로스 성분은 소화 안 되니 빠져나가겠지만 대부분은 우리 장속에 있는 미생물이 나가는 거다. 우리 몸에 있는, 대장에 있는 세균이 셀룰로스를 분해시키는지는 잘 모르겠어요. 어쨌든 분해가 안 되는 것들과 대장에서 영양분을 먹고 자란 것이 나가는 것이다. 그러니까 나가는 것은 대부분 유기화합물로서 쓸모 있는 것이다. 그래서 어떤 사람은 '똥은 자원이다' 라고 하면서 연구하는 사람도 있어요. 이런 과정, 현상 때문에 우리가 락토스를 분해를 못하면 방귀나 설사가 된다. 그럼 거꾸로 변비를 잘 내려가게 하려면 물을 넣어야 하는데, 그 메커니즘이 뭘까? 변비 치료제를 먹으면 장에 물들이 들어가서 내려가는데 그 원리는 락토스 같은 것이다. 삼투현상에 의해서 물이 들어오게 해주는 역할이다. 그래서 우유에 락타제lactase라는 효소를 넣어서 또는 락타제가 있는 컬럼에 우유를 통과시키면 락토스가 분해가 되고 그걸 아기들에게 먹이면 좋을 수도 있다, 하는 거죠.

생각할 이슈들

- 단백질의 2차 구조인 알파나선, 베타시트는 왜 필요한가?
- 펩타이드 결합을 한 것이 단백질이고, 단백질의 한 가지는 머리카락이다. 펩타이드 결합을 가진 합성 섬유가 있을까? 자연계에 있는 펩타이드 결합을 가진 섬유는 무엇인가?
- 자연계에 존재하지 않는 비천연 아미노산들이 알려져 있다. 이러한 비천연 아미노산을 이용하여 단백질을 만들면 무슨 가치가 있을까?

단백질 안정성

단백질의 구조는 1차 구조, 2차 구조, 3차 구조, 4차 구조라고 하는 것들이 있다는 얘기를 했지요. 단백질의 1차 구조는 어떤 것이고 2차 구조는 어떤 것이고 얘기를 했는데 그 정도까지는 고등학교에서 배웠을 것 같아요. 단백질이라고 하는 것이 기능을 한다. 예를 들면 우리 몸속에 있는 호르몬이 단백질이다, 항체가 단백질이다, 효소가 단백질이다, 또 헤모글로빈도 단백질이다. 단백질이 작용을 한다는 것은, 정도 차이는 있지만, 단백질의 3차원적인 구조가 변형이 안 돼야 되는 거예요. 단백질은 3차원적인 모양을 하고 있는데 이것이 변형되면 더 이상 단백질로서의 가치가 없어진다는 거죠. 그래서 단백질을 활용할 때는 단백질의 3차원적인 구조가 잘 유지가 되는 게 제일 기본이에요. 그런데 기본적으로 단백질이라 하는 것은 아미노산이 연결돼 가지고 이루어지는 고분자화합물이기 때문에, 연결되는 과정에서 수소 결합, 펩타이드 결합 또는 아미노산에 붙어 있는 R 그룹과의 어떤 결합 이런 것들에 의해서 연결된 화합물이기 때문에 기본적으로 주위 환경의 변화가 생기면 이것의 모양이 달라질 수가 있는 거죠. 그럼 어떤 변화가 생기면 모양이 달라질까? 만약에 열이 가해지면 어떻게 될까? 열이 가해지면 약하게 결합되어 있는 결합이 있다고 하면 그리고 거기에 높은 온도를 줘 가지고서 분자 운동이 활발하게 된다고 하면 약하게 결합되어 있는 것은 깨질 거다, 이런 생각을 할 수 있는 거죠. 깨지면 구조가 유지가 안 되는 거죠. 그것이 제일 중요한 거다. 마찬가지로 pH라고 하는 것도 이것이 아주 강산성으로 가거나 강알칼리로 가거나 하게 되면 역시 3차원적인 구조에 영향을 줄 수 있는 거고, 또 여러 가지 케미칼들이 존재를 해서 이것이 단백질의 여러 결합을 깨면 단백질의 3차원적인 구조가 망가지고, 3차원적인 구조가 망가지면 더 이상 단백질로서의 기능이 없어지는 거다. 기능이 없어지면 어떻게 돼요? 아무 쓸모가 없어지는 거예요. 그래서 어떻게 하면 이런 영향을 안 받도록 할 수 있느냐 하는 건데 실제로 우리가 사용할 때는 영향을 받아요. 그래서 어떤 일이 발생하느냐 하면 시간에 대해서 단백질의 기능 그것을 활성activity이라 표현을 하게 되면 단백질의 활성이 시간에 따라서 감소해요. 활성을 유지하는 것이 제일 이상적일 텐데 실제로는 감소를 하는 현상이 보이거든요. 왜 그럴까? 단백질이 만들어졌을 때, 3차원적인 구조를 형성했을 때 그때의 환경과 우리가 단백질을 사용하는 환경이 달라요. 환경이 다르다고 하는 것은 결합에

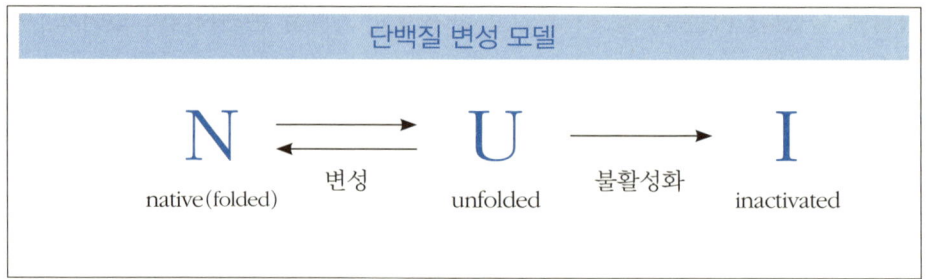

단백질 변성 모델

N ⇌ U → I
native(folded) 변성 unfolded 불활성화 inactivated

영향을 주는 거다, 그러면 단백질의 활성이 떨어져요.

단백질 자체가 변성되지 않도록 엔지니어링을 할 수도 있을 거예요. 그러니까 세부적으로 어떻게 하느냐를 생각하기 전에 우선 어떤 현상이 일어날까 이해를 해보는 거죠. 그래서 계란 흰자 얘기를 했는데 이 단백질이라고 하는 것이 구조가 바뀌면 골치 아픈 문제가 생기기 시작을 해요. 우리가 이해를 하는 것은, 단백질이라고 하는 것은 자연적인 형태가 있는데 이 자연적인 형태, 자연적인 것을 접혀진 형태folded form라고 했어요, 그러니까 잘 접혀진 3차원 구조를 가진 단백질이 어느 정도까지는 가역적으로 변성이 되는 거죠. 다시 말해, 풀어진다, unfold 된다, 하는 얘깁니다. 그러다가 어느 정도 지나가면 활성이 없는 형태inactive form로 되어 활성을 잃어버리는 일이 생겨요. 그래서 단백질의 구조가 바뀌는 것은 심플하게 이런 형태로 얘기를 해요. 그래서 이것을 각각 변성denaturation, 불활성화inactivation라 하는데, 그런 용어를 아는 것보다는 어느 단계까지는 가역적으로 움직이다가 어느 단계를 지나가면 비가역적으로 기능이 없어져 버린다. 그래서 예를 들면 단백질이 자연적인 형태가 변형이 되고, 완전히 풀어지면 반응이 안되는 것이다, 라고 2단계로 풀어서 이해를 하면 좋겠어요.

여러분이 열역학을 배웠으니까 에너지 레벨에서 어떻게 되는 거냐, 라고 이해를 해보지요. 기본적으로 단백질이 접혀진 자연적인 상태라고 하는 것은 에너지 면에서 안정적인 것이다, 그러니까 에너지 면에서 접혀진 형태를 표현하면 접혀진 형태는 에너지가 낮은 안정한 상태예요. 풀어졌다고 하는 것은 에너지 레벨이 높은 것이다. 중간에 어떤 과정을 거치는지는 우리는 잘 몰라요. 그래서 낮은 레벨에서 높은 레벨로 에너지 레벨이 달라지는 것이고, 열역학에서는 깁스 자유에너지Gibbs free energy가 변화($\triangle G$)되었다고 해요. 우리가 단백질에 손을 대서 단백질의 구조를 바꿀 수 있어요. 그럼 우리가 안정한 단백질을 만든다고 하는 것은 무엇인가? 단백질의 에너지레벨이 더 안정적이게 만들어야 한다는 뜻이죠. 자연적인 단백질의 Gibbs 자유에너지 차이가 얼마가 된다, 라고 표현을 할 수가 있어요. 에너지 차이가 많으면 단백질이 풀어지기가 힘들겠죠? 그래서 자연 단백질의 $(\triangle G)_n$에서 새로운 단백질의 $(\triangle G)_m$를 빼서 $(\triangle G)_n -(\triangle G)_m$가 0보다 작으면 이것은 새로운 단백질이 안정하게 되었다고 해요. 그래서 열역학이라고 하는 것이 단백질의 안정성과도 관련이 있고, 요즘에 나온 소프트웨어는 단백질에서 어떤 아미노산을 한두 개를 다른 걸로 바꿨을 때 이

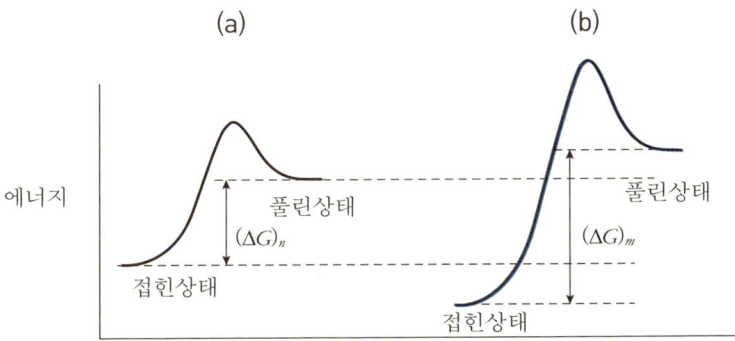

단백질 안정성의 열역학적 이해 (a) 자연native 단백질, (b) 변이mutant 단백질
$(\triangle G)_n - (\triangle G)_m < 0$이라는 것은 $(\triangle G)_m$이 $(\triangle G)_n$보다 커서 변이 단백질의 경우 접힌 상태가 풀리려면 더 많은 에너지가 필요하므로, 상대적으로 안정하다는 것을 의미한다.

런 Gibbs 자유에너지 변화가 얼마만큼인가 계산을 해줘요.

이제 어떻게 하면 안정한 단백질을 만들 수 있을까, 이런 얘기를 조금만 더 해보죠. 단백질 구조를 변화시켜서 새로운 것, 쓸 만한 것을 만드는 것을 단백질 공학이라고 하는 거예요. 그래서 단백질 공학에서 첫 번째 기준은 지금 자연 단백질의 $\triangle G$에서 새로운 단백질의 $\triangle G$ 뺀 $\triangle\triangle G$가 0보다 작으면 좋겠다, 이런 얘기를 했어요.

어떤 방법이 있을까? 단백질을 우리가 변화시키는 방법이 있다고 했는데 더 근본적인 건 뭘까? 사람들이 스크리닝screening을 하는 거죠. 고온성thermophilic 단백질이라는 것은 일반적인 것과 조금 다르다, 그래서 중온성mesophilic인 단백질의 활성이라고 하면 온도가 3,40도에서 반응이 잘되는 거라고 보면, 고온성인 단백질은 높은 온도에서도 반응을 잘 하는 거예요. 반응을 잘 한다고 하는 것이 온도가 변화해도, 조건이 변화해도 단백질의 구조가 적게 변화한다, 그래서 일반적으로 시간에 대해서 활성이 떨어진다 얘길 했는데 고온성인 단백질은 조금 더 안정한 단백질이다, 물론 여기에도 복잡한 얘기가 더 있어요. 고온성인 것은 항상 안정인가, 라고 했을 때에 많은 경우 그렇지만 항상은 아닌 것 같다, 왜인지는 잘 몰라요. 그래서 이제 이런 것을 우리가 열역학적 안정성thermody-maic stability과 동역학적 안정성kinetic stability으로 구분해요. 어쨌든 하나는 시간에 따라서 변화를 하는 건데, 고온성인 단백질은 동역학적 안정성도 좋을 것이다, 이런 얘기를 한 거예요. 어쨌든 스크리닝하는 방법이 하나가 있다. 그래서 화산지대, 온천지대 등에 가서 좋은 단백질을 하나 찾아내면 아까 언급한 문제를 해결을 한다.

또 무슨 방법이 있을까? 단백질은 아미노산으로 돼 있다, 아미노산 중에는 NH_2, $-COOH$ 이런 기능기가 붙어 있는 게 있어요. 그럼 거기에 화학 반응을 시킬 수가 있어요. 단백질 표면에 나와 있는 R 그룹에 NH_2가 있거나 $-COOH$

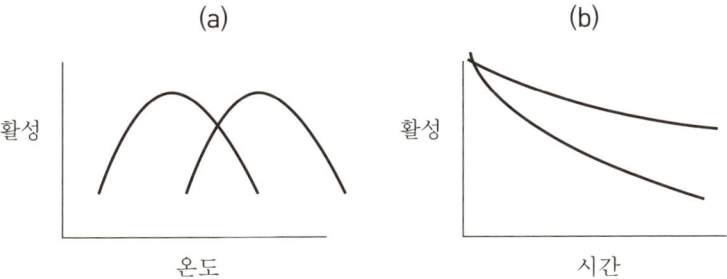

단백질 안정성

(a) 열역학적 안정성: 온도에 따라 활성이 달라지는 것

(b) 동역학적 안정성: 시간에 따라 활성이 떨어지는 것을 가리킨다.

가 있으면 여기에 화학변형chemical modification을 시키면 어떻게 되요? 반응을 시키면 열을 가하거나 다른 화학물질이 들어 왔을 때에 구조가 크게 바뀌지 않을 수 있겠죠. 항상 좋아지는 건 아니겠지만 어떤 기능기를 여기에 붙이느냐에 따라서 구조변화가 천천히 일어나게 할 수가 있겠죠.

그리고 세 번째로 단백질을 엔지니어링 하는 방법이에요. 아까는 단백질을 변형시키는 것이었다면, 이것은 진짜로 단백질 자체의 구조를 바꿀 수도 있는 거죠.

그래서 사람들이 많은 경험을 하면서 어떻게 하면 좋은 단백질을 만들어낼까 연구를 많이 했는데, 아직 잘 몰라요. 코끼리 다리 만지는 정도로 이해를 하는 거예요. 어쨌든 몇 가지 생각을 해보면, 우리가 알고 있는 것 중에는 이 고온성인 단백질이라고 하는 것은 S−S 결합을 많이 하고 있더라, 그것도 단백질의 표면에. 이건 어디서 나오는 거예요? 이것은 아미노산 중에서 시스테인cystein이 SH를 가지고 있는 거예요. 그래서 그 둘이 결합을 하면 S−S가 되는데 단백질 표면에 S-S 결합이 있으면 테이프로 붙여놓은 효과가 나타나는 거죠. 그래서 여기에 열을 가해도 S-S 결합이 움직이지 않게 잡고 있는 거잖아요. 그래서 우리가 생각하는 게 수소결합은 쉽게 끊어질 수 있는 것이지만, 그래도 S-S 결합은 쉽게 끊어지지 않는 거다, 라고 보면 이런 결합 또는 이온결합이 단백질에 존재하면 웬만해선 단백질이 모양을 잘 안 바꾼다, 라고 생각을 할 수 있어요. 그래서 이런 몇 가지 케이스case는 우리가 쉽게 볼 수가 있는 거지만, 구조가 단단한 좋은 단백질을 만들려면 굉장히 어렵죠.

어떤 면에서 또 어렵다고 하냐면, 지금 여기다가 S-S 결합을 해준다, 이온결합을 해준다, 하는 것은 단백질을 단단하게 해주는 거예요. 외부에서 힘이 가더라도 단백질이 적게 풀어지게끔 해주는 건데 이런 걸 우리가 단백질을 단단하게 해준다고 해요. 또 하나는, 단백질이 작용을 하는 것은 어떤 기하학적 geometry 작용에 의해 기질이 들어와서 단백질이 반응을 하는 거고, 호르몬도 마찬가지고, 항체도 다 마찬가지고 뭔가 어떤 기하학적인 것 때문에 이것이 반응을 하는 거다, 그래서 단백질이 반응을 한다는 것은 유연성flexibility이 있어야 한다고 이해를 하고 있어요. 전에는 효소와 항체는 다른 거고 호르몬은 또 다르다고 생각을 했지만, 이젠 다 비슷한 거라고 생각을 해요. 어쨌든 이런 식의 유연한 움직임이 중요한 것인데, 이걸 단단하게 꽉 붙잡아 놓으면 유연한 움직임이 줄어들겠죠. 그래서 이걸 일반적으로 활성과 안정성이라고 표현을 하면서 또 단백질의 안정성stability은 경직성rigidity에서 나오고, 단백질의 활성activity은 유연성flexibility에서 나온다고 해요. 또 우리가 유연성을 높이면 경직성은 상대적으로 떨어지고, 경직성이 높으면 유연성이 상대적으로 떨어지니까 우리가 하려고 하는 것이 기본적으로 한계가 있다. 우리가 희망하는 건 유연한 것을 유지하면서 단단하게 했으면 좋겠다. 이것이 우리 희망인데 단백질을 심플하게 보면, 하나가 올라가면 하나가 떨어진다고 생각을 하고 있어요. 단백질을 이렇게 하나의

Tip 어떤 사람의 머리카락은 직선으로 돼 있고, 어떤 사람은 곱슬인데, 이 머리카락의 구조는 어떻게 생겼을까? 머리카락도 단백질인데 머리카락 하나를 보면 여기에 시스테인이 결합을 해서 S-S 결합이 있어요. 그런데 우리가 미장원에 가서 파마를 한다, 파마를 한다는 게 뭐냐, 결국 머리카락에 어떤 케미컬과 반응시키면, 이것이 SH가 돼요. 케미컬로 이 단백질의 구조를 띄워놓은 다음에 케미컬을 없애 버리면 다시 머리카락에 S-S 결합이 생겨요. 머리카락을 돌돌 말다가 이런 조치를 하면 이게 물리적으로 달라지겠죠. 그럼 이게 머리가 원래 곱슬인 사람이 펴지든지, 펴졌던 사람이 곱슬로 변하게 되는 거예요. 그렇게 하는 방법이 파마permanent wave를 한다는 겁니다. 결국 파마라고 하는 것은, 우리가 S-S 결합으로 돼 있는 머리카락 단백질의 구조를 인위적으로 변화시키는 것이죠.

(1) (2) (3) (4)

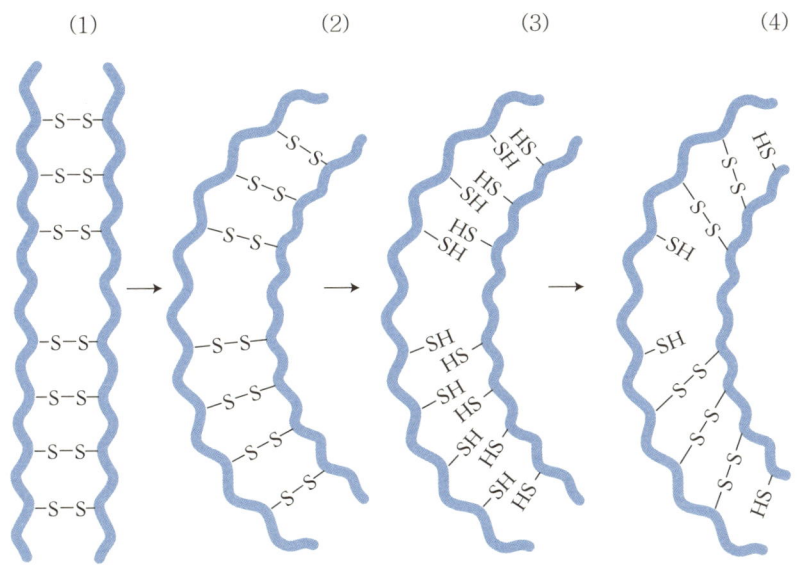

머리카락 파마의 원리

(1) 머리카락 구조
(2) 머리카락을 막대기에 감은 모습
(3) 환원제로 이황화결합을 끊어준다.
(4) 중화제를 넣으면 새로운 이황화결합이 생긴다.

덩어리로 봐서 안정성이 좋으면 활성은 나쁘다, 라고 지금까지 많은 사람들이 그래왔어요.

그러나 단백질의 구조를 좀 세부적으로 생각을 하면 희망이 있겠다, 라는 생각이에요. 단백질은 이렇게 유연한 움직임을 하는데, 이 유연한 움직임에 도움을 주는 것이, 하나의 가설인데 활성부위에 스프링이 달려 있다는 거죠. 표면에 S−S 결합을 집어넣는다고 스프링이 작용 안 하는 건 아니니까 단백질을 단단하게 해주는 부분도 있고 단백질이 유연하게 움직이게 해주는 부분이 따로 있기 때문에 어떤 부분을 더 유연하게 해주고 어떤 부분은 더 단단하게 해주면 이상적으로는 둘 다 올라갈 수가 있다는 거예요. 최근에 연구를 통해서 이런 답을 찾아가고 있죠.

메탄올, 에탄올 등 어떤 용매에다가 단백질을 넣으면 맥을 못 춰요. 활성이 뚝 떨어져요. 그건 뭐냐면, 이 용매 분자들이 단백질에 영향을 미쳐서 그런 거죠. 그럼 어떻게 해야 되는 거냐? 사람들이 전에 이런 걸 잘 모를 때는 예를 들어 단백질의 아미노산이 100개가 있다, 그러면 100개의 아미노산을 랜덤하게 바꿔요. 랜덤하게 바꾸는 그런 테크닉이 있어요. 그래서 여기서 변화된 경우의 수는 무지 많이 생겨요. 그럼 그 중에 용매에서 작용을 잘 하는 것을 골라만 내면 되는 거죠. 랜덤하게 시행착오 방식으로 변이 단백질을 만들어서 거기서 좋은 성질을 가진 것을 몇 개를 골라냈어요. 그리고는, 단백질이 진화를 했는데 높은 온도에서 또는 용매에서 견디는 쪽으로 좋은 방향으로 진화를 했다, 그래서 이것을 방향진화directed evolution되었다고 해요. 그리고 이것을 통해 수소결합이 많다는 것을 알았어요. 그래서 그 다음 사람은 어떻게 해요? 단백질에 수소결합을 늘려주면 좋겠다, 해서 이런 경험을 토대로 단백질의 수소결합을 늘려보자, 그러면 용매에서 단백질이 잘 움직인다, 이런 걸 하나 알았죠.

그러면 다른 사람은 또 어떤 생각을 했을까? 용매가 어떻게 해서 이 단백질에 잘 작용을 할까, 이런 생각을 했겠죠. 그러면 단백질의 아미노산이 100개다, 그러면 이 공 같은 단백질 가운데로 용매가 들어갈 수도 있겠다. 그러니까 아미노산이 100개가 쭉 연결된 거니까 사이사이에 빈 공간이 많은 거예요. 그 빈 공간에 이런 용매가 들어가서 틀어박히면 원래 아미노산이 갖고 있는 그 기능기와 상호작용이 생기면서 아미노산이 유연하게 움직이는 작용이 없어지니까 이것이 문제가 생기는 거다. 그럼 어떻게 해야 돼요? 그러면 용매가 어느 공간에 가서 틀어박혀 있는지 지금은 구조를 봐서 예측을 할 수 있어요. 용매가 몇 번째 아미노산에 틀어박혀 있어서 작용을 방해하는 거다, 지금은 소프트웨어만 돌리면 그걸 알 수 있어요. 그러면 어떻게 하면 되나요? 유기용매에 영향을 받는 아미노산이 있으면 이 옆에 용매분자가 못 들어오게 해야죠. 그 방법은 여기에 있는 아미노산을 조금 더 큰 걸로 바꿔치기를 하면 용매가 못 들어가죠. 원래는 단백질 활성이 높았는데 아미노산을 바꿔놓으면 반응을 잘 안할 수가 있어요. 이런 리스크가 있지만 그래서 여러 개를 시도를 해보면 용매가 들어가는 걸 막으면서 작용을 똑같이 하는 그런 단백질을 만들 수 있겠다, 그런 생각을 했어요.

어쨌든 오래전에는 단백질을 바꾸겠다는 생각을 못하다가 유전자 재조합 기술로 단백질의 구조를 바꿀 수가 있겠다, 라고 하는 것이 알려진 거죠. 이제는 에너지 레벨도 계산을 하고 단백질의 구조가 어떻게 돼 있는지 그것도 예상을 하면 용매가 어디에 틀어박힌다거나 하는 것도 예측을 할 수가 있게 되는 거죠.

생각할 이슈들
- 효소, 항체, 호르몬의 차이는?
- 단백질의 움직임에 필요한 에너지는 어디에서 오는가?

효소

우리와 가장 관련이 많은 단백질 중의 하나가 효소일 거예요. 그래서 효소에 대해 이야기하는데 2000년까지 많은 중요한 일들이 일어났어요. 1893년에 촉매라고 하는 개념이 생겼고, 1894년에는 열쇠-자물쇠lock-and-key 콘셉트, 이걸 가지고 노벨상을 받았어요. 1926년에 유레아제urease라고 하는 효소를 처음으로 결정화시켰고 1936년에는 효소가 물에서만 반응하는 것이 아니라 유기용매에서도 반응을 한다는 걸 알았고, 1944년에 전이상태transition state라고 하는 개념이 도입되었고, 1951년에 인슐린이라고 하는 단백질의 서열을 처음으로 밝혀냈어요. 그래서 이것도 노벨상을 받았고, 그 다음에 1960년에 덴마크의 노보NOVO라는 회사가, 지금 전 세계에서 제일 큰 효소 전문 회사인데, 프로테아제라고 하는 단백질 분해효소를 대량 생산하기 시작했다는 이야기. 1963년에는 리소자임, 리보뉴클레이즈라고 하는 효소의 서열을 밝혀서 역시 노벨상을 받았고, 1973년에 코헨Cohen과 보이어Boyer의 DNA 재조합 기술이 나왔고, 1985년에 부위특이적 변이site-directed mutagenesis, 그러니까 돌연변이 단백질을 만드는데 특정한 부위를 다른 걸로 바꿔서 만드는 기술을 처음으로 개발했다. 그래서 역시 노벨상을 받았어요. 그 다음 1988년에 PCR을 발명해서 유전자를 쉽게 증폭하는 게 가능해졌다. 그래서 노벨상을 받았어요. 이렇게 보면 효소를 이해한다는 것, 효소에 관련된 기술이라는 것이 노벨상을 수도 없이 받을 정도로 바이오 쪽에서는 중요한 이슈다, 그렇게 생각을 하게 되고, 2000년부터 2012년까지 자료는 없지만 찾으면 단백질에 관한 내용이 있겠죠. 몇 년 전에 일본 사람도 녹색형광단백질green fluroscence protein이라고 해서 형광을 띄는 단백질을 해파리로부터 찾아내서 그 유전자를 여기저기 넣었더니 바이오테크놀로지를 연구하는 데 좋더라, 이런 공로로 노벨상을 받았어요. 이건 다 과거의 일이고, 그럼 효소에 관

효소 연구와 노벨상

연도	수상자	업적
1894	Emil Fisher(독일)	열쇠-자물쇠 모델(1902 노벨상)
1926	James Sumner(미국)	우레아제(urease)결정화(1946 노벨상)
1951	Frederick Sanger, Hans Tuppy(영국)	인슐린 아미노산 서열(1978 노벨상)
1963	Stanford Moore, William Stein(미국)	라이소자임, 리보뉴클레아제 아미노산 서열(1972 노벨상)
1973	Stanley Cohen, Herbert Boyer(미국)	재조합 DNA 기술
1985	Michael Smith(캐나다)	단백질 공학(1993 노벨상)
1988	Kary Mullis(미국)	PCR 발명(1993 노벨상)

련해서는 이 정도로 상 받았으면 할 일 다했느냐? 아닌 거 같아요. 앞으로 50년 안에 효소 가지고 노벨상을 받을 건수가 10개는 더 있을 거야. 그래서 그 중의 하나 이야기하는 게 효소 안의 알파나선, 베타시트가 어떻게 작용을 하는지, 효소의 구조와 기능과의 관계, 이런 것들을 잘 밝힐 수 있으면 그것도 노벨상 감의 연구라 생각하고 있어요. 이런 것을 보는 관점 중의 하나가 '아! 과거 사람들이 이런 것을 했구나'라고 하는 사실에서 출발해서 앞으로 무슨 일을 할까라는 생각을 해주고, 두 번째는 '이 사람들이 어떻게 해서 노벨상을 받았을까' 수많은 과학자들이 연구를 했는데 이 사람들이 천재인가? 아니면 어떤 노력을 했기에 노벨상을 받았을까? 이런 데 관심을 가지고 생각해보면 우리나라 사람들이 노벨상을 받거나 노벨상에 버금가는 훌륭한 일을 할 수 있지 않겠느냐 하는 생각이 들어요.

효소라고 하는 것이 여러 가지 용도로 사용이 되요. 우리가 아는 것 중의 하나는 우리가 밥을 먹고 나면 소화를 시키는데 그게 효소작용이다. 그래서 탄수화물을 분해시키는 것은 아밀라제라고 하는 효소이고, 단백질은 프로테아제라는 효소이고, 지방은 리파제라고 하는 효소이고 그런 것이 있다는 정도로 알고 있는데, 실제로 우리에게 알려진 효소의 종류는 5,000가지쯤 돼요. 그러면 5,000가지가 있으면 5,000개의 화학반응, 효소 반응을 수행할 수 있다. 그럼 우리가 유기합성을 하는 정도로 모든 합성 반응을 효소로 할 수 있어요. 잘 안 되는 게 폴리머 만드는 것. 그러니까 폴리에틸렌, 폴리프로필렌 같은 폴리머는 효소로 만들 수 없지만 또 효소이기 때문에 만들 수 있는 폴리머도 꽤 많아요. 그 중의 한두 개는 지난번에도 언급을 했지요. 그래서 상업적으로 많이 사용되는 효소들을 몇 가지만 보면 포도당에서 포도당과 과당의 혼합물을 만드는 포도당 이성화효소glucose isomerase라고 하는 효소가 있고, 두 번째로 많이 쓰이는 효소는 락타제lactase라고 하는 건데 이것은 락토스-프리lactose-free 밀크를 만드는 데 쓰인다. 락토스-프리 밀크라고 하는 게 뭐예요? 밀크에 락토스가 있는데 동양 사람 중에는 이 락토스를 분해하는 효소가 없는 경우가 많아요. 특히 아이들한테 우유를 먹이면 우유 속의 락토스가 아이한테 가는데 락토스가 분해가 안 되니까 그냥 빠져나가요. 그냥 빠져나가면서 거꾸로 부작용도 일으킬 수 있어요. 부작용 중 하나는 설사. 그러니까 그 귀한 락토스를 잘 분해시켜서 먹일 수 있으면 좋겠다, 그래서 우유를 락타제 효소가 있는 반응기에 통과시키면 우유 속의 락토스가 글루코스와 갈락토스로 되고 그럼 우리 몸에 들어오면 다 흡수가 되는 거죠. 그 다음으로 많이 쓰이는 것이 니트릴라제nitirilase. 아크릴로니트릴 acrylonitirle이라고 하는 화합물을 아크릴아마이드acrylamide로 전환하는 효소예요. 처음에 이런 기술을 개발한 것은 일본의 닛또보Nittobo라고 하는 회사예요. 우리나라 울산에 가면 석유화학회사가 있는데 아크릴로니트릴을 만들고 이것을 가져다 아크릴 섬유로 고분자 중합을 해서 털실을 만들어요. 인공 털실이죠. 그 과정에서 아크릴로니트릴이 폐수에도 들어가고 그러는데, 거기서부터 찾아낸 것이 아크릴로니트릴을 아크릴아마이드로 바꾸는 미생물이 있더라, 그래서 그 미생물 또는 효소를 끄집어내서 반응을 시키고 있어요. 그 다음에 보면 리파제,

이것은 지방을 분해하는 효소, 또 니트릴라제nitrilase, 이것은 니코틴아마이드를 가지고 제품을 만드는데 스위스의 정밀화학 회사가 이 기술을 사서 중국에 공장을 건설했지요.

효소라고 하는 것은 단백질이고 생체촉매biocatalyst이다. 세포 안에 있는 촉매라는 뜻이고, 생체 안에서 일어나는 모든 반응은 이 효소가 꼭 있어야 해요. 자연계에서는 촉매가 없어도 반응이 일어날 수 있지만 세포 안에서는 효소가 없으면 반응이 일어나지 않아요. 그래서 그만큼 중요한 것이다. 대학원에 가면 효소 공학이라는 과목이 있고 연구에 있어서도 효소 공학이라는 분야가 있어요. 그래서 강의자료가 biopia.snu.ac.kr에 있어요. 수업게시판에 보면 효소 공학에 관련된 자료가 있으니까 관심 있는 사람은 어떤 내용인지 보면 일부 내용은 알 수 있을 거예요.

아주 오래전부터 효소가 중요하다는 사실을 알고 효소가 어떻게 작용하는가, 그런 생각을 했겠죠? 그래서 처음 나온 콘셉트가 열쇠-자물쇠lock-and-key 모델이에요. 효소라고 하는 것은 일반적으로 3차원 구조를 가지고 있고 거기에 어떤 활성부위가 존재한다. 그럼 활성부위의 기하학적 구조에 어떤 물질—이것이 효소에서는 기질이다—이 효소 근처에 오면 끌려들어가서 여기의 활성부위에 있는 아미노산과 그 사이에서 반응이 일어나는 건데, 반응이 일어나면 기질이 생생물이 된다는 거예요. 이렇게 설명을 하기 시작했어요. 그럴 듯한 거지. 그러면서 또 생각을 해보니까 이게 가만히 있는데 반응해서 나온다고 설명한다기보다 뭔가 더 정밀하고 세부적인 생각을 하면 좋겠다고 생각했어요. 그래서 나온 것이 유도적합induced fit 모델이라는 거예요. 기질이 효소에 가까이 가면 활성부위가 변하고 그러면서 반응이 일어난다. 그리고 반응이 일어나고 나면 활성부위는 다시 원위치되고 이러한 과정이 반복된다. 이런 이야기를 했어요. 유도적합에 관련된 자료를 찾으면 내가 이야기한 것보다 훨씬 자세한 이야

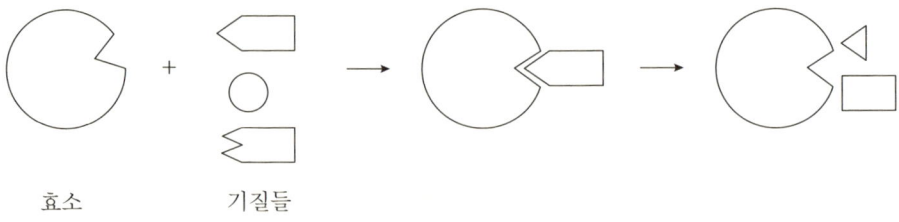

효소   기질들

효소의 작용

효소의 기하학적 입체구조에 맞는 기질만이 열쇠-자물쇠 같이 반응을 한다.

기가 나올 거예요. induced-fit 모델이 lock-and-key 모델보다 더 그럴듯하다고 여겨졌어요. 그렇게 여겨진 것은 여러 실험 정황 등을 고려해야겠지만. 그런 것을 배경으로 해서 이런 이론이 나왔어요.

지금 내가 이해하고 있는 것은 이것보다 좀 더 자세한 거예요. 그러면 모양만 같으면 반응이 일어나는 거냐? 그것은 아닌 것 같고, 반응에 관계되는 원자들이 적어도 어떤 거리 안에 들어와야 한다. 5Å이라든가, 그래야 원자끼리의 화학반응이 일어나지 멀리 떨어져있으면 안 된다. 그렇게 생각을 하고 있어요. 그리고 그 거리가 3Å이 되면 더 잘 일어난다는 결과도 있어요. 내가 지금 이해하는 또 다른 가설은 반응을 하고 나서는 생성물을 튕겨내는 메커니즘이 있다, 효소는 3차원 모양을 하고 있는데 알파나선이 어떻게 연결되어 있는지 세부적인 건 모르지만 기질이 효소 활성부위 근처에 오는 순간에 알파나선이 작용을 하여 활성부위의 기하학적인 모양이 변화가 되어 반응이 되는 것이 유도적합의 세부적인 메커니즘이 아닐까. 그리고 생성물이 어떻게 밖으로 나가게 되냐? 다시 알파나선의 스프링 운동에 의해 생성물이 나가는 거다, 적어도 나는 그렇게 해석을 하고 있어요. 어쨌든 이걸 과학적으로 증명하려고 하는 시도들이 있어요. 이것을 이해하면 공학을 하는 사람들은 이걸 가지고 효소를 더 좋게 만드는 쪽으로 활용을 할 수 있는 거죠. 그러니까 효소의 유연성이라고 하는 게 참 중요하다, 그리고 유연성은 알파나선의 움직임에서 나온다고 가정을 하면 이 알파나선의 유연성을 더 좋게 해주면 어떻게 될까, 하는 생각을 해볼 수 있는 거죠. 그래서 알파나선 끝을 바꾸어 유연성을 증가시켰더니 리파제 효소의 활성이 4배가 좋아졌어요. 신기해. 그래서 그걸 가지고 논문을 내고. 어쨌든 간에 공학을 하는 사람들은 이런 과학적인 걸 가지고 어떻게 써먹으면 좋을까 하는 생각을 하는 거고, 효소에 대한 이해를 바탕으로 효소를 개량하고 더 발전시키면 효소를 설계할 수도 있지 않을까 하는 생각이 들어요. 그런 쪽으로 하는 것이 중요한 연구 분야 중의 하나지요.

그래서 효소가 반응하는 것을 아주 쉽게 생각하면 열쇠 — 자물쇠 모델 — 라고 생각하는데 그러면 그게 다냐? 예로부터 독극물을 먹으면 사람이 죽고 다치고 하는데 그런 건 뭐냐? 그런 것 중의 하나는 이런 것이다. 독극물이란 것은 저해물질inhibitor이다. 상징적으로 저해물질의 3차원적인 구조는 기질하고 비슷하다. 효소의 활성부위를 놓고 두 개가 서로 경쟁적으로 결합을 한다, 두 개가 경쟁적으로 결합을 하는데 유감스럽게도 저해물질이 효소와 결합하면 떨어지지 않는다, 기질이 결합하면 반응 후 떨어져서 계속 반응을 할 수 있지만, 저해물질이 결합을 하면 더 이상 반응이 진행되지 않는 거죠. 그래서 이렇게 한 부위를 놓고 두 개가 서로 경쟁을 하는 거다, 이것을 경쟁적 저해competitive inhibition라고 해요.

그 다음에는 꼭 이런 것만 있을까? 경우의 수를 따지면 또 뭐가 있을까요? 꼭 저해물질이라고 하는 것이 기질하고 구조가 비슷해야 하는 거냐? 그렇지 않을 수도 있죠. 그럼 어떤 일이 발생할까? 효소라고 하는 것은 여러 물질이 달라붙을 수 있는 부위가 많이 있어요. 활성부위에 가서 붙을 수도 있지만 효소의 다른 표면에 가서 달라붙을 수도 있어요. 그럼 기질은 효소에 가서 달라붙는

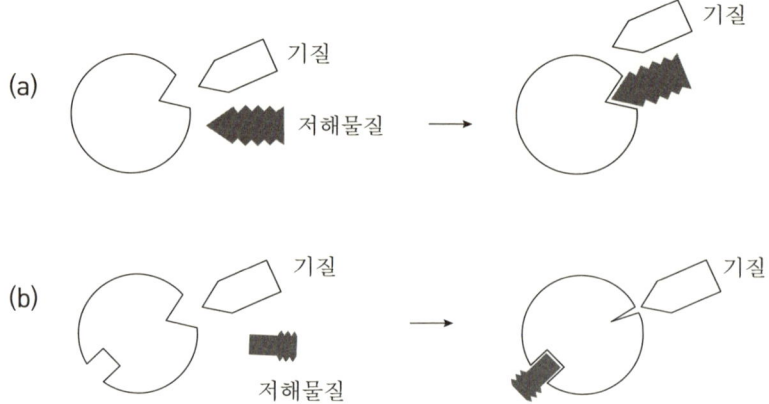

효소 반응의 유형들

(a) 경쟁적 저해: 기질과 저해물질이 모두 활성부위와 결합할 수 있는데, 저해물질이 활성부위에 결합되면 달라붙어서 떨어지지 않는다. 그렇게 되면 기질이 더 이상 반응을 하지 못한다.

(b) 비경쟁적 저해: 저해물질이 효소에 달라붙으면 활성부위의 모양이 변화되어 기질이 반응할 수 없게 된다.

데 어떤 저해물질이 효소의 표면에 달라붙으면 활성부위의 3차원 구조 변화가 될 수 있겠죠. 그렇게 되면 효소 반응은 일어나지 않는 거다. 그래서 이런 것은 비경쟁적 저해라고 이야기해요. 요즘은 어디까지 왔냐면 경쟁적 저해competitive inhibition 경우는 어떻게 할 수가 없겠지만, 비경쟁적 저해 경우엔 저해물질이 달라붙지 못하게끔 효소를 변형시켜 버려요. 그렇게 하면 저해물질이 있어도 상관없죠. 실제로 산업체에서는 그냥 시행착오로 랜덤하게 단백질 구조를 바꿔서 저해작용을 없애요. 제일 기본적인 개념이 단백질, 효소라는 것을 3차원적인 구조라고 하는 관점으로 이해를 할 수 있겠다는 이야기예요.

그 다음에 효소가 이렇게 반응을 한다고 하면, 그 다음에 따르는 일들이 여러 가지 있을 텐데 그 중 하나가 이걸 수학적으로 표현해보는 거예요. 그래서 DNA에서 단백질이 합성되는 것도 수학적으로 표현을 할 수 있는데, 마찬가지로 효소 반응도 수학적으로 표현을 할 수 있어요. 그래서 효소(E)하고 기질(S)이 만나면 중간 복합체(ES)가 만들어지고 여기에서 생성물(P)이 된다. 기본적으로 이런 식의 개념을 가지고 dP/dt, 즉 생성물이 만들어지는 속도를 유도할 수 있어요. 반응속도 V라고 하는 것은 아래의 식으로 표시할 수 있어요. 이 식을 미카엘리스-멘튼Michaelis Menten식이라고 이야기하고, 이 K_m이라고 하는 걸, 미카엘리스-멘튼 상수라고 이야기해요. S가 높으면 V는 V_{max}가 되는 거죠. 그러니까 기질이 많을 때는 최고속도가 되고, S가 K_m하고 같아지면 V는 $1/2V_{max}$가 된다, 이 정도는 식을 보고 금방 알 수 있는 거죠. 그래서 V_{max}의 절반 값에 해당하는 것이 K_m이라는 말이에요. 그럼 우리가 이렇게 효소라고 하는 것도 3차원적으로 이해를 할 수도 있지만 이렇게 수학적으로 이해를 할 수 있겠다, 이렇게 수학적으로 이해를 하면 여러 가지로 활용을 할 수 있어요. 예를 들어 억제물질이 있으면 이게 어떻게 될까? 반응속도가 변해요. 이런 경우의 수를 생각할 수 있고, 그런 경우에 대해서 반응기를 설계하거나 반응을 최적화를 한다거나 여러 가지로 활용을 할 수가 있어요.

여기서 이 V_{max}라고 하는 것은 효소가 가질 수 있는 최대 반응속도에요. 얼마나 많은 반응을 시킬 수가 있겠느냐 하는 것이고, 그러면 이 V_{max}라고 하는 건 다시 생각해보면 첨가된 효소의 양이 포함된 것이니, 여기에서 k_2를 구할 수 있어요. 이 k_2라고 하는 것은 효소 하나당 반응속도가 얼마가 되느냐는 거죠. 이것을 다른 개념으로 하면 반응회전수turn-over number 개념이다. 이것의 단위는 $1/t$가 될 거예요. 반응회전수가 뭐냐면 효소 한 분자가 단위 시간에 기질 또는 생성물을 얼마나 전환을 시키느냐 하는 개념이에요. 단위 시간에 효소 하나가 얼마나 많은 기질하고 반응을 할 수 있느냐 이런 건데요. 이 값을 보면 효소마

효소반응속도식

효소(E)가 기질(S)과 만나면 다음과 같이 중간화합물(ES)이 만들어지고, 계속 반응이 진행되어 생성물(P)이 만들어진다.

$$E+S \underset{k_{-1}}{\overset{k_1}{\rightleftharpoons}} ES \overset{k_2}{\longrightarrow} E+P$$

반응속도 V는 다음과 같이 표시된다.

$$V = \frac{d(P)}{dt} \propto (ES) = k_2(ES)$$

중간화합물의 변화속도가 거의 없다고 가정하면,

$$\frac{d(ES)}{dt} = k_1(E)(S) - (k_2 + k_{-1})(ES) = 0$$

효소에 대하여 물질수지식을 쓰면

$$(E_0) = (E) + (ES)$$

①, ②, ③ 식을 정리하면

$$V = \frac{V_{max}(S)}{K_m + (S)}$$

여기에서 $V_{max} = k_2(E_0)$, $K_m = \dfrac{k_2 + k_{-1}}{k_1}$ 이다.

V_{max}를 최고반응속도, K_m을 Michaelis – Menten 상수라고 한다.
이것을 그래프로 그리면 다음과 같다.

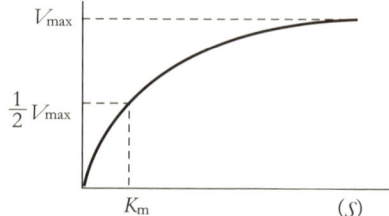

다 다 달라요. 그래서 어떤 효소에 대해서 반응회전수가 1이고, 또 다른 효소에 대해서는 1,000도 되고 그래요. 이런 자료들이 실험적으로 나와 있어요. 효소가 달라지면 달라지고 기질이 바뀌면 소위 반응회전수도 달라져요. 그게 자연현상이니까 하고 덮어둘 수도 있어요. 그럴 수도 있지만 이걸 가만히 보면서 효소가 다 사촌들인데 어떤 것은 1초에 한번 움직이고, 어떤 건 1초에 1,000번 움직이고, 왜 그런 차이가 날까? 그냥 효소 구조의 차이에 기인한다, 이렇게 대답을 할 수 있겠죠. 하지만 그게 질문이죠. 효소의 어떤 구조의 차이에 기인하는건가? 그래서 한번 움직이는 것을 100번 움직이게 하면, 또는 10번 움직이게 하는 원리를 찾아내면 노벨상에 버금가는 공적으로 인정받을 거예요. 그래서 나는 우리 대학원 신입생한테 이런 질문을 던지고 있는데 답이 금방 안 나오겠죠. 금방 나오는 것이면 풀렸겠지. 어쨌든 효소를 보면 궁금한 게 한두 가지가 아니고, 그 하나하나가 중요한 것들이 많고, 다른 문제도 마찬가지에요. 다 중요한게 많은데 내가 강조하는 것은 어떤 사실을 받아들이는 것이 공부가 아니라 '왜 그럴까'를 생각하는 것, 또는 이 사실을 '어떻게 응용할 수 있을까' 생각하는 것이 공부다, 이런 거예요.

효소의 반응을 빠르게 해주고 안정되게 해주고 이게 효소공학 핵심 기술인데, 지금까지 우리가 아는 것은 이 정도 수준이에요. 또 효소 관련해서 한 가지 더 이야기하면 효소를 가지고 어떤 화합물을 만든다, 또는 소화를 한다고 하는 반응은 어떻게 일어나느냐? 우리가 밥을 먹으면 밥은 전분이에요. 전분이 효소하고 반응을 해서 포도당이 만들어지고, 그런 과정이죠. 그런데 우리 장intestine에서 일어나는 것은, 이런 기질들이 있으면 침에서, 그리고 장에서 아밀라제라고 하는 효소가 분비되면 이것이 우리가 먹은 밥하고 반응을 해서 밥의 전분을 포도당으로 쪼개 아래로 내려 보낸다. 그러면 포도당은 혈액으로 들어가 흡수

돼 우리 몸 전체에 공급이 되고, 여기 효소는 아까운 거니까 단백질을 분해하는 효소가 아미노산으로 만들어서 몸으로 다시 나눠주면 우리 몸은 아미노산을 가지고 있다가 적절한 때 다시 단백질로 만들면 되는 거죠. 이걸 그냥 내보내면 아깝죠. 이런 일들이 우리 몸에서 일어나는 거다.

그럼 회사에서 산업적으로 어떤 걸 만들자, 라고 생각을 하면 회사에서는 반응기에 기질을 넣고 여기다 효소를 넣어요. 그 다음에 반응을 시키면 시간이 지나면 포도당이 만들어지는 거죠. 그럼 우리가 어떻게 해? 반응기 아래의 밸브를 열면 반응기에서 효소하고 생성물이 나오는 거죠. 그럼 우리가 원하는 것은 생성물이니까 생성물을 효소와 분리하고 그럼 분리된 효소는 다음 번 반응시킬 때 다시 집어넣으면 되겠죠. 그럼 여기서 꼭 이렇게 해야 하는 거냐? 우리 위를 생각하면 이렇게 하는 것이 가장 자연스러운 것인데, 산업적으로도 꼭 이렇게만 해야 하는 것인가? 이런 걸 생각을 해보면 이렇게 안 할 수도 있는 거죠. 그러니까 이건 지금 한번 반응을 시키고 빼내고 이런 이야기를 했는데 꼭 이렇게만 해야 하는 거냐? 이 방법을 개선하면 어떻게 될까? 효소를 어디다 부착을 시켜요. 그래서 효소를 불용성으로 만들어. 이걸 고정화immobilize라는 말을 써요. 어떻게 하는 거냐면 어떤 고분자화합물이든 활성탄이든 어디다가 효소를 붙여요. 이렇게 붙여가지고 반응기에다 차곡차곡 집어넣어요. 차곡차곡 집어넣는 것을 공학적으로 이야기하면 충전시킨다고 이야기해요. 그럼 여기에는 어떤 물질에 효소가 붙어있는 거예요. 여기다가 전분 용액이든지 기질을 집어넣으면 반응이 쭉 일어나면서 반응기 출구에서는 생성물이 나오고, 이 충전반응기 packed-bed reactor 시스템에서는 효소를 분리할 필요가 없죠. 그러니까 효소를 한번 충전시켜 놓으면 반응을 오랫동안 할 수가 있는 거죠. 효소가 완전히 비활성화될 때까지 반응은 무한히 계속될 수 있는 거예요. 이렇게 효소를 어떤 담체에 붙여서 고정화시킨 거다, 고정화된 효소immobilized enzyme, 그렇지 않은 것은 자유효소free enzyme라고 해요. 이런 고정화된 효소라고 하는 것은 반응을 연속적으로 많이 시킬 수 있는 장점이 있어요. 그리고 효소를 따로 분리할 필요도 없고, 그 대신 뭐가 귀찮아요? 이것은 효소를 고정화해서 반응기에 넣어야 하니 귀찮죠. 귀찮긴 하지만 그 수고에 비하면 우리가 얻을 수 있는 이익이 많아서 경제성을 생각하면 산업적으로 유익해요. 그래서 산업체에서 이런 고정화된 효소를 많이 쓰는 거다. 그래서 1970, 80년대에는 이런 고정화된 효소에 관련된 연구를 많이 했어요. 그래서 어떻게 고정화해서 반응기에 넣을거냐? 이렇게 하면 효소를 가지고 센서를 만들 수도 있고, 좋은 게 참 많거든요. 생각할 수 있는 방법 중 가장 간단한 방법은 이온교환수지가 있다. 단백질은 pH에 따라 전하가 달라져요. 그럼 pH가 얼마에서 ⊖전하를 가진 단백질이다, 그럼 ⊖이온교환수지에 달라붙어요. 이렇게 만드는 방법도 있고, 또는 어떤 담체에 기능기를 유도한 다음에 단백질에는 $-NH_2$, $-COOH$ 같은 기능기가 있으니까 여기에 공유결합covalent bonding을 해줘요. 그럼 붙는 거죠. 이렇게 했어요. 이런 방법 말고도 여러 가지가 있겠지만, 이런 방법으로 고정화된 효소를 만들어서 사

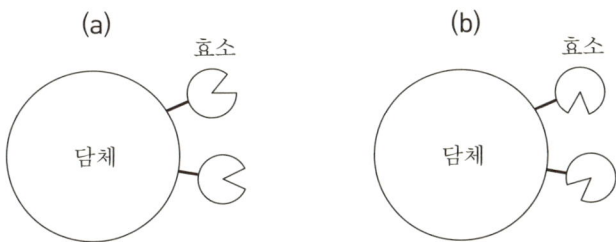

효소의 고정화 기술
효소를 담체에 공유결합시켜 고정화시킬 수 있다.
(a)는 효소의 활성부위가 밖으로 나와 있어 기질이 효소와 자유롭게 반응할 수 있다.
(b)는 효소의 활성부위가 안쪽으로 가려져 있기 때문에, 기질이 효소와 반응하는 데 장애가 된다.

용을 했는데, 이렇게 보니까 여러 장점도 있고요. 이것이 갖는 장점이 뭐냐면 효소를 더 오랫동안 쓸 수가 있어요. 왜 그런가 생각을 해보니까 효소라고 하는 것이 3차원적인 구조를 갖는데 예를 들면 담체의 어떤 기능기가 단백질과 공유결합을 하는 거죠. 공유결합으로 잡고 있으니까 효소가 풀어지려고 하다가 주춤해지는 그런 일들이 일어나면서 어떤 경우에는 효소를 한달 쓰던 것이 1년 쓰는 걸로도 좋아지고, 그러면서 사람들이 어떻게 하면 이걸 더 향상시킬까 이런 생각을 했어요. 또 이런 경우에 이런 좋은 점만 있는 게 아니라 어떤 경우에는 기질의 활성부위가 노출이 되어야 하는데 노출이 안 되는 문제가 생겨요. 그럼 어떻게 하면 돼요? 효소를 붙이는데 활성부위가 바깥쪽으로 가게 공유결합을 시켜요. 공유결합 위치를 고려하면 활성부위가 바깥으로 노출되어 있으니까 반응하는 데 지장이 없고, 그래서 지금은 자유효소를 쓰는 것보다 고정화된 효소를 쓰는 게 더 낫다, 최근에 들어와서는, 하나의 입자로 보고 붙이는 게 아니라, 세부적인 구조를 생각하면서 고정화하면 더 좋겠다, 그래서 위치특이적site-specific 으로 고정하는 거죠. 필요하면 아미노산 잔기 유전자를 바꿔서 위치특이적으로 붙게끔 만들어주면 되는 거니깐. 추세는 단백질과 효소를 하나로 보는 게 아니라 세부구조를 생각하면 과거보다 한 차원 더 개선시킬 수 있다는 거예요.

생각할 이슈들

- 우리 생활에 사용되는 효소, 특별히 세제용으로 사용되는 효소에는 어떤 것들이 있을까?
- 성능이 우수한 효소란 무엇인가? 어떻게 하면 성능이 우수한 효소를 얻을 수 있을까?

6강

생물체의 자기보호와 대사작용

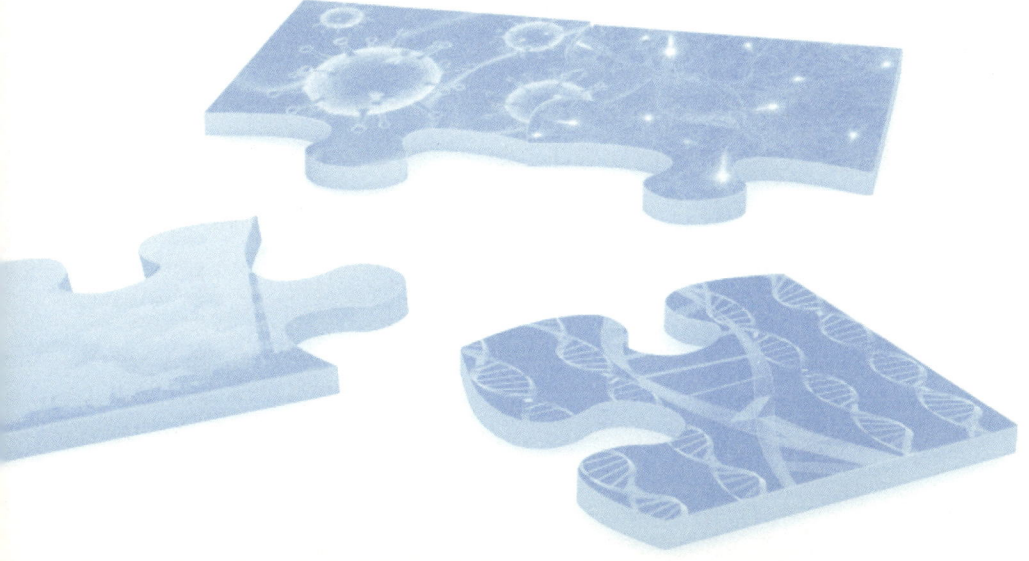

오늘은 세포 대사작용에 대해서 공부를 하겠어요. 대사작용이라고 하는 것은 기본적으로는 세포 안에서 일어나는 일들을 총칭하는 거다, 그렇게 생각하면 되겠죠. 그러면 앞에서 생체 또는 생물이라고 하는 것이 어떤 기능이 있느냐, 그런 얘기를 했는데, 생물체로서 외부환경에 대해서 어떻게 자기를 보호하는지 그리고 세포 안에서 어떤 일들이 일어나는지 공부를 해보자, 하는 것이 이 강의의 목표예요.

생물체의 자기보호

생물체가 자기를 보호하는 메커니즘이 어떤 것이 있을까, 이런 얘기를 잠깐 하지요. 뱀은 독을 분비해요. 뱀이 동물이나 사람을 물면 그 독이 몸에 퍼져나간다, 그 독은 물질이 단백질이다. 독이 어떠어떠한 작용을 하기 때문에 사람의 여러 가지 대사작용이 마비가 되고, 그래서 사람이 죽는 거다, 이렇게 알려져 있어요. 이런 것이 우리가 아는 것이고, 누구는 그래요, 사람이 짐승을 물면 짐승이 죽는대요. 그러니 사람 몸에도 뭔가 있기는 있는가 봐. 근데 우리는 잘 모르겠고, 어쨌든 사람은 항체가 있는 거죠. 외부에서 뭐가 들어왔을 때 이 항체가 그 항원을 없애 버리는 거죠. 그래서 우리 몸에서 이상한 일이 안 생기도록 하는 그런 역할을 할 것이고, 또 우리 몸의 위stomach에서의 환경조건이라고 하는 것은 산성조건이다, 산성조건에서는 외부에서 들어온 미생물, 이런 것들이 다 죽죠. 물론 일부는 안 죽는 것도 있다고 해요. 그래서 우리가 유산균을 먹으면 일부는 살아서 장까지 간다. 그렇지만 대부분은 위에서 죽을 거예요. 어쨌든 그런 것들이 우리가 외부의 적에서부터 우리를 보호하는 거다.

자연계에서 생물체가 자기를 보호하는 것이 뭐가 또 있을까? 앞에서 다당류 얘기를 했어요. 미생물들이 다당류 만들어내는 경우가 많이 있어요. 다당류는 미역 세포벽의 주성분이다, 라는 얘기를 했고, 또 탄수화물은 에너지를 저장하는 것이다, 라고 얘기를 했는데, 또 다른 걸로는 이렇게 방어를 하는 것이다. 무슨 얘기냐면, 박테리아를 키우면 박테리아가 하나가 두 개가 되고, 두 개가 네 개가 되고, 이렇게 증식을 하는 거겠죠. 이렇게 증식을 하다가 뭐가 좀 모자라면 어떻게 하느냐? 영양분들 중 중요한 게 질소원nitrogen source이에요, 질소원이 있어야 아미노산을 합성을 하고, 아미노산이 있어야 단백질이 합성이 되고, 그래서 단백질이 있어야 여러 가지 역할을 할 수 있는 건데, 질소가 없으면 더 이상 그런 걸 못해요. 그러면 합성을 할 수 없을 뿐만 아니라 힘이 없어지는 거예요. 그 힘이 없어진다는 것을 어떻게 표현을 하면 되는 것인지 정확히 해봐야 하겠지만, 사람도 배가 고파지면 힘이 없어지죠. 마찬가지로 이런 미생물들도 결국 이런 영양분이 충분치 않으면, 그래서 유지하기 위한 에너지가 공급이 안 되면, 그 다음에 자기를 지켜낼 수 없게 되는 거예요. 그래서 다른 미생물이 공격을 할 수가 있어요. 그럼 어떻게 해야 되느냐? 그냥 죽을 수는 없는 것이 자연의 섭리라고 보면, 나름대로 여러 가지 방법으로 자기를 지켜내는데, 그 중의 하나가 영양분이 부족할 때 주위에 다당류를 분비하는 거예요. 그럼 다당류를 분비하면, 그 주위가 끈적끈적해지고 그러면 다른 미생물들이나 다른 세균들이 여기에 접근하는 것이 쉽지가 않겠죠. 그러니 그 미생물은 자기를 지켜낼 수 있는 것 아닌가, 그래서 자기를 지켜내는 방법 중 하나로 영양분이 모자란 상태에서는 다당류를 만들어내는 미생물들이 많다는 거죠. 이 미생물을 골라내서 키우다가 질소원을 끊어버리면 이 미생물은 비상상태다, 하고 다당류를 만들어내요. 그럼 우리는 이 다당류를 분리해가지고 여러 가지 용도로 쓰는 거예요. 그 용도 중의 하나가 다당류 중의 하나로 히아루론산hyaluronic acid이 있어요. 그것이 가진 성질 중의 하나는 보습작용이 좋아요. 보습작용은 습기를 보유하게 하는 것, 그러니까 습기를 계속해서 지탱해주는 능력이 있는 거다, 그래서 남녀 화장품 원료의 하나로 많이 사용을 해요. 그 화장품이라고 하는 게 하얗게도 보이고 주름도 안 생기게 해야겠지만, 동시에 촉촉한 피부를 갖게 해주는 것도 중요한 기능의 하나라고 보면, 이런 히아루론산은 그런 용도로도 쓰고, 그 다음에 안과 수술에도 쓰이는 등 여러 가지 용도가 있대요. 어쨌든 미생물을 이런 원리에 의해서 배양을 하면 히아루론산, 알지네이트 등 다당류를 얻을 수가 있고 이것들은 여러 가지 용도로 활용을 한다.

여러분이 알고 있는 또 다른 것은 미생물이 항생제를 만들어내는 데 대표적인 예가 페니실린penicillin이지요. 페니실린은 페니실리움이라는 곰팡이가 많이 만들어내는데, 곰팡이도 역시 마찬가지로 질소원이 부족하게 되면 아까와 똑같은 방법으로 뭔가 위험함을 느끼고 주위에 항생제를 분비하는 것이다. 항생제를 분비하면 다른 세균이 가까이 와서 자기를 잡아먹고 세포분열을 하려고 할 때 세포벽 합성이 안 되니까 그냥 죽는 거다. 이런 것들이 주위에 있으면 다른 것들이 안 온다, 그러니까 이런 것들도 우리가 자기를 보호하는 수단이다. 그래서 미생물들은 이렇게 보호를 한다.

그 다음에 또 하나 우리가 알고 있는 것은 옻칠이에요. 옻칠은 예로부터 비싼 공예품을 칠하는데 사용되는 도료lacquer예요. 그래서 우리가 흔히 라카 칠한다고 하죠. 이걸 어디서 얻어요? 옻나무예요. 그래서 옻나무가 있으면, 사람들이 나무껍질을 칼로 베요. 칼로 베면 어떻게 되요? 칼자국이 있고 상처가 생기면 마찬가지로 세균이 들어갈 수가 있을 것이고, 세균이 들어가면 복잡해지는 거죠. 그러면 어떻게 해요? 세균이 안 들어가게 하려면 보호막을 만들어야 되는데, 보호막을 만들기 위해서 어떤 물질을 분비를 해요. 그 물질이라고 하는 것이 유로시올uroshiol 화합물을 포함하고 있는 것으로 알려져 있어요. 이 화합물만 있는 게 아니라 락카제laccase라고 하는 효소를 포함하고 또 그 밖에도 몇 가지 더 있겠지요. 여러 가지 화합물을 분비를 하는데, 그러니까 칼로 베면 하얀 액이 나오죠. 이것이 공기 중에 산소와 반응하는데, 그냥은 안 되고, 여기서 효소가 나왔기 때문에 이게 촉매작용을 해서 유로시올에 라디칼radical이 생기고, 그래서 이것이 서로 연결되는 고분자화합물이 돼요. 그래서 고분자화합물이 하얗게 상처부위를 덮으면 세균, 곰팡이가 이 옻나무에 침입을 못 하는 거예요. 그렇게 살아가는 거예요. 이것과 비슷한 게 송진. 송진은 어떻게 나오는 거예요? 소나무에 상처를 내면 송진이 나오는 거겠죠. 그래서 송진은 우리가 옛날부터 불을 밝히는 데 썼지만, 또 다른 용도도 많이 있나 봐요. 그래서 이제 이 옻을 가지고 칠을 하면 여기에 도막이 형성이 되면서 다른 미생물이 나무를 공격할 수 없기 때문에 나무로 만든 공예품, 이런 것을 보호를 해주는 역할을 하는 거다, 라고 생각을 하면 되는 거예요. 그래서 그 과정에서 피막이 생겨서 잡균이 나무를 부식 못 시킨다는 경우도 있지만. 이런 구조의 화합물에는 세균, 미생물이 잘 못 달라붙어요. 배에다가 이런 옻칠을 하게 되면 배에 조개종류가 달라붙질 못한대요. 배에 조개류가 안 달라붙는 것이 어떤 의미가 있느냐? 배에 조개가 달라붙으면 어떻게 되요? 배의 스피드가 느려져요. 그러면 한 달 걸리는 것이 두 달 걸리고, 기름이 10만 달러 될 것이 20만 달러 되고, 그래서 경제적으로 손해가 많아요. 그 다음에 전쟁을 한다, 그러면 배가 스피드가 있어야 되는데 조개가 달라붙으면 스피드가 안 나고 그래서 기동력이 떨어지고 그래요. 우리가 아는 그 역사적인 사건 중에 1900년대 초에 러시아와 일본이 싸웠어요. 러시아 해군은 어디서 왔어요? 아시아 쪽에는 해군기지가 없어서 흑해를 통해서 몇 달 걸려서 이쪽으로 왔어요. 옛날에는 몇 달씩 걸려서 싸우는 거예요. 일본은 그 자리에 며칠 만에 갔으니까 일본 배는 기동력이 있고, 러시아 배는 오는 중에 조개가 많이 달라붙어서 기동력이 많이 떨어졌다, 일본이 이긴 것에는 여러 가지 이유가 있겠지만 배의 기동력도 전쟁에 이기는 데 역할을 했다고 알려져 있어요. 이런 옻칠 폴리머를 배에 페인팅을 하면 배에 조개가 잘 안 달라붙는다, 그래서 예로부터 영국 해군이 제일 강했죠. 몇 백 년 동안, 그 전엔 스페인이고, 그럼 해군이 강한 힘을 가지기 위해서는 해군 군함에 조개가 안 달라붙어야 돼요. 그래서 여러 가지 연구를 많이 했어요. 그래서 가장 흔한 것이 배에다가 납이 들어가 있는 페인트를 칠해줬어요. 납이 독해서 이런 조개가 잘 안 달라붙어요. 그러다가 납이 환경문제를 일으킨다 해서 지금은 그런 것을 못 쓰게 돼 있어요. 우리나라 거제도 조선소 근처에 가면 이상한 생물체가 가끔 발견된대요. 그게 뭐냐면, 오래전에 거기서 배를 만들고 배에다가 납 또는 주석이 들어가 있는 페인트칠을 했는데 그게 바다로 흘러가면서 생태계에 변화를 일으키는 것으로 알려져 있어요. 그러니까 고민이죠. 그래서 어떻게 하면 조개가 배에 안 달라붙는 페인트를 만들까 하는 것이 지금도 아주 큰 연구과제예요.

유로시올   고분자화합물

옻칠

옻나무에서 분비되는 수액에는 유로시올(uroshiol)이라는 물질과 락카제(laccase)효소가 포함되어 있다. 공기 중의 산소와 반응하면 고분자화합물이 만들어진다.

그래서 별의별 아이디어가 다 나와요. 생선 등이 미끌미끌하죠. 그것도 다당류라고 얘기를 해요. 그래서 생선 미끌미끌한 것이 사람이 잡았을 때 얼른 빠져나갈 수 있도록 미끌미끌해진 것은 아니죠. 물에서 저항을 적게 받는 데는 미끌미끌한 것이 도움이 된다. 그러니까 배를 만들 때, 여기에 조개가 안 달라붙게 하는 게 첫 번째 일일 것이고, 두 번째는 물고기처럼 미끌미끌하게 해주는 게 있으면 좋을 것이다. 그게 뭐냐? 그런 다당류를 만들어내는 미생물을 배에다 코팅을 할 수가 있으면 좋을지 몰라요. 어쨌든 이것도 아직까지 어려운 얘기예요.

하나만 더 얘기를 하면, 주목이라는 나무 얘기를 했어요. 이 나무는 특징이 아주 천천히 자라요. 왜 관상수로 좋다고 하는지는 잘 모르겠지만, 관상수로 많이 심어요. 나무가 너무 빨리빨리 자라도 안 좋을 거예요. 이 주목나무가 천천히 자라는데 자라다가 세균, 곰팡이가 자기를 침입을 하면 나무는 죽어요. 그러니까 자기를 보호하는 방법이 뭐냐, 그러니까 나무줄기에 어떤 물질을 분비해서 바깥에서 곰팡이나 세균이 못 들어오게 하는 거예요. 이런 사실을 언제 어떻게 알았냐 하면, 한 30년 전에 미국 정부가 돈을 몇 천만 달러를 들여서 항암제를 식물자원에서 어떻게 구할 수 없을까 해서 수천 종류의 식물자원에서부터 항암성분이 있는 물질을 찾는 그런 연구를 했어요. 그렇게 해서 제일 좋은 항암제로 찾은 것이 주목이라고 하는 나무에 있는 물질이에요. 이 물질을 찾아보니까 일반적으로 우리가 탁솔taxol이라고 하는 건데, 이 나무에서부터 탁솔을 추출해 암 환자에게 주사를 했더니 암이 나았어요. 여성의 유방암, 자궁암에 특효라고 해요. 아주 좋은 뉴스죠. 어쨌든 이렇게 해서 좋은 항암제가 찾아졌는데, 어쨌든 환자들은 수도 없이 많은데 어떻게 해요? 주목나무를 잘라서 탁솔을 추출해서 공급을 하겠다? 지구상에 주목나무가 얼마나 있다고, 그렇게 되면 아마 1년이면 멸종하고 말겠죠. 그렇다면 화학적으로 합성을 하자, 그렇게 어려운 화합물은 아닌데, 합성은 가능하지만 그 합성하는 단계가 복잡해서 비싼 걸로 돼 있어요. 그러니 그것도 아니다. 세 번째 방법은 주목 잎에도 탁솔 성분이 있대요. 그래서 잎은 계속 나오는 거니까 여기서부터 탁솔 전구물질을 추출을 해서 거기서부터 합성을 해서 만드는 방법이 있어요. 또 주목나무의 세포를 배양해도 탁솔을 얻을 수 있어요. 우리나라에 탁솔을 생산하는 회사가 있는데, 이 회사는 주목나무의 세포를 배양해서 탁솔을 만들어요. 공대 졸업생이 거기에 가서 이 식물세포를 배양하는 일 그 다음에 탁솔을 분리 정제하는 일을 담당했어요. 이렇게, 생물체가 자기를 보호하는 방법은 여러 가지가 있는데 그 원리, 메커니즘을 이용하면 활용할 곳이 무궁무진하겠죠.

생각할 이슈들

• 생물체가 자기를 보호하는 사례들은? 우리가 그 메커니즘을 이용할 수 있는가?
• 우리가 개발한 기술 중에서 자연 생물체의 작용을 모방한 사례들은?
  또 가능성은?
• 홍합이 바위에 붙는 메커니즘을 연구하여 홍합접착제가 개발되었다. 세부적인 내용은?

세포의 대사작용

세포 안에서 일어나는 일이 무엇이 있는가 생각을 해보면, 우리가 먹은 것들을 분해하는 과정 또는 우리 몸에 필요한 것들을 만드는 과정 2가지가 있다. 이화작용-catabolism이라고 하는 것은 세포 안에서 일어나는 모든 분해작용을 가리키는 거고, 필요한 것을 만드는 것은 동화작용-anabolism이다, 라고 얘기를 해요. 그런데 이것은 무엇을 위한 것인가? 세포 안에서 여러 가지 대사작용이 일어나는 것은 어떤 관점으로 봐야 되는 건가, 기본적으로는 에너지를 만들어내고 그리고 에너지를 소비하는 관점이다, 이렇게 봐도 되고요. 또 하나는 우리가 움직이는데 필요한, 세포가 살아가는데 필요한, 어떤 유용물질을 만들어내고 그것을 그 다음에 어디에다가 쓰고 하는 관점에서 봐도 되겠죠. 그래서 이런 것들이 모여서, 이런 것들이 서로 연결돼 우리 생명체가 외부의 환경에 대해서 반응을 한다고 생각하면 되겠죠. 우리 몸에서 일어나는 이화작용이라고 하는 것은 기본적으로 에너지를 얻기 위한 거다. 또는 어떤 중간물질을 여기서 얻는 거다, 이렇게 생각해도 될 것이고, 그 다음에 동화작용이라고 하는 것은 에너지가 소비되는 과정이고, 그럼 이걸 왜 하느냐? 호흡도 하고 증식도 하는 그 어떤 물질을 만드는 대사작용을 위해 필요한 것이다, 이렇게 이해하면 되겠죠.

그럼 여기서 에너지를 만든다고 했으면 이 에너지를 만든다는 것은 무엇인가? 에너지가 어디에서 나오는 거냐, 기본적으로 에너지라고 하는 것은 화학 결합에 있는 건데, 화학 반응이 일어나는 과정에서 그 결합이 깨지면서 또 ATP에서 포스페이트가 떨어져 나오며 에너지가 방출이 되는 거다, 라고 얘기를 했어요. 그러면 에너지가 방출이 되면 모든 것이 열로 가는 거냐? 아니다. 우리 몸에서 에너지가 필요하면 이 에너지를 저장하고 전달할 수도 있어야 되는데 그 전달하는 게 뭘까? 그건 ATP이다. 우리가 탄수화물, 지방 또는 단백질도 연소되면 에너지가 나온다, 또는 석유, 기름을 태우면 에너지가 나온다는 것과 기본적으로 똑같은 거다, 그렇게 생각을 할 수가 있는 거죠. 어쨌든 기본적으로는 화학 결합이 깨지면서 에너지가 나오는 것이다. 그 다음에 합성은, 흩어져 있는 것들로 새로운 것을 만드는 건데 그것은 열역학적으로 에너지가 필요한 반응이다. 그래서 우리가 분해과정이든 합성과정이든 공부를 할 때 어떤 관점에서 공부를 해야 되는 거냐? 에너지가 생성되고 또 에너지가 소비하는 거라고 했으니까 에너지가 얼마만큼 어떤 형태로 만들어지는 것이고 어떤 형태로 에너지가 소비가 되는 것인지 알아야 될 것이에요. 그래서 에너지를 생성하고 중간에 저장하는 기능이 ATP다. 그래서 ATP가 ADP가 되고 AMP가 되는 과정에서 에너지가 나오는 것이다.

그 다음에는 결국 이런 모든 것이 다 화학반응이다, 화학반응은 수도 없이 많겠지만, 이제 그 중에서 산화환원 반응이 있는데, 이 과정에서 산화환원 반응을 어떻게 시키느냐? 수소가 직접 들어가서 반응을 하고 산소가 직접 들어가서 반응을 하느냐가 아니라 이걸 매개해주는 그런 물질이 있다. 그 물질을 조효소 cofactor라고 한다. 조효소에는 NAD(nicotinamide adenine dinucleotide) 또는 이것의 phosphate 형태 NADP 등이 존재한다. 기본적으로는 산화환원 반응에서 전자가 어떻게 가느냐, 또 그걸 제공해주는 게 무엇이냐, 이런 관점을 가지면 좋겠다. 그래서 이 두 가지 관점에서 포도당이 분해가 되고, 단백질도 마찬가지고, 분해를 한다고 설명을 해요. 포도당이 분해되는 과정을 50~100페이지로

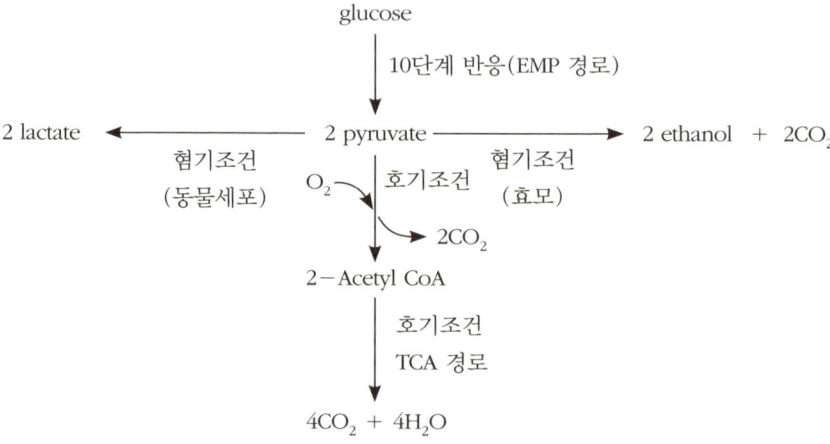

포도당 대사작용 개요

자세하게 기술한 책도 있어요. 어떤 사람들은 포도당이 어떻게 분해가 되느냐를 달달 외고 그 메커니즘을 자세히 공부를 하는지도 몰라요. 그렇지만 우리는 그런 관점보다는 큰 흐름을 이해하고 이런 개념들을 우리가 어떻게 응용을 할 수 있을까 생각을 해보는 게 융복합시대를 대비하는 생물학강의가 되는 게 아닌가 하는 생각이 들어요. 그래서 모든 물질이 분해가 되는 과정을 다 공부하기는 어렵고 또 필요도 없고 거기서 제일 중요한 것에 대한 콘셉트를 확실하게 가지고 있으면 나머지도 마찬가지로 이해할 수 있는 게 아닌가, 그런 생각에서 우리는 포도당의 대사에 관련해서 공부를 하도록 하죠.

중요한 것은 포도당이라고 하는 것이 우리 세포에서 어떻게 분해가 되는가, 포도당이 분해되면 중간 화합물이 피루베이트pyruvate가 되고, 피루베이트가 다시 다른 화합물이 되고, 다시 여기서 TCA 경로 또는 Krebs 사이클이라고 하는 것을 거치면서 CO_2와 H_2O가 나온다. 어떻게 보면 이게 큰 그림일 거예요.

> **Tip** EMP 경로: 포도당이 hexokinase에 의해서 glucose-6-phosphate가 된다. 이 과정에서는 포스페이트phosphoate가 더 달라붙는데 더 달라붙는 것은 많은 경우에 에너지가 필요한 것이다. 이런 경우에 그 에너지가 어디서 나오냐? ATP가 ADP로 되면서 에너지가 나오고, 거기에 포스페이트phosphoate 하나가 포도당에 붙어서 glucose-6-phosphate가 된다. 왜 6이냐? 그 포도당의 6번째 탄소에 포스페이트phosphoate가 달라붙었다. 그리고 여기에 관여하는 것은 효소다. 그러니까 세포 안에서 일어나는 모든 화학반응은 효소가 없으면 안 되는 건가 봐요. 우리가 그냥 화학반응식 공부할 때는 촉매가 있으면 더 빨리 되고 이렇게만 생각을 했는데 생체 내에서는 효소가 꼭 필요한 걸로 돼 있는 게 화학반응과는 다른 것 같아요. 그 다음에는 phosphohexoisomerase에 의해서 fructose-6-phosphate가 되고, 그 다음에는 fructose-1,6-diphosphate가 되고, 그 다음에는 glyceraldehydes-3-phosphate가 되고, 그 다음에는 1,3-diphosphoglycerate가 되고, 그 다음에는 3-phosphoglycerate가 되고, 그 다음에 2-phosphoglycerate, 그 다음 phosphoenol pyruvate, 그 다음에 pyruvate가 된다.

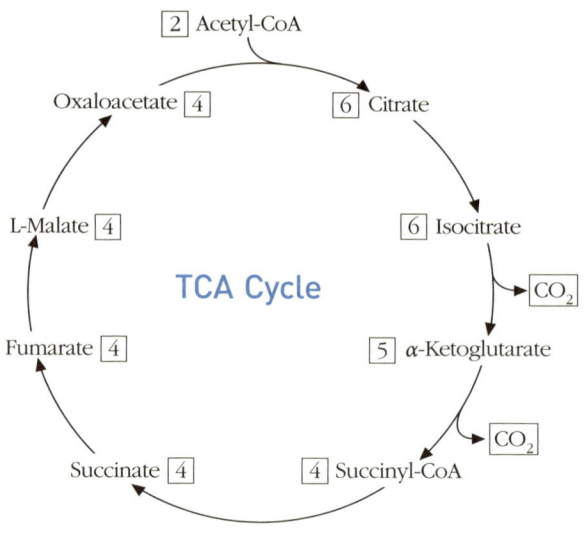

Krebs 사이클

Acetyl-CoA는 Krebs 사이클 (TCA 경로, tricarboxylic acid cycle)로 들어가 다단계 반응을 하는데, 이 과정에서 ATP가 만들어진다. □안의 숫자는 탄소원자수이다.

이 기본적인 대사작용은 사람이나 미생물이나 식물이나 다 동일해요. 단지 다른 것은 이 중간과정에 관여하는 효소의 특성이 달라지는 것일 뿐. 그럼 이것이 전부냐? 그것은 아니고, 비상상태를 대비해서 또 다른 경로가 존재한다, 그래서 동물세포는 비상상황이 걸리는 경우에는 젖산lactic acid을 만들어서 살아남고, 효모 같으면 여기서 에탄올을 만들어내 에너지를 얻는 거다. 모든 경로를 다 외우고 중간에 관여되는 효소의 이름을 외우고 이럴 필요는 없지만 한번쯤은 보면 좋겠어요. 중요한 것은 이 과정에서 ATP가 얼마나 나오는지 그 다음에 이런 것들이 어떻게 관여가 되는지 이해하고 그 다음에 더 궁금한 게 뭘까 이걸 또 어떻게 활용을 할까 그런 생각을 해보면 좋겠어요.

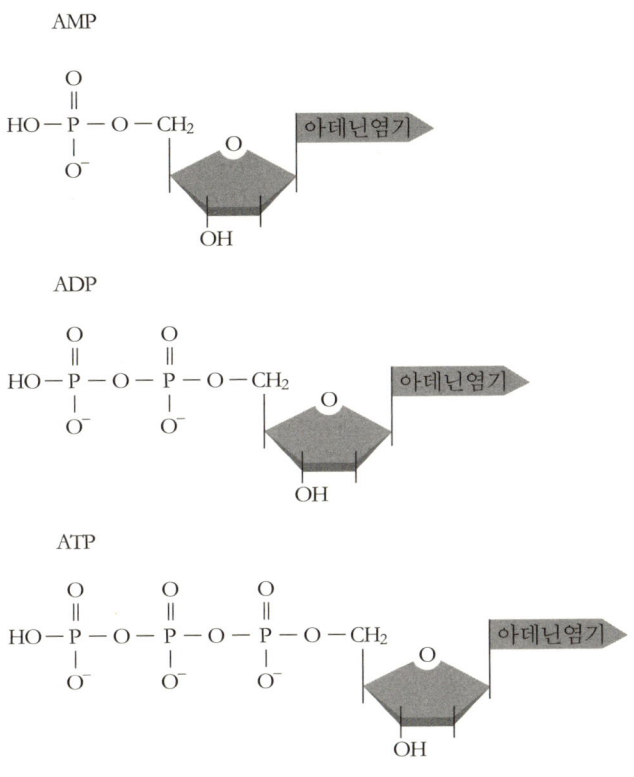

AMP

ADP

ATP

ATP, ADP, AMP 구조

그런 경로가 존재하는 거예요. 그래서 여기 화학반응들을 보면 어떤 경우는 그냥 에너지가 더 첨가되고 포스페이트가 더 붙고 뭐가 떨어지고 이런 반응도 있지만, 어떤 것은 산화환원 반응이고 거기서 산화환원 반응을 가능하게 해주는 것이 조효소다, 이런 정도로 합시다.

여기서 ATP가 ADP로 되면서 포스페이트 그룹이 떨어지는데 이 과정에서 에너지 차이가 얼마냐? 에너지가 7.3 kcal/mole 낮아지는 거다. 그래서 이렇게 에너지가 나오면 이것이 어떤 걸 생합성한다든가, 기계적으로 움직인다든가, 세포의 막으로 무엇인가를 수송한다든가 또는 유전정보를 전달하는 데 사용돼요.

그 다음에 산화환원 반응이라고 표현을 했지만, 다른 표현으로는 호흡이다. 호흡이라는 것은 우리가 산소를 받아들여서 거기서 필요한 대사작용을 하는 거다, 라고 했죠. 그럼 이 과정이라고 하는 것은, 수소가 전달이 되는 것은 환원reduction 반응인데 NADH가 NAD가 되면서 수소를 전달해주는 방법이 있다. 이 때 생성된 NAD를 NADH로 재생하는 메커니즘도 존재한다. 어떤 화합물들은 NAD 대신에 NADP가 필요로 하는 경우도 있다. 이런 반응들이 전자가 전달되는 그런 기본적인 수단이다, 라고 생각을 할 수 있을 것이고, 물론 생체 내에서 NADH가 필요하다, 그러면 이것은 또 어디선가 만들어내야 되는 거죠. 어떻게 생각하면 NADH 풀pool이 있다. 그리고 NADH가 들어가서 반응을 하고, 그 다음에 NADH가 다시 재생되는 과정이 있다.

마찬가지로 ATP, ADP, AMP라고 하는 걸 하나의 풀로 보면 그 풀이 있지 않을까, 라는 생각을 할 수 있죠. 그래서 실제로 보면 에너지를 필요로 하는 반응이다, 그러면 ATP가 많이 있어서 그것이 ADP, AMP로 되면서 에너지가 빨리 빨리 공급이 돼야 되는 거죠. 실제로 세포 안에서 일어나는 일들을 보면 이 풀이 한계가 있어서 어떤 때는 에너지가 천천히 만들어지고 전달이 돼요. 그러면 대사작용 속도가 느려지는 거죠. 그러면 어떤 미생물이 어떤 대사작용을 하는데 ATP 풀이 한계가 있어 속도가 느리다, 이런 경우가 실제로 보고가 되고 있어요. 그래서 ATP 풀을 좀 더 크게 할 수 없을까, 이런 고민을 하고 있는 회사가 있어요. 우리나라에서 세계적으로 핵산nucleic acid을 제일 많이 만들고, 또 기술도 세계에서 최고라고 하는데도 불구하고 이런 풀을 좀 늘려줬으면 하는 필요성에 대해 아직까지 숙제를 풀지 못하고 있는 거예요. 그래서 어떤 사람은 전기적으로 에너지를 만들자고 얘기하지요. 그 회사 연구소 사람들을 만나면 10년 전부터 늘 이런 얘기를 해요. 한번 생각해 보세요.

지금도 미생물 또는 세포 대사작용을 우리가 인위적으로 조절을 하겠다, 그래서 예를 들면 어떤 방향으로 많이 가게 했음 좋겠다, 그러면 관련되는 효소를 좋은 걸로 만들어요. 그래서 효소가 천천히 작용하면 빨리빨리 작용하게끔 해서 관련 대사작용을 바꾸는 일을 하는데 이걸 우리가 대사공학metabolic engineering을 한다고 얘기를 하죠. 이런 과정에서 관련 효소를 좋은 걸로 엔지니어링을 하자, 이런 콘셉트도 생각할 수 있는 거고요. 그런데 이런 걸 하다보면 어디선가 NADH, 산화환원 능력이 율속단계가 되는 경우도 있어요. 그럼 이걸 어떻게 늘려야 되느냐, 이런 것이 지금 이런 미생물, 세포를 다루는 사람들한테는 숙제예요. 많은 생물체는 유기화합물, 예를 들면 포도당을 산화시켜서 최종적으로 CO_2하고 H_2O로 산화시키지요. 많은 생물체가 이런 과정을 택하고 있지만 모든 생물체가 이런 방식으로 하는 것은 아니다, 하는 것도 알아야겠지요.

그래서 어떤 미생물들은 Fe^{2+}를 Fe^{3+}으로, 또 다른 화합물을 산화시켜서 여기서부터 에너지를 얻는 미생물도 있고, 또 어떤 것은 수소가 있으면 수소와

생물체의 호흡

환원물질	산화물질	생성물	생물체
유기물	O_2	$CO_2 + H_2O$	많은 생물체
Fe^{++}	O_2	Fe^{+++}	철산화 박테리아
S^{--}	O_2	SO_4^{--}	황산화박테리아
H_2	O_2	H_2O	수소박테리아
NH_3	O_2	NO_3^-	질산화박테리아

반응을 해서, 또 어떤 미생물들은 NH_3가 있으면 이것을 반응시켜서 에너지를 얻는 미생물들이 존재해요. 유기 화합물이 CO_2와 H_2O가 되면서 반응하는 방식만 있는 것이 아니다. 그래서 이런 것에 관련되는 미생물은 철산화박테리아 Ferrobacillus, 황산화박테리아Thiobacillus, 수소박테리아hydrogen bacteria, 그리고 질산화박테리아nitrifying bacteria 등이 있다. 또 어떤 것은 산화가 아니라 환원을 시켜서 거꾸로 이것을 N_2로 날리면서 에너지를 얻는 미생물도 있어요. 미생물은 상당히 다양해요.

예를 들어, 산소가 필요한 생체호흡 반응인데, 에너지가 긴급히 필요로 하다. 그러니까 정상적인 에너지 대사작용으로는 필요한 에너지를 공급하는 게 한계가 있다. 그럼 뭔가 에너지를 더 만들어야 하는데, 사람이라든가 동물세포 쪽에서는 젖산이 만들어지는 거다. 그래서 젖산을 만들면 에너지가 만들어져 나온다. 그럼 이런 상황이 늘 계속되는 것은 바람직하지는 않을 것이다, 라고 생각을 하면 이런 상황은 한시적으로만 우리가 활용을 해야 되는 게 아닌가? 그럼 그런 신호를 주는 뭔가가 있어야 되겠죠. 그래서 우리가 알고 있는 것은 우리가 운동을 많이 하면 몸에 젖산이 축적되서 몸에 피로를 느낀다, 그렇게 알고 있는 거예요.

포도당이 산화되는 반응은 다음과 같이 표현할 수 있어요.

$$glucose + 38\,Pi + 38\,ADP \longrightarrow 6\,CO_2 + 4\,H_2O + 38\,ATP$$

이 과정에서 ATP형태로 에너지가 저장된 것은 $38 \times 7,300 = 277,400\,cal/mole$ 이에요.

$glucose + 6\,O_2 \longrightarrow 6\,CO_2 + 6\,H_2O$로 완전 산화되는 경우의 Gibbs 자유에너지 변화 $\triangle G = -686,000\,cal/mole$이다. 그러면 TCA 경로를 통한 호흡의 효율은

Tip
여러분이 착각하는 몇 가지가 있는데 내가 저해inhibition 한다 그랬어요. 단백질 생합성을 얘기할 때는 억제repression라는 메커니즘이 존재한다. 이런 얘기를 했죠. 그래서 생합성에 관련되는 것은 억제된다, 라고 얘기를 하는 것이고요. 저해는 반응이 느려지는 것인데, 가끔씩 보면 두 개를 혼동하는 사람들이 있어요. 또 혼동하는 게 뭐냐면 효소하고 효모를 혼동하는 사람들이 있어요. 효소enzyme는 단백질이고 생촉매예요. 효모yeast는 살아있는 미생물이예요. 이걸 혼동하면 안 됩니다.

$$\frac{277,000}{686,000} \times 100 = 40\% \text{ 가 되죠.}$$

반면에 혐기적인 조건에서 포도당은 젖산으로 형성되는데 위와 같은 방식으로 계산하면 에너지 효율은 31%가 돼요. 완전 산화되는 경우에 비하여 효율이 낮아요.

에탄올을 만들어내는 대표적인 미생물이 효모예요. 효모도 산소가 충분히 있으면 CO_2와 H_2O를 만들어내면서 효모는 출아budding가 되고 이런 과정을 반복하면서 개수가 늘어나고 그렇게 증식을 하는 거예요. 산소가 모자라면 어떻게 되느냐? 그냥 죽느냐? 그러기에는 너무 아까운 거예요. 그러면 이런 비상상황에서도 살 수 있는 방법이 뭐냐? 그래서 효모의 경우에는 에탄올을 만들어내는 경로가 있어요. 누가 이런 경로를 넣어줬는지, 진화할 때는 어떤 과정을 거쳐서 이런 경로가 만들어졌는지 알 수 없어요. 그럼에도 불구하고 에탄올은 효모가 이런 과정을 거쳐서 만들어내는 거다. 그럼 우리는 이것을 가지고 술을 만들어서 마시는 거죠. 그런데 역시 이 과정도 젖산처럼 에탄올이 많이 축적이 되는 건 이 경로를 계속해서 가는 게 바람직하지 않다. 역시 이것도 에탄올농도가 높아지면 더 이상 만들어지지 않아요. 그래서 대부분 효모를 키워서 에탄올을 만들 때 최대 농도는 12% 정도예요. 12%가 넘으면 더 이상 만들지를 못해요.

최근에는 변이효모를 만들어서 20%도 견디게 해요. 에탄올을 어디에다 써요? 소독약에 쓰죠. 소독약은 미생물을 죽이는 거예요. 미생물을 어떻게 죽여요? 결국 에탄올은 용매고 미생물의 세포막은 지질 성분도 있으니까 그걸 녹여낸다는 얘기죠. 그러면 결국은 세포막의 지방 성분들이 에탄올에 녹으니까 미생물이 죽는 거예요. 그래서 효모가 그런 식의 저해작용 농도를 감지해서 에탄올 합성을 중지시키는 건지, 아니면 그것이 자기의 세포막을 '내가 만든 에탄올이 거꾸로 내 세포벽을 파괴시킨다'면 더 이상 못한다, 이렇게 해서 못하는 건지 그건 잘 몰라요. 어쨌든 에탄올 농도가 높으면 효모의 성장 또는 에탄올 생성에 억제작용을 일으켜서, 더 이상 에탄올이 만들어지지 않는다, 그래서 지금 우리가 만들어내는 술의 농도는 보통 12% 정도 되는 거죠.

생각할 이슈들

- 식물은 CO_2, H_2O, 햇빛을 이용하여 광합성한다.
  인공적으로 광합성하여 포도당을 만들 수 있는 아이디어는?
- 우리가 운동을 하면 젖산이 축적되고, 젖산이 축적되면 피로함을 느끼게 된다.
  피로감을 느끼지 않게 할 수 있을까?

대사작용의 결과 생성되는 대사산물에는 여러 가지가 있는데, 그 중에서 우리 인류가 오랫동안 사용해온 것이 알코올 음료일 거예요. 그래서 오늘은 알코올 음료와 관련된, 그 중에서도 최근 많이 마시기 시작한 포도주에 대한 생물학 이야기를 하겠어요.

포도주wine는 일반적으로 포도grape로부터 만들죠. 포도주는 크게 레드와인red wine, 화이트와인white wine으로 나누는데, 이것은 포도 종류에 달려있어요. 화이트와인은 우리가 보통 청포도라고 하는 포도종자(예: Chardonay, Riesling)로부터 만들고, 레드와인은 우리가 흔히 보는 포도(Merlot, Syrah, Pinot noir, Carbernet sauvignon)로부터 만들어요. 그런데 포도주는 누가 발명했을까 생각해 봤어요? 상상을 해보면, 아주 오래전에 포도를 어딘가 방치해 놨는데, 한참 시간이 지난 후 보니까 액체가 나와 있었겠지요. 그래서 그것을 맛을 보니 맛이 좋고 사람을 취하게 하는 그런 무엇이 있었겠지요. 그러한 경험이 반복되면서 포도로부터 포도주를 만드는 방법이 탄생했을 거예요. 반복되는 경험을 잘 생각하면 무엇인가 새로운 것이 찾아지는 경험을 해본 적 있지요? 페니실린도 반복되는 실패를 잘 생각한 결과 찾아낸 것이고요.

그러면 포도를 어떻게 키워야 되는지 생각해 보지요. 포도를 땅이 비옥한 곳에서 키우면 포도알이 커지게 되지만 향은 별로 없대요. 그래서 포도주용 포도는 척박한 토양, 예를 들면 석회질이 많은 토양에서 재배한다고 하지요. 그러면 포도알은 작지만, 그 안에 있는 향기 성분이 좋게 돼요. 날씨를 생각하면 낮에는 햇볕이 따갑게 비추고 밤에는 서늘한 바람이 부는 지역에서 재배한 포도로부터 만든 포도주가 맛이 있다고 해요. 이것은 우리가 어떻게 해석해야 할까? 먼저, 햇볕이 강하면 식물이 광합성을 잘 하겠지요. 그러면 활발한 광합성 결과 포도의 당sugar농도가 높아져요. 달콤한 포도가 되는 것이지요. 그 다음에 밤에 서늘한 바람이 불면 포도나무는 이러다가 추워지는 시절이 오지 않나 본능적으로 느낄지 몰라요. 추워지면 식물의 방어능력이 떨어지고 그러면 포도껍질에 미생물들이 달라붙게 되지요. 늦가을에 포도껍질에 하얀 곰팡이가 붙는 것이 그 증거이지요. 그러면 안 되니까, 온도가 내려가면 포도나무는 자기를 방어하기 위하여 열심히 대사산물을 만들어요. 그것이 우리에게는 포도의 향flavor이 되는 것이에요. 그래서 포도를 수확하는 것도 해뜨기 직전 새벽녘이에요. 그래야 포도에 향이 최대로 있기 때문이지요.

낮에 따뜻한 햇볕이 있고, 밤에는 서늘한 지역은 대개의 경우 강을 끼고 있는 지역 또는 계곡valley이 있는 지역이에요. 따라서 포도주의 맛에 영향을 주는 것은 포도밭의 토질, 날씨가 중요한 것이에요. 그렇게 생각하면 몇 년도에 수확한 포도인가 하는 것, vintage라고 하지요, 이 역시 중요해요. 왜냐하면 그 해 날씨에 따라 광합성 정도, 밤의 온도가 달라지기 때문이지요.

이렇게 포도를 수확했으면 포도주를 빚어야 하지요. 포도주가 만들어지는 원리는 무엇일까 생각해봐요. 포도주는 포도 표면에 붙어있는 미생물, 특히 효모yeast의 대사작용에 의하여 에탄올이 생기는 것이라고 했지요. 산소가 풍부한 조건에서 효모는 정상적인 호흡을 하면서 증식을 하지만, 산소가 없는 혐기적 anaerobic 조건에서는 에탄올을 생성하는 대사경로로부터 에너지를 얻게 되는 것이지요. 비록 에너지 효율은 산소가 있는 정상적인 경우보다 낮지만, 그런 나쁜 조건에서도 에너지를 얻는다고 하는 것이 더 중요한 거예요.

에탄올 발효를 간단히 화학적으로 기술하면,

$$C_6H_{12}O_6(분자량\ 180) \longrightarrow 2C_2H_5OH(분자량\ 46) + 2CO_2(분자량\ 44)$$

포도당 1분자(180)로부터 에탄올이 2분자(92)가 얻어져요. 일반적으로 포도의 당농도가 25% 정도이면 에탄올은 $25 \times 92/180 (=약\ 12.5\%)$가 생성되는 것이에요. 포도에는 당 말고도 여러 가지 대사산물이 있고 그것들도 일부 발효가 되거나 남아 있게 되고 그것들이 포도주의 맛을 결정하게 되는 것이죠. 에탄올 발효가 끝나고 나면 숙성을 시켜요. 일반적으로 오크oak통에서 숙성시키는데, 숙성이란 무엇인가 생각해보지요. 오크통에는 미량의 산소가 통 안으로 들어가서 여러 가지 생성물 특히 불순물을 서서히 산화시켜요. 그리고 오크나무의 향이 포도주에 녹아 들어가게 되지요. 그 결과 포도주의 맛이 더 좋아지는 거예요.

그럼 이렇게 만들어진 포도주는 어떻게 보관하면서 마셨을까? 포도주를 공기가 있는 조건에서 내버려두면 초산균의 작용에 의하여 식초acetic acid가 되지요. 우리가 음식에 사용하는 식초는 이렇게도 만들어요. 포도주가 식초가 되게 보관하면 안 되니까 어떻게 해야 되나? 첫째는 포도주를 증류하여 에탄올 농도를 높여서 보관하는 방법이 있어요. 이렇게 해어 얻어진 것을 브랜디brandy라고 하고 대표적인 상표가 꼬냑이지요. 에탄올 농도가 높으면 미생물이 번식하기 어렵기 때문에 브랜디는 오랫동안 보관이 가능해요. 둘째는 밀폐된 용기에 보관해야 되요. 그래서 병에 포도주를 담아 보관할 때는 코르크 마개를 사용하게 되요. 코르크 마개를 사용한 역사는 짧다고 하니 그 전에는 잘못하면 식초가 되었겠지요. 그래서 지금도 식당에 가면 포도주 맛을 시험taste하고 괜찮다고 하면 포도주를 잔에 따르는 것이에요.

　　아까 포도당으로부터 에탄올이 만들어질 때 동시에 CO_2가 만들어지죠? 그래서 포도주를 발효시키는 도중에 발효액을 병에다 넣으면 어떻게 될까요? 병 속에서 계속 발효가 되면 이산화탄소가 발생될 것이고 병 속에 갇혀 있겠지요. 병 마개를 열면 병 속에 갇혀 있던 이산화탄소 압력으로 병 속의 포도주가 분수처럼 나오겠지. 그것이 스파클링 와인sparkling wine, 대표적인 상품명이 샴페인이에요.

　　그럼 아이스와인ice wine은 무엇인지 알아요? 오래전에 포도를 다 수확하기 전에 갑자기 날씨가 추워졌대요. 그러면 포도가 얼어요. 그래서 농부들이 그 얼은 포도를 버리려니 아까워서 우리들이나 먹자, 그리고 포도주를 빚었대요. 한참 후에 맛을 보니 단맛이 강한 매우 맛있는 포도주가 되어 있더래요. 그래서 그 다음 해에는 일부러 포도를 얼린 후에 포도주를 빚었는데 그 포도주를 아이스와인이라고 한대요. 그러면 왜 아이스와인이 보통 와인과는 다를까? 냉동건조freeze drying라는 거 알아요? 우리나라 강원도에서 겨울에 명태를 말려서 황태 만드는 것과 같은 것이에요. 얼었다가 녹는 과정에서 포도 안에 있는 수분이 증발하게 되는데, 그러면 당의 농도가 올라가요. 에탄올은 대략 12% 정도 생기니, 에탄올로 전환이 되지 않은 당은 포도주를 달게 하는 것이지요. 또 추워지는 과정에서 향을 더하는 대사산물이 많이 만들어졌겠지요.

대사작용 응용

앞에서 포도주를 어떻게 만드는가, 얘기를 했는데 그것이랑 관련해서 몇 가지 더 생각해보지요. 기본적으로 에탄올은 전분 또는 당, 미래지향적으로는 셀룰로스가 있는 나무, 풀 성분을 이용해서 만드는 거다. 전분이나 셀룰로스 같은 경우에는 이것이 포도당으로 변환되면 효모가 먹고서 에탄올을 만들어낸다, 그리고 부산물로 이산화탄소가 나온다. 당sugar 같은 것은 분자 크기가 작기 때문에 직접 효모가 먹을 수 있고, 그렇게 되면 마찬가지로 발효가 된다는 이야기를 했어요. 그러면 이제 술 담그는 것은 맛도 중요하고 가격도 중요하고 여러가지 중요한 게 많겠지만 술이 아니고 어떤 화학소재로서의 용도를 생각하면, 여기서 화학소재라고 하는 것은 예를 들면 에탄올을 가솔린 대신으로 쓸 수 있다, 또는 가솔린과 에탄올을 섞어서 개소홀이라는 이름으로 자동차 연료로 쓸 수 있다는 의미에요. 또는 여기서 나오는 포도당 같은 것을 이용하여 수많은 화합물을 만들 수 있고, 또는 에탄올을 가지고서도 수많은 화합물을 만들 수 있어요. 대량으로 사용하는 화학소재로 생각을 하면 우리가 에탄올을 값싸게 생산해야 하겠다, 그런 생각을 하게 되고, 그 경우에 제일 중요한 게 비용cost이겠죠.

얼마나 싸게 만들 수 있느냐가 지금 전 세계에서 경쟁을 하고 있다고 생각하면 돼요. 기존의 석유화학 기술은 어느 정도 이루어져서 잘 돌아가고 부분적으로 개선을 하고 있지만 바이오기술은 전 세계가 새로운 기술이라 엄청난 경쟁을 하고 있어요. 그런 면에서 우리가 문제의식을 가졌으면 좋겠다, 그래서 우리가 이걸 싸게 만드는 방법은 뭘까, 이 기술을 더 발전시킬 수 있을까, 이런 생각을 해봐야 해요.

미생물의 대사에 관해 공부를 했어요. 그러면 지금 우리가 아는 것은 포도당이 세포 안으로 들어오면 이것이 피루브산pyruvate을 거쳐서 에탄올로 간다. 그러면 여기서 그냥 효모만 잘 키우면 되는 거 아닌가, 라고 생각하는 것은 너무 단순한 것이고, 여기서 생각할 게 뭐가 있을까? 이것을 더 잘 가게, 더 빨리 가게 할 수 없을까, 그런 것을 생각할 수 있죠. 보통은 술 담그면 하루 걸리는데 하루가 아니라 한 시간 만에 에탄올을 만들어내면 좋은 거죠. 어떻게 하면 더 빨리 가게 할 수 있을까?

피루브산까지의 단계는 10단계라고 그랬죠. 10단계의 효소 반응으로 이루어져 있다. 에탄올까지는 12단계의 반응이에요. 그럼 12단계의 반응이라고 생각하면 어딘가는 병목bottle-neck이 되는 과정이 있어요. 병목이 뭔지 알죠? 그래서 12개의 과정이 처음에 포도당이 포도당-6-포스페이트가 되고, 이렇게 쭉 에탄올까지 가는데 이 속도가 다 같지가 않을 거예요. 어딘가는 아주 빠르고 어딘가는 느리고 그래요. 그럼 우리가 할 수 있는 것은 어디가 제일 느린가를 찾아서 제일 느린 부분을 빠르게 만들어주면 되는 거죠. 제일 느린 부분이 여기다, 그럼 여기가 병목이 되는 과정이다, 라고 하면 여기를 더 빠르게 해주자, 이 과정은 효소가 관여하는 과정이니까 효소의 활성을 높여주면 반응이 더 빨리 가겠죠. 그래서 여기에 관련되는 효소의 활성을 높이면 병목이 해소되는 거죠. 그럼 또 어딘가가 병목이 되고, 다시 거길 넓혀주고, 그런 식의 개념을 그대로 적용시키면 빨리 가게 할 수 있을 거다.

그 다음에 피루브산에서 또 다른 걸로도 빠지죠. 이걸 좀 천천히 가게 하든가 어떤 부분은 아예 막아버려요. 어떤 경우에는 새로운 과정을 만들어서 에탄올에서부터 다른 화합물로 갈 수 있는 새로운 과정을 집어넣으면 에탄올에서 직접 새로운 화합물을 만들어 낼 수도 있어요. 그래서 기본적으로는 새로운 과정을 만들어 낼 수 있어요.

병목에 해당하는 부분을 해결해 주는 것, 또는 천천히 가도 되는 부분은 천천히 가게끔 하거나 아예 막아버리거나. 또는 새로운 필요가 있다면 새로운 유전자를 집어넣으면 새로운 것도 만들 수 있고 이런 일들이 가능하겠죠. 그래서 이런 것들을 우리가 대사공학metabolic engineering이라고 이야기를 해요. 이걸 잘하면 우리가 좋은 효모를 가지게 되고 그 결과 경쟁력이 더 좋아지는 거다, 이렇게 생각할 수 있지요.

또 뭐가 있을까? 지금 이렇게 만들 수 있는 에탄올의 최고 농도는 12% 근처로 알려져 있어요. 12%라는 것이 포도주를 담글 때 포도의 당의 농도가 단 것은 25%까지 올라가니까 거기서 당량비로 따져서 에탄올은 절반이다. 그래서 12%다, 이렇게 생각해도 되는데 그것은 포도에 국한된 이야기고, 그럼 12% 이상의 알코올은 없나? 우리가 상업적으로 에탄올을 만든다고 하면 생성물의 농도가 높으면 좋죠. 그런데 현실적으로는 12%가 최대치다. 왜냐? 에탄올은 기본적으로 소독약으로도 쓰인다고 했어요. 그러니 에탄올 농도가 높으면 미생물이 죽는 거에요. 에탄올은 기본적으로 농도가 높아지면 용매예요. 그러니 50%다, 100%다 하면 세포막에 가서 용매 역할을 해 성분을 녹여내는 거예요. 그러면 세포에 구멍이 뚫리면서 죽게 되는 거죠. 죽기 전이라도 성장이 저해받는 거예요. 그래서 에탄올을 더 이상 높은 농도로 만들 수 없어요. 효모 자신이 죽을 정도로 만들어내면 안되니까 자기가 참을 만큼만 만들어 내는 거다. 그런데 에탄올을 20%짜리를 만들 수 있으면, 농도를 더 높일 수 있다면, 경제적으로 훨씬 더 좋은 기술이다. 또는 에탄올을 값싸게 만들 수 있다, 라고 생각하는데 어떻게 하면 20%씩 에탄올을 만들 수 있는 효모를 만들 수 있을까? 그래서 지금까지 많은 사람들이 사용하는 방식 중 하나가 돌연변이를 시키는 거예요. 효모에다가 자외선을 쪼여주고 화학물질도 넣어주고 해서 돌연변이를 시키면 그 중 어쩌다 하나가 세포막이 단단해서 20%에도 견딘다. 그럼 그걸 잘 키우면 되잖아. 그런 걸 찾았어요. 찾았더니 그건 좋은데 다른 능력이 떨어져요. 자연에서부터 오랜 시간에 걸쳐서 진화해 온 미생물의 구조를 바꾼다는 게 쉬운 일은 아니지만 이런 게 한 가지 방법이죠. 처음에는 효모를 돌연변이 시키면 좋은 게 나오겠지 했는데, 차츰 사람들이 유전자도 바꿀 수 있기 때문에 에탄올 농도가 높으면 세포막이 용매에 녹아 나온다고 했으니까 세포벽의 구조를 바꾸면 괜찮지 않을까, 해서 요즘에는 미생물학자들이 이런 연구를 많이 해요. 그래서 조금씩 좋아지는 것을 찾아서 만들고 있어요. 이런 것도 한 가지 방법이겠지요.

그 다음에 또 뭐가 있을까? 에탄올 12%짜리를 20%를 만들겠다는 생각을 할 수도 있지만 이것의 기초에는 미생물은 12%까지는 만들어 준다는 게 있는 거예요. 그러니까 에탄올을 동시에 분리하면서 미생물을 배양하면 어떻게 될까? 미생물이 에탄올을 만들어내면 우리가 에탄올을 다른 방법으로 분리해 버려요. 그러면 반응기 안의 에탄올 농도는 낮으니 계속 만들겠지. 그런 방법을 구체적으로 어떻게 실행할 수 있을까. 간단히 생각하면 진공으로 빨아내면 되요. 진공으로 에탄올을 빨아내면 에탄올이 계속 나오고 농도는 내려가니 끊임없이 나온다, 이런 방법도 괜찮다. 그런데 진공으로 빨아내려면 쇠로 된 반응기라도 찌그러질 수 있으니 반응기의 두께를 두껍게 만들어야 해서 비싸지지. 그래서 이렇게 해서 좋은 부분도 있지만 장치가 비싸지는 단점이 있으니 적당한

선에서 멈춰야겠죠.

또 생각할 수 있는 게 많이 있을 거예요. 지금까지 사람들이 생각한 것은 수십 가지 되요. 여러분도 새로운 아이디어를 낼 수 있어요. 그 중 사람들이 등한시했던 게 이산화탄소가 나온다는 거예요. 이산화탄소는 당연히 나오는 것이고 이것은 공기 중으로 날아가면 그만이다고 했는데, 앞으로는 이 이산화탄소를 공기 중에 날려 보내면 이산화탄소 세금을 내야 할지도 몰라. 이산화탄소가 많이 발생하는 공장은 다른 데보다 환경세를 많이 내야 해. 그래서 이산화탄소를 그냥 배출하면 바보인 거고 이걸 어떻게든 활용해야 하는데, 제일 간단한 방법이 드라이아이스를 만드는 거죠. 그런데 드라이아이스 수요가 얼마 없지. 그래서 이산화탄소로 유용한 화합물을 만들 수 있으면 돈을 벌고 전체적으로 기술이 더 좋은 기술, 경쟁력이 높아지는 거죠.

셀룰로스 바이오매스를 가지고 에탄올을 만드는 것이 중요하다고 이야기를 했어요. 최신 연구는 셀룰로스, 헤미셀룰로스, 리그닌이 있는 풀, 나무로부터 에탄올을 만드는 거에요. 셀룰로스를 가수분해하면 포도당이 된다고 했어요. 이 과정에서 셀룰라제라고 하는 효소가 가수분해를 하는 거에요. 여기서 이슈issue가 뭐냐면 셀룰라제를 값싸게 만들어야 하는 게 지상과제에요. 그래서 지금 셀룰로스로부터 에탄올을 만드는데 효소 가격이 가장 비싸고 이걸 1/10으로 낮춰야 한다, 10% 낮추면 해볼 만하지만 지금 100원 들어가는데 10원으로 낮추란 것은 황당한 주문 같아. 어쨌든 지난 15년 전부터 미국 사람들은 그걸 지상 목표로 해서 돈을 엄청나게 썼어요. 그 사람들이 한계에 부딪쳤어요. 세계에서 가장 큰 효소 회사인 노보NOVO, 제넨코Genencor에 몇 백억씩 가져다주며 하라고 했는데 성과가 신통치 않아. 셀룰라제라고 하는 효소를 그냥 무작위로 바꿔보다 우연히 좋은 효소가 걸리는 걸 기대하는 건데 아직까지 못 찾았어요. 이런

최근 바이오에너지 및 화학소재 원료로 각광받고 있는 억새류.
2〜3m까지 자란다. 세워둔 막대로 그 키를 짐작할 수 있다.

거 아마 여러분 몇 명이 붙으면 몇 년 안에 해낼 수 있을지도 몰라요. 그 가능성이 뭐냐? 가능성은, 활성을 3배로 올려줘요, 그 다음에 안정성을 3배를 올려줘, 그럼 9배가 좋아지는 거지. 이렇게 생각하면 희망이 있어요. 논리적으로 생각하면 셀룰라제 효소구조를 잘 바꿔주면 올릴 수 있어. 우리 연구실에서는 리파제로 해봤는데 3~4배 올라간 걸 만들었어요. 그 다음에 효소의 안정성, 시간에 따라 효소의 활성이 떨어지는 걸 막을 수 있으면 좋아져요. 그래서 아주 황당한 이야기는 아니고 현실적으로 그 근처에 가고 있다는 생각이 들어요.

생각해보면 에탄올은 셀룰로스만 가지고 만드는 거냐? 아니다. 헤미셀룰로스라고 하는 것은 가수분해하면 자일로스가 된다고 했죠. 자일로스는 오탄당이에요. 그럼 이 자일로스로부터도 에탄올을 만들 수 있으면 좋은 거죠. 그런데 기본적으로 효모는 자일로스를 안 먹어요. 그럼 어떻게 해? 유전자를 넣어주면 되요. 이거에 관련해서는 우리 대학에 잘하시는 교수가 계세요. 유전자를 조작하니 효모가 포도당과 자일로스를 다 먹어요. 그리고 에탄올을 만드는 기술이 있어요. 기술은 우리만 가진 게 아니라 일본도 있고 미국도 있어요. 그래서 지금은 이런 쪽으로 가는 거예요. 이게 두 번째 방법이다. 그럼 세 번째는 뭐냐? 리그닌이라는 걸 지금까지 무시해왔어요. 리그닌은 전체 나무를 단단히 해주는 접착제라고 했어요. 우리가 페놀수지, 페놀-포름알데히드수지는 접착제로도 쓰고 플라스틱으로도 쓰는 거죠. 마찬가지로 이것도 방향족 고리가 붙어있는 거에요. 지금은 쓸 데가 없어서 리그닌 술포네이트를 만들어 계면활성제로 만들거나 리그닌을 연료로 태우지만, 이것도 잘 활용하면 새로운 페놀 계열의 고분자화합물이 얻어지고 새로운 화합물을 얻을 수 있어요. 생각해보면 석탄화학이란 리그닌 화학인지도 몰라요.

바이오매스에는 전분, 당, 셀룰로스 계열도 있어요. 이런 것을 가수분해하

미생물의 대사작용을 이용하여 만드는 화학소재

화학소재	미생물(예)	산업적 용도
ethanol	Saccharomyces	용매, 연료, 화학합성중간체
citric acid	Aspergillus	식품, 의약품 첨가물
isopropanol	Clostridium	용매, 화학합성중간체
lactic acid	Lactobacillus	식품, 화학합성중간체
butanol	Clostridium	용매, 연료, 화학합성중간체
succinic acid	Rhizopus	락카, 염료중간체, 화학합성중간체

면 포도당이 되고 이런 예로 에탄올을 만들고, 포도당으로부터 젖산도 만들 수 있고, 숙신산succinic acid, 또 다른 걸 많이 만들 수 있어요. 또 에틸렌, 폴리에틸렌도 만들 수 있죠. 젖산에서는 폴리 락타이드poly lactide, 아크릴레이트acrylate도 만들 수 있는데 이런 것은 용매나 아크릴판으로도 쓸 수 있어요. 이 방법은 화학적인 방법, 고분자화합물 합성 기술이 같이 필요해요. 이처럼 바이오매스에서 시작하면 우리가 수많은 케미컬을 만들 수 있어요. 지금은 원유에서 디젤을 뽑아내고 C_2, C_3, C_4, C_6 성분이 나오면 여기서 에틸렌, 프로필렌, 부타디엔을 만들어내고, 이것이 하나의 산업군으로 형성되고 이걸 석유화학 콤비나트라고 얘기해요. 이제 이런 것도 바이오매스에서 출발해서 수많은 케미컬이 만들어지는 그런 기술이 개발이 되는 거죠. 그럼 이런 것들이 어디에 사용되냐 보면 플라스틱 포장용으로 사용되고, 쓰레기 봉투, 전화기 케이스 등 전자제품 포장하는 걸로도 사용되고, 자동차에서 엔진이나 기계류 이런 걸 빼고 나면 플라스틱 소재가 많은데 이러한 플라스틱을 생물 유래 플라스틱으로 대체할 수 있어요.

이런 정도로 해서 대사작용 자체를 한번 고치겠다, 이런 한계를 깨겠다, 또는 부산물, 원료에 관심을 가지겠다, 이런 차원에서 보면 대상 물질이 에탄올이든 어떤 것이든 간에 마찬가지 방법으로 접근하면 되는 거다. 수많은 화합물들을 어떻게 하면 잘 만들까, 라는 기본적인 접근방식은 에탄올 경우와 거의 똑같으니까 화합물의 이름, 용도는 몰라도 이런 식으로 하면 기술이 발전한다고 이해해 주면 좋겠어요.

바이오레미디에이션bioremediation이라는 단어가 나와요. 레미디remedy라는 것은 회복한다는 거죠. 그러니 바이오 방법으로 회복시켜 준다는 뜻이죠. 바이오 방법으로 뭘 회복시켜 준다는 거냐? 토양오염을 이야기하는 거예요. 크게 이야기하면 오염을 없애는 바이오 방법을 그렇게 이야기해요. 그런데, 여기서 미생물이 환경을 정화하는 것도, 그 원리는 대사작용이에요.

예를 들어 질소화합물이라는 것이 아주 중요한 오염원이에요. 우리가 알고 있는 것은 호수나 강에 질소, 인이 많으면 부영양화를 일으킨다. 기본적으로 질소와 인이라는 것은 식물이 성장하는 데 필수적인 영양요소 중 하나죠. 탄소는 대기 중의 이산화탄소로부터 얻고, 그럼 바깥에서 들어가야 하는 게 질소(N)와 인(P)이죠. 그걸 어떻게 공급해요? 광합성이 아니라 어디선가 흘러들어와야 하는 거죠. 이것이 소위 병목이에요. 식물이 자라는 데는 질소, 인이 모자라면 자라지 않고 질소, 인이 많으면 엄청 자라요. 그래서 호수에 질소, 인이 많으면 호수에 수생식물이 엄청 자라고, 그러면 식물이 자랄 때 산소를 필요로 하죠. 그래서 산소가 고갈되요. 그럼 호수 속의 물고기, 미생물이 죽어요. 식물이 너무 잘 자라서 물고기, 미생물이 죽으면 이것이 오염을 일으키고 생태계가 파괴된다. 이것이 비료 성분으로부터 가는 거예요. 그리고 이런 성분들이 여름에 남해안으로 흘러들어가면 거기서 적조가 생기는 거예요. 적조의 형성 원인에는 여러 가지가 있겠지만 그 중의 하나는 적조가 자라는 데 필요한 영양분이 공급되니 잘 자라는 거예요.

그런데 그게 자라면서 유해한 물질을 분비해 물고기가 죽고 그래서 어민들이 힘들어하는 거예요. 게다가 여름에는 온도가 올라가니 더 잘 자라죠. 그러나 온도만 올라간다고 적조는 안 생겨요. 날씨가 좋아서 식물 성장이 왕성할 때 영양 물질이 많이 공급돼서 신나게 자라는 게 적조다. 그래서 기본적으로 우리 주위에서 질소성분을 없애줘야 하는 거예요. 기본적으로 질소화합물은 어디서 나오는 거냐면 가축이나 사람 오줌의 성분인 요소, 사람 몸이나 가축 몸의 단백질에서 나오는 질소, 그러니까 축산 폐기물, 생활하수에서 질소가 나오는 거예요. 구체적으로는 암모니아(NH_3) 형태이지요. 지금 하고 있는 방식은 미생물이 이걸 먹을 수 있다고 쉽게 생각하는데 미생물이 이걸 먹으면 NO_2를 만들어요. 이걸 또 다른 미생물이 먹으면 NO_3가 돼요. 여기에 산소가 꼭 들어가는 거죠. 산소가 충분히 공급되면 NH_3를 NO_3로 변환시키고 미생물은 이 과정에서 에너지를 합성하는 거예요. 이런 미생물이 존재하는 거예요. 산소가 없는 조건하에서 이 NO_3를 먹고 자라는 미생물이 있어요. 그러니까 산소가 있을 때 어떤 미생물은 NH_3 먹고서 NO_3를 내놓는다, 산소가 없을 때에는 다른 미생물은 NO_3를 먹고 N_2를 내보낸다, 그러면 N_2 형태로 공기 중으로 날아가니 수중 생태계에서 오염이 없어진다, 이렇게만 이해하면 발전이 없어요.

$$NH_3 \quad \rightarrow \quad NO_3 \quad \rightarrow \quad N_2$$
$$\text{호기성} \qquad \text{혐기성}$$

세부적인 대사작용을 이해를 하면 쉽게 개선할 수가 있어요. 그래서 첫 번째로 생각할 수 있는 것은 먼저 암모니아를 NO_2로 만들고 그 다음에 NO_2를 N_2로 날리는 이 두 단계로 하는 것이 효과적이죠. 물론 첫 번 과정에서는 산소가 필요하고 두 번째 과정에서는 산소가 없어야 해요. 요즘 환경하는 사람들이 이런 생각을 하기 시작했어요.

그럼 이것보다 더 발전시킬 수는 없을까? 그런데 이게 두 단계 반응인데 세부적으로 보면 이 과정에 전부 다 효소가 관여하고 있어요. 앞의 호기성 단계에서는 두 종류의 효소가 필요하고, 혐기성 단계에서는 효소 세 개가 관여해요. 혐기성 단계 효소가 있는 미생물에 용매를 넣어서 미생물을 죽여요. 죽었지만 그 속의 효소는 아직 활성이 있어요. 그걸 가지고 여기에 NO_2를 넣으면 이게 N_2로 되어 날아가요. 물론 환원력은 공급해야 해요. 환원력은 전극을 달아서 전기를 공급해주면 되요. 이런 것은 공학을 한 사람이 잘할 수 있어요. 지금 기술이 어디까지 왔냐면 암모니아에서 NO_2까지는 1단계로 가고, 그 다음에는 NO_2부터는 전극을 넣어 환원력을 공급을 해주는 효소 반응을 이용하면 N_2로 가는 거다. 앞으로는 어디까지 갈 거냐? 이런 반응이 일어날 때는 소위 저해현상이 있다고 했어요. 생성물 저해가 존재하는 거예요. 첫 번째 단계에서 NO_2가 너무 많이 생기면, NO_2가 독한 거예요, 그러면 미생물이 잘 안 자라요. 두 번째 단계에서도 NO_2 농도가 높으면 효소의 작용을 저해해요. 그럼 어떻게 하나? 반응기를 하나로 만들어서 한쪽에다가는 암모니아를 NO_2로 산화시키는 미생물을 집어넣어요. 그 다음에 여기다 폐수를 집어넣으면, 여기서 공기를 좀 집어넣어야 하겠지, NO_2까지 가요. 다른 한쪽에다 전극을 넣어요. 효소가 있는 전극

Tip
- 현재 기술은 NH_3를 NO_3로 그리고 NO_3를 N_2로 전환시키는 것이다.
  - 호기성 조건: $NH_3 \rightarrow NO_2 \rightarrow NO_3$ (2단계 미생물 반응)
  - 혐기성 조건: $NO_3 \rightarrow NO_2 \rightarrow NO \rightarrow N_2O \rightarrow N_2 \uparrow$ (4단계 효소 반응)
- 개발중인 기술은 NH_3로부터 NO_2까지, 그리고 NO_2를 N_2로 전환시키는 것이다.
  - 2단계 공정: $NH_3 \quad \rightarrow \quad NO_2 \quad \rightarrow \quad N_2$
    호기성   혐기성
- 이상적인 기술은 하나의 반응기에서 2개의 반응을 동시에 수행하는 것이다.

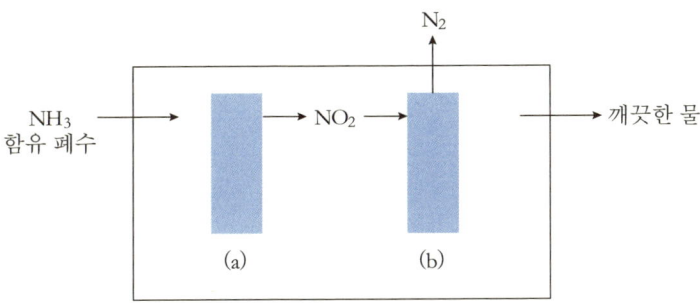

이상적인 암모니아 함유 폐수 처리기술
(a) 암모니아 산화미생물
(b) NO_2를 N_2로 전환시키는 효소전극

을 집어넣으면 생성된 NO_2가 N_2로 날아가요. 그러니까 이게 더 좋은 거죠. 이런 아이디어는 하루 아침에 나오는 게 아니라 10년간 들여다보니 보여. 이걸 10년이 아니라 1년 만에 볼 수 있으면 얼마나 좋을까. 여러분처럼 똑똑하면 1년만 들여다보면 할 수 있을 거예요. 어떻게 하면 더 좋게 할까, 하면 이런 걸 생각할 수 있을 거예요. 그러면 이게 세계 최고의 기술이 되는 거고, 이걸 진짜로 좋게끔 하면 전 세계에서 물속의 암모니아에 관련된 처리는 이런 방식으로 할 거예요. 기술이 전 세계로 파급되면서 환경문제가 좋아지는 거죠. 그래서 기술개발이 이런 과정을 거쳐서 일어나고, 그 다음에 우리가 이것을 대량으로 할 수 있는 방법을 연구하면서 기술이 성숙해가는 거다.

어쨌든 우리가 환경문제든 화합물을 만드는 문제든 전부 다 대사작용을 잘 이해하면, 그 밑바탕에는 효소의 반응이 있다는 것을 이해하고, '그걸 향상시키려면 어떻게 해야 할까' 하는 고민을 끊임없이 하다 보면 새로운 기술에 대한 아이디어가 나오는 거다. 가만히 있으면 안 나와요. 고민을 해야 나와. 이걸 어떻게 해야 더 좋게 할까? 그러려면 그 메커니즘, '원리를 이해하는 것이 시작이다'라는 생각이 들어요.

생각할 이슈들

- 포도주와 비교하여 맥주, 막걸리는 어떠한 방식으로 만들어지는가?
- 에탄올을 만들 때 어떤 나무나 풀을 이용하면 좋을까?
- 미역, 다시마 등 해조류로부터 에탄올을 만들려면 어떤 기술들이 필요한가?

7강

DNA의 신비

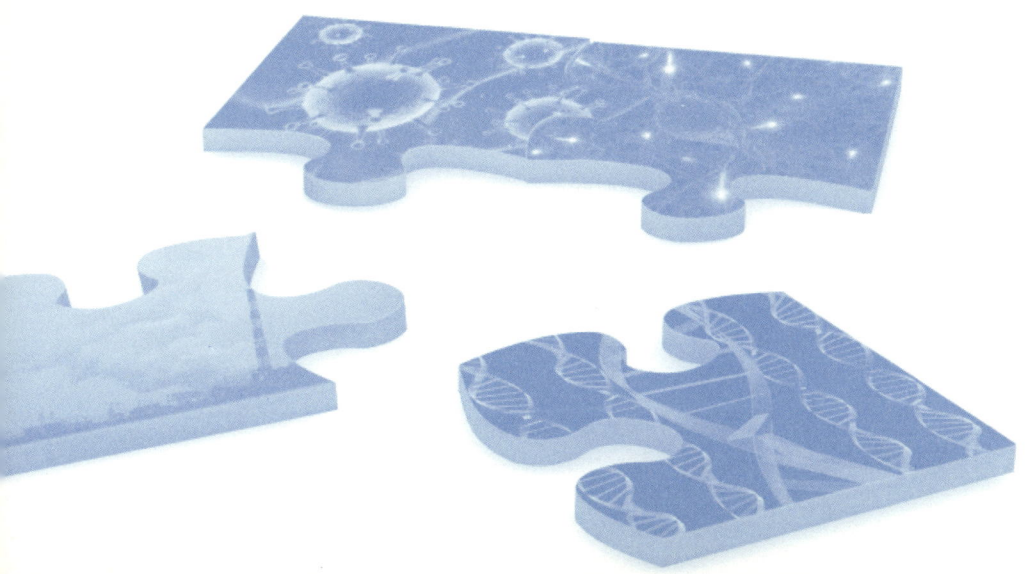

DNA

　　DNA가 무엇인가? 유전에 관계하는 물질이 있는데 그것이 DNA다, 라고 배웠어요. 좀 더 과학적으로 설명하면, DNA는 핵산nucleic acid이고, 핵산의 중요한 물질은 뉴클레오타이드로 되어 있다. 뉴클레오타이드는 염기, 오탄당, 인으로 되어 있고 염기는 아데닌, 구아닌 이런 걸로 돼 있다. 그래서 세포에서 뭔가 합성을 하려면 DNA 이중나선이 풀어지고 거기에 염기 A가 있으면 A에 상보적인 다른 염기가 붙는데 그것이 transfer RNA가 되고 transfer RNA가 리보좀ribo-some에 가서 messenger RNA 코드인 코돈codon에 의하여 아미노산이 달라붙고 그 아미노산이 쭉 연결되면 단백질이 된다. 그럼 DNA가 어떻게 생겼을까? 이 중나선으로 생겼다는 구조를 알아냈고, 다시 연구를 하다 보니까 1973년 DNA를 우리가 조작할 수 있다. 그래서 유전공학genetic engineering으로 DNA를 잘랐다 붙였다 함으로써 새로운 물질을 만들어 낼 수 있는, 유전자를 변화시키는 것이 가능해졌다. 그래서 그걸 가지고 우리가 미생물에서 인터페론, 인슐린, 성장호르몬 등을 만들어 낼 수 있는 거다, 거기까지 온 거죠.

　　어쨌든 DNA가 뭔지 잘 몰랐을 때 프레드릭 그리피스Frederik Griffis라고 하는 분이 실험을 했어요. 실험할 때는 쥐를 이용했고, 병원균과 비병원균을 가지고 실험을 했어요. 이 실험을 디자인한 것, 이게 어떻게 보면 가치가 있는 건지 몰라요. 여러분 보고 어떤 사실을 알려면 어떻게 실험을 하면 좋은가, 실험 디자인을 해보라, 그런 주문은 보통 대학원학생들이 받고 고민하는데 쉬운 건 아니에요. 실험을 어떻게 해야지 새로운 사실을 알아낼 수 있나? 어떻게 해야 새로운 기술을 개발할 수 있나? 대학생이라고 못할 건 없겠죠. 어쨌든, 실험 다섯개를 한 것으로 알려져 있어요. 병원균을, 쥐에다가 주사를 하면, 어느 이상을 주사하면 쥐가 죽겠죠. 쥐가 죽었다, 그건 당연한 거죠. 그 다음에 비병원균을 주사를 하면, 이것은 병원균이 아니니까 쥐가 안 죽죠. 그 다음에 병원균을 가열해서 쥐에다 주사를 하면 쥐가 죽을까, 안 죽을까? 예, 맞아요. 병원균을 가열해서 주사를 하면 쥐는 안 죽는다. 그러면 가열된 병원균에다가 살아있는 비병원균을 섞어서 주사하면 이건 어떻게 되요? 살아요, 죽어요? 또 죽은 병원균에서 DNA를 꺼내서 살아있는 비병원균에 섞어서 주사했다, 이럼 쥐가 죽을까요, 살까요? 찔러보면 알죠. 그렇지만 여러분이 논리적인 상상을 해보면 어떻게 되는 거냐? 실험을 했더니 둘 다 죽은 걸로 나와요. 그럼 어떻게 해석을 하느냐? 나는 이 사람의 논문을 읽어보지 않아서 세부적으로 어떤 과정을 거쳐 가설을 냈는지 잘 몰라요. 관심 있으면 찾아서 읽어보고 정리해서 나한테 줘 봐요. 어쨌든 이런 실험 결과로부터 유추할 수 있는 게 뭐냐? 병원균의 무언가가 살아있는 비병원균에 들어가서 비병원균을 변형transform시켰다, 그러니까 이것이 실제로 병원균을 주입한 것과 같은 효과를 가져왔다, 이런 거죠. 이 가열된 병원균은, 병원균을 가열하면 그 자체로는 아무런 해도 없지만 병원균에 있는 무엇인가가 살아있는 비병원균에 옮겨져서 쥐를 죽게 했다, 뭔가 변화가 일어난 거죠. 그런 식의 결론을 내렸던 것이 1928년이에요. 우리가 DNA 이야기를 할 때 맨 처음 인용되는 이야기 중 하나가 이 그리피스의 실험이에요.

그래서 DNA라는 게 어떤 작용을 하는 거구나, 그 다음에 DNA는 무엇으로 구성되어 있고 등등 DNA의 세부적인 구조에 대해서 관심을 가지기 시작한 거죠. 그래서 DNA다, 또는 RNA다, RNA는 ribonucleic acid다, DNA는 deoxy-ribonucleic acid다, 이런 얘기는 다 안다고 보고. 이런 걸 우리가 핵산nucleic acid 이라고 이야기를 해요. 이 핵산은 어떤 성분으로 구성이 돼 있느냐? 뉴클레오타이드nucleotide로 구성이 되어 있다. 그럼 뉴클레오타이드는 어떻게 돼 있느냐?

염기base와 deoxyribose라고 하는 것과 포스페이트 그룹이 결합한 것이 뉴클레오타이드다.

리보스가 5탄당이에요. 5탄당에서 탄소 넘버를 1,2,3,4,5 붙이는데 deoxy라고 하는 것은 2번째 탄소에 OH기가 없는 거예요. 그런데 두 번째는 OH기가 빠진 것이 deoxy다. 그래서 deoxyribose base, 포스페이트 그룹이 달라붙어있는 거예요. 왜 하필 저 세 개가 달라붙어 있느냐? 이런 것은 쉽게 대답을 못하지만 이 세 개가 달라붙어서 어떤 일을 하는 건 사실이니까 이해를 할 수 있는 거죠. 아데닌adenine(A), 구아닌guanine(G), 시토신cytosine(C), 타이민thymine(T) 이런 것들을 우리가 염기라 부르고, 베이스에 5탄당이 붙어있는 것을 뉴클레오사이드nucleoside라 부르고, 거기에 포스페이트까지 붙어 있으면 그걸 우리가 뉴클레오타이드라고 부른다. 염기, 뉴클레오사이드, 뉴클레오타이드의 차이는 뭐냐? 뉴클레오사이드는 5탄당과 염기가 붙어 있는 거다. 뉴클레오타이드가 우리가 이야기하는 모든 것이 붙어있는 것이다. 그래서 핵산에 붙어있는 걸 보면 예를 들어 아데닌이 붙어있는 거를 얘기했어요. 아데닌에 리보스가 붙어 있는 것이고, 포스페이트가 붙어 있는 거예요. 아데닌과 구아닌은 퓨린purines 계열이고, 시토신, 타이민, 우라실uracil(U)이라고 하는 것은 피리미딘pyrimidines 계열이다, DNA는 A, G, C, T, RNA에는 T 대신 U가 들어가 있다, 이게 여러분이 배운 거죠. 이런 과정에 포스페이트가 많이 관여를 해요. 포스페이트가 아데닌에 달라붙어 있는 형태, 예를 들면 아데닌하고 리보스하고 붙어있으면 아데노신이 되는 거죠. 외울 필요는 없겠지만 자연스레 머리에 들어올 거예요. ATPadenosine triphosphate라고 하는 것은 아데노신에 포스페이트가 3개가 있다. 이게 ATP고, 포스페이트가 하나가 있으면 AMP고, 두 개가 있으면 ADP다. 그래서 이 포스페이트가 하나씩 늘 때마다 거기에 에너지가 들어가는 거죠. 에너지가 저장되는 방식이 AMP가 ATP가 되는 것이고, 에너지 방출되는 방식은 거꾸로 ATP가

ADP, AMP로 포스페이트를 하나씩 잃어버리는 거죠.

아데닌에 리보스 그리고 포스페이트가 붙어 있으면 이게 하나의 뉴클레오타이드인데, 그러면 이 뉴클레오타이드가 쭉 있으면 이 사이에 무슨 관계가 생기지 않을까? 아데닌, 리보스, 포스페이트의 뉴클레오타이드가 이렇게 있다 보면 5번 탄소와 3번 탄소 사이에 결합이 생긴다, 결과적으로 구조를 보니까 5번 탄소가 어딘지 알죠. 5번하고 3번 사이에 결합이 생기는데 이것을 인산이에스

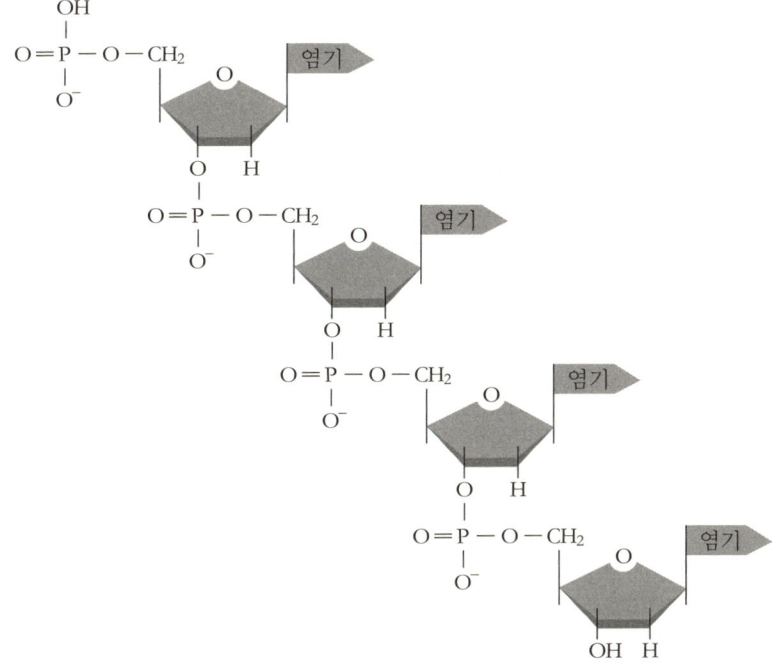

뉴클레오타이드 끼리의 결합

5번 탄소의 인산기와 다른 뉴클레오타이드 3번 탄소의 OH기 사이에 인산이에소테르 결합으로 연결된다.

테르phosphodiester 결합이라고 하는데 그렇게 결합이 되어 뉴클레오타이드들이 서로 연결이 되는 거다, 그런 거예요. 그래서 구조를 보면 저렇게 결합이 생기겠구나, 그런 생각을 할 수 있을 거구요. 그래서 뉴클레오타이드가 있으면 이 사이에는 5번, 3번의 인산이에스테르결합이 생긴다. 그런데 우리의 DNA는 어떻게 연결이 되어 있는 거냐, 라고 봤을 때 여기 아데닌, 리보스에 포스페이트가 있으면 이쪽에는 타이민이 와서 붙고 또 리보스가 있고, 또 포스페이트가 있는, 이런 식으로 이것이 AT가 붙고 그 다음에 C하고 G하고가 붙는다. 이게 무슨 얘기냐? 그냥 A하고 T가 상호보완적으로 붙는다. 그래서 C하고 G가 가까이 오면 여기에 있는 염기에 NH, NH 사이에 수소결합들이 생기는 거다. 그리고 타이민은 아데닌과 수소결합이 된다. 그럼 거꾸로 시토신하고 타이민과 결합이 되느냐? 결합이 잘 안 된다. 왜 안 되는지는 에너지 레벨을 계산을 한다든가 기하학적 모양을 따진다든가 생각을 해 볼 수가 있는 거겠죠. 시토신과 아데닌도 이것이 잘 안 맞는다. 궁합이 잘 안 맞는 거다. 그래서 하다 보면 시토신 옆에 아데닌이 있으면 엉성한 결합이 생길 수도 있겠죠. 엉성한 결합이 생긴다는 것은 크게 보면 DNA의 구조가 잘못된 거예요. 그럼 바람직하지 않은 거죠. 결합이 이렇게 되면서 에너지 레벨이 낮아야 제일 안정한 결합인데, 이것이 C하고 A하고 결합을 하면 그 상태가 아니고 그래서 바람직한 것이 아니고 그러면 무엇인가가 그것을 인식해서 뜯어버려요. 그리고 새 걸 갖다 끼우고, 그래서 DNA가 손상을 받으면 DNA를 수리한다는 얘기를 하는데, 이것이 잘 맞으면 수리할 필요가 없는데, 여기 억지로 가 있게 되면 수리를 해야 한다, 예를 들어 어떤 화합물들, UV나 엑스레이가 이런 것들을 교란시키면 억지로 가서 붙을 수도 있겠죠. 돌연변이가 왜 일어나느냐, 또는 어떻게 이걸 인식을 하고 바로 잡느냐, 이런 것만 연구하는 학자도 있어요. 그래서 기본적으로는 염기가 이런 식으로 페어링pairing한다, 그렇게 이해해주고, 이렇게 페어링이 안 되면 무슨 문제가

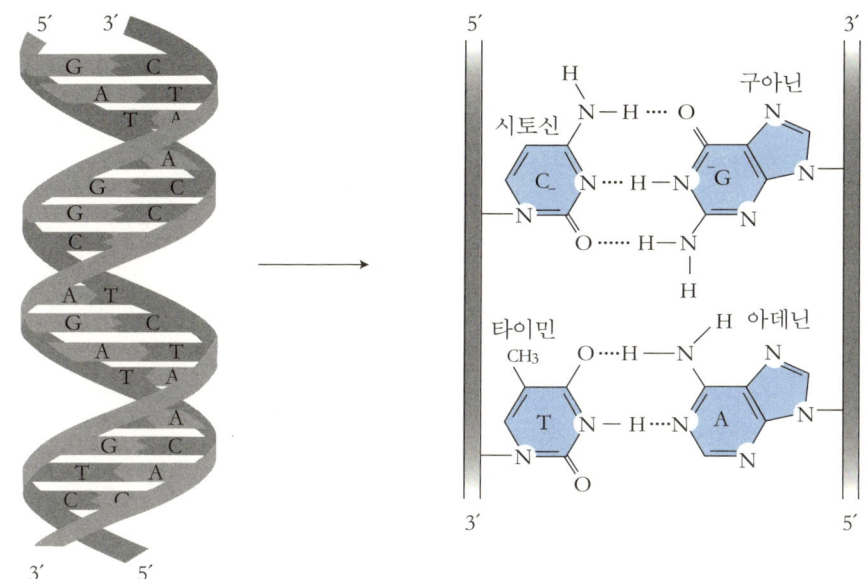

DNA의 구조

이중나선 구조를 갖는데, C와 G, T와 A는 상보적으로 결합한다.

생기는지 생각을 해보는 거죠.

그래서 이렇게 페어링 되면 그 다음에 이것이 어떤 모양을 갖느냐, DNA 라고 하는 것은 이런 페어링이 쭉 연결되어 있는 건데, 그럼 구체적으로 3차원 구조는 어떻게 생긴 것인가? 그냥 이렇게 직선적으로 쭉 연결될 거냐? 그래서 1940년 쯤에는 DNA의 3차원적 구조를 밝히는 게 사이언스 쪽에서 핫 이슈였어요. 우리는 왓슨과 크릭이 이중나선이라고 그랬다, 우리는 그것만 기억하죠. 그렇지만 그 당시 상황은 안개에 가려서 잘 모르는 상황에서, 노벨상을 받은 물리학자가 저것은 삼중나선triple-helix이라고 발표를 했어요. 내가 만일 틀린 말을 해도 여러분은 교수님이 얘기했으니 맞겠지, 라고 의심을 안 할 텐데, 그 당시에 노벨상을 받은 물리학자가 DNA는 삼중나선이라 그랬으니, 누가 거기에 토를 달겠어요. 처음에는 삼중나선이라 믿고 있다가 따져보니 그게 아니거든. 그러니까 시간이 지나니 사람들이 그거 틀렸다고 했어요. 그래서 왓슨과 크릭의 구조가 그렇게 탄생한 걸로 돼 있어요. 이중나선이라고 하는 것도 여러 가지가 있을 수가 있겠죠. 머리 땋는 식으로 생각을 할 수도 있고요, 또 다른 방식으로는 원통을 두고 원통 돌아가는 식으로 그릴 수도 있고, 몇 가지의 가능성이나 3차원 구조가 있을 텐데, 그럼 어떤 거냐? 원통을 두 가닥 서로 감는 모양으로 삼차원 구조가 생겼다는 이야기고, 결국 이 과정이라고 하는 것은 뉴클레오타이드와 뉴클레오타이드가 상보적으로 결합을 하는 것이고, 다시 그 위에 있는 것과 아래에 있는 것 사이에는 5번 탄소, 3번 탄소 사이에 인산이에스테르결합이 생겨서 잘 연결돼 있는 구조를 가지는 거다, 라는 것이 지금의 이해예요. 그리고 DNA는 저렇게 되어 있는데 RNA로 가면 타이민 대신에 우라실이 그 역할을 한다, 왜 갑자기 우라실이 등장을 했는지, 그 이유는 잘 몰라요. 뭔가 심오한 뜻이 있을 수 있겠죠. 그런 건 잘 모르지만 현상은 우라실이 타이민을 대신해서 일을 하고 있다는 것입니다.

우리 몸의 염색체를 자세히 들여다보면 마지막에는 결국 이중나선의 DNA가 나오고, 이 염색체 한 가닥이 두 가닥이 되면서 증식을 하고 복제를 하는 거다. 복제를 한 다음에 필요한 물질을 만들어내요. 대표적인 것이 단백질이니까 단백질을 만드는 과정을 살펴보지요.

처음에는 DNA가 어떻게 돼있는지 DNA의 서열을 그대로 복사해야죠. 복사하는 거니까 전사transcription다, 그 다음에 이것이 어떤 아미노산에 해당하는 건지 번역translation하는 과정이 있어야겠죠, 그 다음엔 단백질이 합성되는 거다, 이런 과정을 거치는 거죠.

전사transcription, 번역translation이라고 하는 용어는 많이 들어본 용어일 거예요. 사람들이 조사를 한 게 바이러스의 DNA는 약 48,000개이고, 대장균은 4백만 개이고, 인간은 몇 억 개가 되고. 이것을 일렬로 세우면 2m가 된다, 세포가 눈에도 안보일 정도로 작은데 그 속의 DNA 실타래를 풀면 2m가 된다는 게 참 신기한 일이죠. 많은 학자들이 DNA의 구조는 이중나선이라는 걸 아니, 구체적으로 DNA의 서열을 밝혀야 이야기가 되겠죠. 그 다음 과제는 뭐에요? DNA 서열과 기능과의 관계를 밝히는 것이겠죠. 일부는 밝혀져 있지만, 앞으로의 과제라 보면, 현 단계에서는 DNA의 서열을 아는 것이 중요한 거죠. 여러분이 아는 대로 인간 게놈 프로젝트human genome project예요. 그래서 미국 사람들은 돈을 많이 들여 사람의 유전자를 쭉 시퀀싱했어요. 그때는 몇 년에 걸쳐 엄청난 돈을 지출했죠. 그 당시에 시퀀싱을 어떻게 했는지 자세히는 몰라요. 하지만 사람의 생각이라고 하는 것, 사람의 능력은 계속해서 변화 발전하고, DNA가 쭉 있다면 순서를 어떻게 알겠어? 분명한 것은 인간 게놈 프로젝트 때 사용한 방법은 이제 구닥다리가 됐어요. 최근에 나온 방법, 그게 뭔지는 잘 모르지만 며칠 전에 잡지를 보니 '새로운 DNA 시퀀서sequencer 데뷔', 이렇게 나왔어요. 여러분 한번 찾아보세요. 손바닥만한, 손바닥 안에 탁 들어가는 DNA 시퀀서를 만들었어요. USB 메모리 스틱 사이즈예요. 그러니 2012년에 와서는 가격이 100만 원이고 일회용품이에요. 세상이 이렇게 많이 바뀌었어요. 구체적으로 사람의 염색체도 시퀀싱할 수 있는지는 잘 모르지만, 상당히 큰 것도 된다고 그러니까 사람의 염색체 40여 개 중 하나를 떼어서 검색할 정도는 될지도 몰라요. 의료적으로 사용하려면 그 정도는 돼야 하겠죠. 2m를 한 번에 시퀀싱은 못하더라도 한 5~10cm의 DNA는 시퀀싱을 할 수 있는 것이거든요. 세부적인 것은 여러분이 찾아보고, 이 제품들이 어떤 원리로 나왔는지는 모르지만 최근에는 이런 정도로 시퀀싱 기술이 발전했다, 알고 넘어가도록 하죠.

그럼 시퀀싱을 어떻게 하면 될까? 이것만 열심히 연구하는 사람도 있겠죠. 연구한 결과에 의하면 DNA는 두 가닥인데 온도를 올리면 한 가닥으로 풀어져요. 이것은 간단한 일이고. 그러면 한 가닥씩을 시퀀서 있는 데에 집어넣고 전기적 신호를 주면 분자 구조에 따라 전달되는 신호가 달라지겠죠. 그럼 분자구조가 몇 개가 되요? 분자구조는 4가지밖에 안 되잖아요. 여기서 신호를 주고 받고, 그 다음에 쭉 저장하면 금방 시퀀싱을 하겠죠. 또 다른 무슨 원리가 있을까? 두 가닥을 한 가닥으로 풀어서 한 가닥을 집어넣어야 하는 거니까 번거롭죠. 그냥 두 가닥 집어넣으면 어떻게 될까? 안될 건 없겠죠. 두 가닥을 집어넣으면 좀 더 커지고 그 다음에 신호의 형태가 달라지니까 그것만 보정해주면 알수가 있겠죠. 최신 기술은 두 가닥을 한 가닥으로 쪼개는 게 아니라 나선 두 가닥을 직접 넣고 읽는 거다, 그래도 되겠죠. 이것은 전기적 신호를 주고 있는 거니까 이것은 아주 빠를 거고요, 여기서 느린 게 뭐에요? DNA가 흘러간다, 흘러가는 걸 더 빠르게, 그러니까 여기서 이 속도만큼 시간이 걸리는 거예요. 그러면 이것을 빨리 한다든가, 전기적 신호로 스캐닝하듯 훑어버리면 시간을 더 절약할 수 있겠죠. 누구든 생각할 수 있는 건 '한 가닥을 읽는다'에서 '두 가닥을 읽는다', 여기서 읽는 게 아니라 스캐닝을 해버린다, 이런 식의 생각을 할 수가

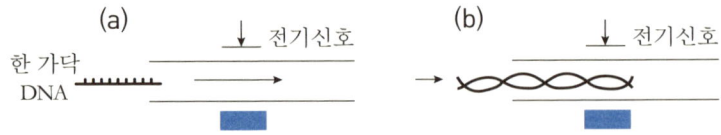

DNA 시퀀싱 신기술 개념도

(a) DNA 한 가닥을 모세관에 흘려보낸다. 전기신호를 주고 그 신호를 해석하면 DNA 염기서열을 알수 있다.

(b) 이중나선 DNA를 그대로 흘려보낸다. (a)방법에 비하여 신호해석이 달라진다.

있겠죠. 그렇게 되면 몇 년 이내에 진짜로 100만 원이면 자기의 DNA 시퀀스를 다 분석을 할 수가 있다. 그래서 마이크로칩, USB에다 보관하면 되는 거다. 지금 그 시대가 거의 눈앞에 왔어요. 우리나라에서도 어느 기업이 이런 연구를 하고 있겠죠.

그래서 결국 DNA가 어떻게 돼 있다는 걸 알면 그 다음에는 이걸 가지고 여러 가지로 활용을 하는데, 제일 하고 싶은 것은 사람의 질병을 고치거나 질병을 예측해서 경고를 해주는 거죠. 한 10년 전에 대덕에 있는 작은 벤처회사가 중국에 가서 비즈니스를 했어요. 어느 나라든지 운동선수가 중요해요. 운동선수가 올림픽이나 경기에 참가해서 금메달을 따면 국민들에게 자부심을 주는 거죠. 사람들을 행복하게 해주는 일이니까 중요한 일인데, 그럼 좋은 운동선수를 어떻게 가려내느냐? 100m 달리기 선수를 뽑는다, 그러면 사람들을 다 100m 달리게 해서 잘하는 사람을 뽑고 다시 여기서 추리는 거죠. 그런 것이 지금의 관행일 텐데, 그 과정을 조금 더 과학적으로 할 수 없을까, 그런 생각을 할 수 있는 거죠. 꼭 그런 방법만 있느냐? 좋은 운동선수를 뽑는데 꼭 그래야만 되는 거냐? 모든 걸 다 부정하고 한번 생각을 해보세요. 그러면 다른 방법도 있을 수 있다. 다른 방법이 뭐냐? 그 집안의 내력을 보는 거죠. 그 부모님은 달리기를 잘 했는지, 이런 걸 쭉 보는 겁니다. 어쨌든 대덕에 있는 벤처회사가 접근한 방식은 DNA를 조사해서 운동선수면 꼭 필요한 유전자가 두 개가 있다, 하나는 호흡능력에 관련되는 유전자가 어딘가에 있대요. 그러니까 DNA가 2m 있으면 어느 부분은 호흡능력에 관련되는 장소다, 어떤 부분은 인내심에 관련되는 거다, 이 정도는 지금 알고 있는 거죠. 아직도 모르는 게 많지만, 1~2%쯤은 감을 가지고 있는 거죠. 그러니까 운동선수 후보자들을 모두 모은 다음 DNA를 분석해 가지고 이 두 개 유전자, 즉 호흡능력이 좋다, 힘든 것도 참고 잘하는 그런 인내심에 관련되는 유전자가 있다, 이 두 개를 가진 사람을 뽑아내고, 나머진 떨어뜨리고 그랬대요. 그런데 이거 얼마나 위험해요? 그럴 듯하긴 하지만 위험하죠. 아직은 우리가 자기의 유전자, 사람의 유전인자와 밖으로 나타나는 행동, 성격, 병 관계를 잘 몰라요. 잘 모르는 상태에서 이런 걸 한다면 위험한 거죠. 이건 운동선수 골라내는 거니까 안 뽑혀도 그만이다 하면 그만이지만, 진짜 기업에 취직을 하고 싶은데 기업에서 검사를 해서 얘는 인내심이 없다 해서 떨어뜨렸다 이거에요. 또는 얘는 나중에 40살쯤 가면 암에 걸릴 수 있다, 그럼 40살까지 키워줘도 일찍 병에 걸리니 소용없다. 그래서 떨어뜨렸다, 이러면 곤란한 거잖아요. 지금 암에 걸리는 것은 유전자에 의한 것이 많다는 것은 다 알려진 거예요. 지금은 유전인자만 있다고 병에 걸리는 것은 아니다, 스트레스가 들어오고, 나쁜 화학물질이 들어오고 했을 때 유전인자가 표현되면서 암에 걸리는 거다, 이렇게 알려져 있고, 또 엄마와 외할머니가 암으로 죽은 집안의 아이들은 6개월마다 검사를 해서 조기에 탐지하고 조기에 경고해주고 이렇게 해서 지금은 병에 걸리지 않는대요. 어쨌든 이런 것들이 악용될 수도 있고 그런 거예요. 그래서 이런 것들은 오래 전부터 소위 윤리bioethics에 관련된 걸로 해서 우리가 어디까지 자료를 공개해야 하고 어느 단계까지 활용을 할 수 있는지 아직도 숙제거리죠. 그럼에도 불구하고 또 공부에 관련되는 유전자가 어떤 게 있으면 얘는 공부 잘한다, 미리부터 찍어주고 얘는 지금부터 유전자가 이런 게 있으니까 과학자가 되면 좋겠다고 찍어주는 학원이 있고 그런 회사가 있나 봐요. 어쨌든 이런 것은 일부만 가지고 풀 수 있는 건 아니고 사회 전체와 관련되는 이슈가 되는 거죠.

문제는 여전히 있지만 그럼에도 불구하고 우리는 어떻게 해서 단백질이 만들어지는지, DNA로부터 그런 과정을 이해하는 것은 중요하겠다는 거죠. 그래서 DNA라고 하는 것은 염기가 쭉 연결되어 있는 거다, 그럼 염기는 뭔가 정보를 갖고 있는 코드다 이거예요. 그래서 코드라고 해서 이렇게 코돈이라는 말을 쓰는데, 정보가 어떻게 저장되어 있느냐 하는 방식을 봤더니, 이 세 개의 염기가 모이면 하나의 아미노산에 해당하는 모양새를 갖는다, 지금은 단백질과 관련된 것만 이야기를 하는 거죠. 왜 하필 세 개가 모여야 하나의 아미노산과 연결되는 거냐? 아미노산은 20개가 자연에 존재하는데 그 20개를 만들어 내려면 코드가 2개씩으로 되면 경우의 수를 따지면 20개가 나올 수 없는 거죠. 염기가 4개가 있는데 4개를 가지고 아미노산 20개를 만들려면 코드가 2개씩 돼서는 몇 가지가 안 되는 거니까 코드 3개가 하나의 메시지를 갖는다고 해서 따지면 경우의 수가 64개가 나오는 거죠. 그래서 64개가 이제는 정답으로 돼 있어요. 실험을 해서. 예를 들어서 페닐알라닌이라는 아미노산을 만들고 싶다, 이러면 UUU 또는 UUC라고 하는 코드를 유전자에 넣어두면 그것이 tRNA, mRNA로 해서 나중에 페닐알라닌이 거기 가서 붙어요. 지금 실험실에서 많이들 하고 있는 거예요. 어쨌든 그렇게 보면 이렇게 3개씩 붙어서 하나의 메시지를 만든다, 그럼 이 64개의 조합이 어떤 의미를 지니는데, 어떤 것은 정지 코돈으로 이제 그만하자, 여기서 끝내자 하는 그런 신호도 필요하니까 어떤 건 그런 역할을 해주고, 어떤 건 아르기닌은 코돈 네 개가 다 아르기닌을 가져올 수 있는 것이고, 어떤 건 코돈 두 개가 세린을 만드는 것으로 돼 있어요. 어떤 건 왜 4개고 어떤 건 2개냐 따지면 무슨 이유가 있겠죠. 여기 아르기닌에 해당하는 코드가 분자구조가 비슷해서 그걸 갖다 놓으면 아르기닌이 딸려오게 돼 있다든가 하는 이유가 있겠지만, 거기까지는 들여다보지 않아서 정확히는 몰라요. 어쨌든 그렇게 생각을 하는데 그래서 이렇게 3개씩의 코드를 가진 것들을 조합을 해서 여기에 아미노산이 달라붙고, 아미노산이 달라붙으면 단백질이 되는 거다.

그래서 이제 유전자가 무엇인지는 이해하는 것이고, 아직까지 인간 게놈 프로젝트에서 DNA가 있으면 90%는 우리가 뭔지 잘 몰라요. 그래서 그거 연구를 하는 사람이 또 있겠죠. DNA 조각이 여기 있으면 이것을 그대로 복사하는 과정, 그게 전사이다. 복사해서 DNA에 있는 염기 서열을 RNA가 그대로 복사하고, 그걸 우리가 메신저 RNA라 그러고, 그래서 이 RNA가 리보좀으로 가는 거다. 그런데 이 전사transciption가 항상 되는 거냐? 그건 아니고 필요할 때 되는 건데 필요할 때라는 것은 나중에 또 이야기할 거고, 그 시작은 RNA 중합효소가 DNA로 이동하면 이중나선이 풀리면서 여기 상보적인 핵산이 붙어서 RNA가 되고, RNA가 리보좀으로 가서 거기에 아미노산이 달라붙는다. 자, RNA는 DNA 한 조각 가지고 복제를 하는 거다. 코드에 해당하는 것이 붙고 거기에 다시 카운터 코드가 붙어서 여기에서 아미노산이 모양을 보고 쫓아오는 거겠죠. 세포 속에 아미노산이 많이 있다가 아미노산이 달라붙어서 단백질이 되는 거고 그런 장소가 리보좀이다. 어쨌든 DNA가 풀리면서 뭔가 작용이 일어나려면 시작한다는 신호가 가야 할 거고, 그 다음에 끝나면 끝이라는 조절이 되어야 했지요.

우리 몸에 소화효소, 아밀라제를 만들어내는 DNA가 있다, 라고 생각을 하면 아밀라제를 만들어내는 영역이 있다, 우리 유전자 중에는 그런 게 있죠. 우리가 밥을 먹으면 아밀라제라는 효소가 나와서 전분을 분해시키는 거죠. 그러면 이 아밀라제 효소는 우리 몸에서 항상 만들어지는 걸까? 그건 아니죠. 밥 먹었을 때만 만들어지면 되는 거죠. 평상시에도 만들어지면 쓸 때가 없는 거죠. 여기의 전제는 아밀라제 효소가 한번 만들어지면 24시간씩 가는 게 아니다, 이런 전제가 있어요. 한번 사용할 만큼만 있다가 그 다음에는 비활성화되지요. 그러나 이건 아까운 단백질이니까 우리 몸의 단백질 분해효소가 소화가 다 됐으면 이걸 잘라가지고 아미노산으로 분해해서 다시 써먹는 거예요. 우리 몸에 그런 메커니즘이 있는 거죠. 그러니까 필요할 때만 만든다. 그 필요할 때가 언젠지, 보통 때는 어떻게 하면 이게 안 만들어지는지, 이런 것을 조절하는 메커니즘이 우리 DNA 안에 들어가 있는 거겠죠. 그래서 밥을 먹었다 하면 여기서 어떤 신호가 가서 그럼 아밀라제 단백질이 만들어져라 해서 나가는 이런 식의 조절 메커니즘이 있는 거예요.

어쨌든 이렇게 해서 단백질이 만들어지면 단백질이 필요한 데 가서 기능을 한다. 그러니까 만약에 세포 안에서 필요하면 세포 안에서 작용을 하고, 세포 밖으로 내보내야 하면 세포 밖으로 내보내는 거다. 그래서 단백질이 세포 안에서 여기저기 있을 수 있고, 세포막에 가서 있어야 하는 거면 세포막에 가서 붙어 있고, 밖으로 내보내야 하는 거면 밖으로 내보낸다. 그래서 밖으로 내보내야 하는 건 뭐가 있나 생각을 해보면, 여기 어떤 미생물이 있다, 그리고 외부에 탄수화물이 있다. 그러면 탄수화물의 분자가 크니까 그냥은 못 먹으니 그걸 쪼개야 되는 거예요. 쪼개는 것이 아밀라제 효소, 그러니까 미생물 밖으로 아밀라제 효소를 분비해야 이걸 쪼개서 이것이 포도당이 돼서 흡수를 할 수 있는 거겠죠. 이런 목적으로 분비하는 거고, 그럼 꼭 이렇게만 해야 하는 거냐? 생각하면 우리가 그걸 바꿀 수 있어요.

예를 들면 미생물이 아밀라제라고 하는 효소를 분비했다, 그러면 전분이 분해되어 들어온다. 다른 방식을 생각하면 아밀라아제 효소를 세포 바깥벽에 붙여버려요. 여기에 붙이면 미생물이 움직이다가 먹이와 부딪히면서 효소가 잘라버릴 수 있죠. 그렇게도 만들 수 있어요. 그래서 세포 밖에 붙이는 기술surface engineering이 있어요. 이렇게 하면 생기는 장점도 꽤 많이 있어요. 그래서 최근에 일본 고베 대학의 교수가 있는데 관심 있으면 한번 인터넷 들어가 보세요.

이 고베 대학의 교수가 상당히 일을 많이 해요. 효모에다 셀룰로스를 분해하는 효소, 분해하면 셀로바이오스가 된다고 했으니 또 셀로바이오스를 분해하는 효소, 그 다음에는 5탄당, 헤미셀룰로오스를 분해하는 효소, 이런 걸 많이 붙였어요. 그리고는 우리에게 슬라이드를 어떤 걸 보여 줬냐면, 절에 가면 부처가 앉아있는데 팔이 여러 개 있는 것이 있어요. 부처에는 팔이 10개가 있으면 10가지의 일을 할 수 있는 거죠. 효소 몇 가지가 효모에 붙어 있는 그림을 보여주면서 자기가 만든 미생물은 이렇게 많은 일을 할 수 있는 미생물이다. 만일 효소를 한번 내보내면 그걸로 끝인데 이것은 계속 달고 있는 거니 여러 장점이 많아요. 그래서 바이오매스 자원, 셀룰로스나 풀, 이런 걸 가지고 화학물질을 만드는 과정에서 이런 미생물을 개발을 해서 전체 과정의 효율성을 올렸다는 얘기를 하고 있어요. 그런데 이것은 그냥 하면 되요. 이런 건 대단한 일은 아닌 거 같아. 우리 대학원 학생도 20년 전에 하나를 만들었어요. 만드는 거 쉬워요, 유전자 앞에 특정한 서열 하나만 붙여서 유전자 조작하면 효소가 세포 밖으로 나가다 걸려서 표면에 붙어요. 그래서 논문도 내고 그랬는데 이런 것 여러 개를 하면 좀 더 실용적인 게 되는 거죠. 이런 것들은 외국 사람들만 하는 어려운 일이 아니라 누구든 마음만 먹으면 몇 달 안에 할 수 있는 일이에요. 여러분도 도전해 보세요.

미생물이, 세포가 단백질을 만들면 어떤 단백질은 세포 안에서 필요한 게 있을 것이고, 어떤 건 세포막에서 필요한 게 있을 것이고, 어떤 건 밖에 필요한 게 있으면 거기로 잘 보낼 거예요. 그래서 이걸 알았다면 어디 써먹어야죠. 전에 세포질공간periplasmic space이라는 이야기를 했는데, 주변 세포질공간에다 단백질을 모아 놓을 수 있으면, 인간 성장 호르몬 또는 인슐린 등 우리가 필요한 단백질을 합성한 후 쭉 모아두면, 그래서 그 세포질공간만 끄집어내면 단백질 분리가 매우 쉬운 거죠. 그런 데도 써먹을 수 있어요. 세부적인 것은 필요한 때 공부하면 되는 거예요. 그러니까 나는 단백질을 이렇게 만들고 싶다면 그렇게 만들면 되고, 나는 단백질을 만드는데 세포질공간에다 저장을 하며 만들고 싶다고 하면 그때 이런 걸 공부하면 되는 거고, 누구는 세포 밖에 붙이는 일을 하고 싶다면 그런 것에 관련된 자료를 찾아보면 관련 기술을 배울 수 있어요.

생각할 이슈들

- 핵산은 조미료로도 사용된다. 핵산은 어떠한 맛을 가졌을까?
- 하등생물과 고등생물의 DNA 구조는 동일한가? 어떤 점이 차이가 있을까?
- 유전정보를 공개하면 사회적으로 어떠한 문제가 생길 수 있을까? 또 어떠한 장점이 있을 수 있는가?

DNA 복제

DNA는 어떻게 복제가 될까? 우리는 이것을 어떻게 이용할 수 있는가? 지금은 DNA 추출 정도는 그냥 순서에 따라서 하면 되니까 고등학교에서도 실험을 하지요. 또 유전자 재조합하는 것도 약 30년 전에는 그 자체가 아주 획기적인 것이었지만 지금은 순서에 따라서 유전자를 재조합할 수 있는 수준까지 왔어요.

우리가 아는 대로 1953년에 DNA라고 하는 것이 이중나선이라는 걸 알아냈고, 그리고 1973년에 유전자 재조합 기술recombinant DNA technology이 소개가 됐는데 그럼 20년 동안에 무슨 일이 일어났기에 이것이 가능했는가? 1960년도에 바이러스의 DNA를 잘라내는 박테리아가 있다는 것을 알았어요. 어떤 박테리아는 바이러스에 감염이 되더라도 잘 버티더라. 왜 그런가? 바이러스가 박테리아 세포벽에 앉아서 DNA를 집어넣죠. 그럼 그 안에서 바이러스가 증식하는 콘셉트로 이해를 하고 있었어요. 그런데 바이러스의 DNA가 박테리아에 들어가더라도 박테리아가 그걸 끊어버리면 바이러스에 감염이 안 되는 거죠. 그러니까 그런 DNA를 끊어내는 효소를 가지고 있는 박테리아가 있더라 하는 것을 알았어요. 그러니 대단한 거죠. 그 효소를 우리가 제한효소restriction enzyme라고 부르면서 더 연구를 해보니까 이것이 한 가지 종류가 아니라 여러 종류가 존재하더라 하는 것을 알았어요. 그 다음에 DNA를 어떻게 자르는가를 봤더니 DNA의 어떤 특정한 서열을 자른다는 사실을 알았어요. 그래서 계속 생각을 하니까 바이러스의 DNA만 자르는 게 아니라 모든 DNA를 자를 수 있겠다, 그럼 그 다음에 DNA를 잘랐다가 DNA를 붙일 수도 있겠다, 이런 생각도 할 수 있겠지요. 그러면서 1973년에 유전자재조합기술이라고 하는 것이 탄생되었지요.

DNA를 어떻게 자르는가 생각을 해보면 DNA를 잘라내는 효소를 우리가 제한효소nuclease라고 해요. endo는 중간을 잘라가는 것, exo는 끝부분을 잘라가는 건데 이건 endo이다, 그래서 한마디로 하면 제한효소인데, 더 따지면 엔도 뉴클레아제endo nuclease라고 하는 효소가 DNA를 자르는 것이지요. 이걸 어떻게 자르는 거냐? 자르는 스타일이 여러 개가 있는데 여기서는 DNA가 있으면 예를 들어 GAATTC가 있으면 상보적으로 CTTAAG가 있겠죠. 그러니까 제한효소는 어떻게 보면 기하학적으로 잘라내요. 단백질이 기능을 하는 것은 기하학적인 것이라고 얘기를 했잖아요. 어떤 특정한 기하학적 구조를 가진 위치에 달라붙어서 자르는 것이에요. 그러니까 제한효소가 있고 DNA가 쭉 있으면 거기에 자기가 끌리는 쪽으로 가는 거다, 라고 생각을 하면 될 것 같아요.

Cohen 박사와 함께
(2012년 9월 우리나라에서 개최된 세계생명공학대회에서)

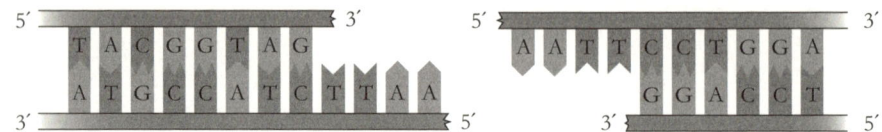

5′–G AATTC–3′부분을
자르는 제한효소

제한효소에 의한 DNA 절단

　　그래서 DNA를 잘라내면, 그 다음 단계는 DNA 자른 조각들의 혼합물들에서 내가 원하는 서열을 가진 DNA 조각이 있을까 생각을 해봐야지요. 그러면 DNA 조각을 분리하는 방법으로 소개가 되어 있는 것은 전기영동electrophoresis이라고 하는 방법이에요. 전기영동에 사용되는 젤gel은 아가로스agarose라고 하는 다당류로 만들 수도 있고, 폴리아크릴아미드라고 하는 합성 고분자화합물로 만드는데 묵과 같은 젤 형태가 된다, 여기에 전기를 넣어주면 DNA 조각은 전하를 띠기 때문에 어느 쪽으로 움직일 거예요. DNA가 무슨 전하를 가지냐? DNA를 보면 인산기가 있어요. 그러니까 마이너스 전하를 가져서 DNA 조각들이 양극 쪽으로 움직인다. 또 젤이라고 하는 게 다공성porous인데 DNA가 전기적인 힘 때문에 끌려가는데 무거운 것, 즉 조각이 큰 것은 천천히 가고 가벼운 것은 빨리 가겠죠. 그러면 DNA를 분리할 수가 있겠지요. DNA를 분리하는 또 다른 방법도 있을 수 있지만 이게 제일 간단해요. 그 다음에 DNA를 붙이는 것도 있

는데 그것을 DNA 리가아제ligase라고 해요. 어떤 화학적인 결합을 만들어내는
가에 따라 C-C 리가아제, C-O 리가아제 등이 있는데, DNA를 연결하는 리가
아제는 인산에스테르 결합을 하는 거예요. 생물체에서 일어나는 모든 반응에
는 다 효소가 관여한다 생각하면 돼요. 효소에 의해서 이런 결합이 생기면서 그
DNA가 붙을 수 있어요.

그러면 DNA 조각에 우리가 원하는 그런 서열이 있는지 알기 위해서 어떻
게 해야 되요? 하이브리드hybrid화시킨다. 요새 하이브리드라는 말은 하이브리
드 자동차라고 해서 많이 쓰이죠. 두 개를 같이 섞는 것을 우리가 하이브리드한
다고 하는데, 우리 말로는 혼성화 분석을 한다고 해요. 어쨌든 DNA를 적절하
게 자르고 이것을 95℃로 온도를 올려주면 이 사이에 있는 수소결합이 깨져서
이것이 단일가닥 DNA로 돼요. 그 다음에 미리 여기에 상응하는 염기서열을 가
진 것을 만들어가지고 같이 섞어요. 그러면 원하는 서열의 상보적인 조각을 가
진 것만이 결합이 되는 거죠. 이렇게 결합이 되면 이중나선을 만들게 되지요.

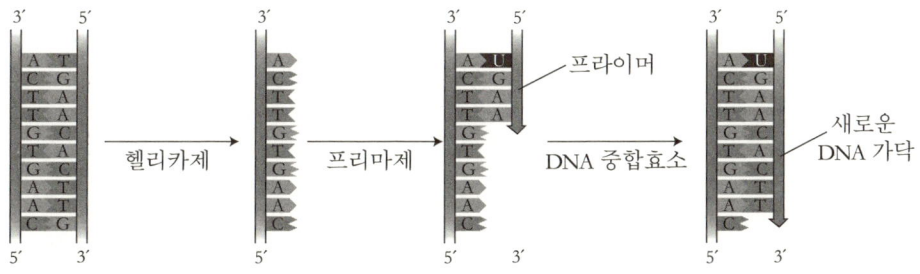

세포 내에서의 DNA 복제
헬리카제에 의하여 DNA 2가닥이 단일가닥으로 나누어지고, 프리마제에 의하여 프라이머가 합성된
다. DNA 중합효소에 의하여 새로운 2가닥의 DNA가 얻어진다.

첨가하는 염기서열 뒤에다가 동위원소를 붙이든지 하면 방사능이 나오는 조각에 이 서열이 있구나, 알 수도 있고 또는 여기에다가 형광빛이 나는 화학물질을 붙이면 빛을 쪼였을 때 이 위치에서만 형광빛이 나오는 그런 특성을 이용해서 우리가 원하는 서열 부분을 찾아볼 수가 있는 거죠. 그렇게 해서 혼성화 분석 어떤 특정한 DNA 서열이 있는지 없는지를 알 수 있다.

이렇게 하는 방식은 DNA 가닥이 하나가 있을 때 하나를 대응시켜서 하는 것이에요. 이 한 조각 농도가 굉장히 낮아요. 농도가 낮아서 실제로 검출하는 데 애로사항이 있는 거예요. 세포 안에서 DNA가 복제가 되는 것을 연구해보니까 DNA에 헬리카제helicase라는 효소가 작용을 하면 DNA가 한 가닥씩 떨어지더라. 한 가닥씩 떨어지는 원리는 여러 가지 있을 거예요. 그 다음에 프리마제primase라는 효소가 있으면 여기에 상응하는 프라이머가 생기고 그러면 이 프라이머의 구조에 DNA 중합효소가 달라붙어서 DNA가 복제가 된다. 그래서 DNA 한 가닥이 두 가닥이 된다는 사실들이 알려져 있어요. 그런데 실험실에서 분석하는 것의 애로사항은 DNA 양이 너무 적다는 것이지요. 캐리 뮬리스라는 사람이 이런 생각을 하다가 어느 날 발명한 게 PCRpolymerase chain reaction이라고 하는 거예요. 1983년에 실험실에서 실험을 하고 저녁에 집에 가는데 차 안에서 기찬 생각이 나서 다시 연구실로 들어가서 실험을 해서 PCR 방식을 발명했다고 하지요. 그래서 좋은 상도 많이 받고 그랬어요. 그래서 양이 적어서 DNA를 분석하기 어렵다는 한계가 없어졌어요. 요새 보면 범인을 잡는 경우에 DNA가 조금만 있어도 그걸 가지고 유전자를 증폭해서 범인을 찾아내잖아요. 그러니까 유전자를 증폭하는 원리는 유전자가 하나가 두 개가 되고 하면서 복제가 되는 원리이다.

유전자 분석
DNA 증폭 및 PCR 기술

우리가 접하는 문제가 어떤 것이 있냐면, 오래전에는 '목이 아프다' 해서 병원에 가면 목 안에서 샘플을 얻어 균이 뭐가 있는지 배양했어요. 또는 소변을 받아서 소변에 무슨 세균이 있는지 배양을 했어요. 그래서 미생물, 또는 세균을 배양해서 뭐가 있는지 없는지 아는 그런 방식으로 진단을 했는데, 지난 10년 전까지 그렇게 해오다가 최근에 와서 소위 PCR이라는 방법이 대중화되면서, 병원에 가면 금방 무슨 세균이 있는지 진단을 해줘요. 차이가 뭐냐면 전에는 샘플을 얻었는데 이 샘플 속에는 미생물 양이 너무 적어서 이 샘플 가지고 검사를 할 수 있는 방법이 없었어요. 그러니까 아가agar 배지에서 미생물을 며칠 키우면 여기 미생물이 뭐가 있는지 쭉 나타나요. 그러면 이걸 현미경으로 보든지 다른 방법을 써서 무슨 세균이 있는지 진단을 하지요.

그런데 1983년에 PCR 방법이 소개가 되면서 이제는 병원 가면 샘플 미생물에서 DNA를 추출하고 이걸 쉽게 증폭을 해버려요. 그래서 이제는 며칠씩 기다리지 않고 한두 시간만 있으면 여기에 있는 DNA를 증폭해서 이 DNA에는 뭐가 있는지, 뭐라고 하는 건지 우리가 예상을 하고, 이것이 있는지 없는지, DNA 프로브probe 방식으로 진단을 하는 거죠.

또 범죄수사에서도 머리카락 하나, 또는 피 흔적만 있어도 여기에서 DNA를 얻어서 DNA를 증폭해서 이 DNA가 누구 것이냐 거꾸로 추적하고 그러잖아요. 이게 다 PCR 덕분인데, 이 PCR이라는 게 지금 우리가 세포 안에서 일어나는 이런 현상을 좇아서 한다고 생각을 하면 헬리카제helicase가 있어야 되고, 프리마제primase가 있어야 되고, DNA 중합효소가 있어야 되는 거예요. 그래야 두 가닥이 한 가닥이 되고, 다시 여기에 프라이머가 붙고, 물론 여기에는 염기가 충분히 있어야 한다는 전제하에서, 누군가는 이런 방법으로 DNA를 증폭하려고 했는지도 몰라요. 이런 방법을 좇아서 DNA를 증폭을 하면 DNA 샘플이 조금만 있어도 이걸 증폭해서 수사나 진단에 이용할 수 있겠다, 생각할 수 있어요.

그러다가 가만히 생각해보니까 헬리카제를 안 써도 DNA가 들어가 있는 샘플 용액의 온도를 95℃로 올려주면 수소결합이 깨져서 DNA 두 가닥이 한 가닥이 된다, 라는 사실이 알려졌어요. 그러면 헬리카제를 쓸 필요 없이 그냥 95℃로 올려주면 되요. 모든 시스템은 복잡한 것보다는 간단한 게 좋은 거예요. 그 다음에 프리마제라는 효소를 집어넣어야 되느냐? 대신 프라이머를 집어넣어도 되는 거겠죠. 그래서 95℃로 온도를 올려준 다음에 프라이머와 DNA 중합효소 그리고 여기에 달라붙을 염기들을 넣어주고 반응을 시키면 되는 거죠. 또 처음에 온도를 95℃로 올려줬다, 그 다음에 여기에 이 세 개를 넣어줬다, 그러면 DNA 하나가 두 개로 복제가 되는 거예요. 그럼 여기서 끝내는 게 아니라 이걸 다시 반복해야 돼요. 다시 계속해서 여러 번 증폭해야지 뭔가 의미가 있는 거겠죠. 그렇게 하려고 하면 일반적으로는 효소는 30℃~40℃에서 최적온도를 가지기 때문에 이 DNA 중합효소 방법을 처음 시도한 사람은 40℃에서 한다, 그럼 어떻게 해야 돼요? 95℃를 cooling해서 40℃ 정도로 만든 다음에 여기다가 중합효소를 넣어야지 반응이 되는 거겠죠. 근데 온도를 낮추는 순간에 수소결합 깨졌던 것이 다시 붙을 수가 있어요. 그러니 붙지 않게 하려면 금방 프라이머를 집어넣어야 되겠지. 그 다음에 반복할 때는 다시 또 온도를 95℃로 올려줘야 돼요. 그러면 효소가 변성되어 활성이 없어질 수 있어요. 그러면 효소를 새로 넣어주어야 해요.그러니까 맨 처음에 PCR이라고 하는 것은 이런 방법이다, 라고 생각을 해요. 그러면 이걸 어떻게 해야 하느냐? 귀찮잖아요. 온도를 올려주고 내려주고 다시 중합효소를 넣어 주고 반복을 해야 하니까. 그럼 무슨 방법이 없을까 생각을 해보면, 95℃ 온도에서 안정한 효소가 있으면 효소를 다시 넣지 않

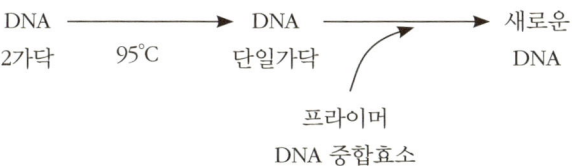

PCR 원리

DNA 단일가닥에서 새로운 DNA 두가닥이 얻어지므로 전체적으로 2배로 증폭된다. 위의 과정을 반복한다.

고도 중합과정을 반복해도 되는 거예요. 그럼 그런 효소가 있느냐? 그래서 열심히 찾아보니까 온천지역에서 자라는 미생물이 갖고 있는 효소 DNA 중합효소가 95℃에서 안정하단 사실을 알았어요. 그래서 그 다음부터는 효소를 새로 넣어주지 않아도 되는 거예요. 지금 PCR 방법은 열 안정성이 좋은 DNA 중합효소를 넣어서 아주 간편하게 실험을 하는 거죠.

그래서 유전자 조작을 한다는 것은 그냥 기술인데, 중요한 것은 그 원리를 찾아내는 거겠죠. 세포에서 일어나는 과정을 바깥에서 재현하면 DNA가 증폭이 되겠다. 그럼 바깥에서 어떻게 재현을 하느냐? 똑같이 할 수도 있지만 스텝을 줄여보자. 그 과정에서 높은 온도에서도 안정한 효소를 쓰면 편하겠다. 그래서 이런 식의 PCR 방법이 소개가 돼서 지금은 많은 사람들이 DNA가 조금만 있어도 이런 식으로 무제한 증폭을 해서 여러 가지 테스트 내지는 유전자를 재조합하는 데 유용하게 사용하고 있어요. 우리 연구실 학생들도 쉽게 해요.

전체적인 전사transcriptional 조절과정은 지금도 잘 모르는 게 많아요. 우리가 지금 어느 정도 이해를 하고 있는 단백질 생합성 조절을 이해하면 나머지 유전자발현도 비슷하게 유추할 수 있지 않을까 생각해요. 어느 정도의 실마리는 우리가 풀었다라고 생각해보면 될 거예요. 어쨌든 DNA를 보면 어떤 부분들이 무언가 역할을 하고 있는 거다. 그 기능을 어떻게 이해를 해야 되는 거냐? 유전자 DNA의 염기 1,000개쯤이 어떤 단백질 하나를 만드는 것에 관여를 한다고 하면, 이 1,000개라 하는 것이 어떤 역할을 하는 걸로 구성이 됐을까, 생각을 해보지요. 어떤 단백질이 아미노산 100개로 돼 있다 하면, 염기가 300개가 필요하겠죠. 그리고 끝에는 단백질 합성을 그만하자는 정지코돈 신호도 있는 거고, 어떤 구조의 단백질을 만들자, 하는 메시지가 들어가야겠지요. 그런데 항상 메시지를 주면 단백질이 만들어지냐? 단백질은 필요할 때만 만드는 거겠죠. 그래서 무언가 조절을 하는 메커니즘이 필요한데, 그 중에서 아주 오래된 그리고 단순한 모델을 소개하지요. 단백질의 생합성을 조절하는 유전자가 있다는 것이에요.

이 조절유전자에서는 리프레서repressor라고 하는 물질을 만들어낸다. 조절 단백질에서 리프레서라고 하는 물질을 만들어내면 이 물질이 오퍼레이터operator에 가서 붙는다. 오퍼레이터 유전자에 가서 딱 붙어 있으면, 예를 들어 수도꼭지를 잠그면 물이 흘러나가지 않는 것처럼 리프레서가 오퍼레이터 특정한 부분에 가서 붙어 있으면, 생합성하라는 신호가 전달되지 않는다. 그런데 우리가 밖에서 어떤 화학물질을 넣어줬을 때 그 화학물질이라고 하는 것이, 예를 들어 우리가 소화효소 단백질을 만든다고 가정하면, 전분을 분해하는 아밀라제 효소를 만들 필요가 있으면, 전분이 분해된 한 조각이 유도물질inducer로 작용을 해서 유도물질하고 리프레서가 결합을 하게 되면 리프레서로서의 작용을 못하게 되고, 그러면 수도꼭지가 열리니까 물이 계속해서 흐르겠죠. 생합성하라는 신호가 전달이 되면서 DNA가 풀어지고, 그 다음에 전사 번역이 일어나라, 이런 식의 명령을 갖고 있는 것이 아닌가 생각을 해요. 이런 것은 우리가 알고 있는 간단한 단백질 생합성 메커니즘의 하나고, 이 밖에도 여러 가지 메커니즘이 제안이 되어 있어요. 이러한 메커니즘은 유전자서열을 다 알기도 전에, 그러니까

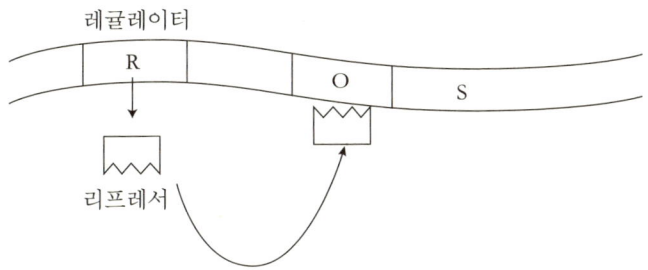

레귤레이터 유전자(R)는 리프레서를 만든다. 리프레서가 오퍼레이터(O)에 결합하여 그 다음 과정이 일어나지 않는다.

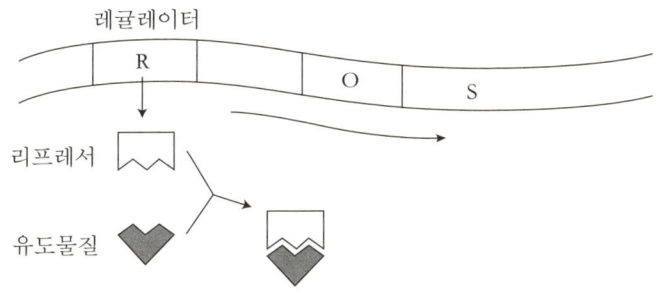

리프레서와 유도물질이 결합하면 리프레서가 작용을 못하게 되고 그러면 오퍼레이터(O)가 자유롭게 되어 구조유전자(S)에서 단백질이 합성된다.

단백질 합성 기작

1950~60년대쯤에 사람들이 이렇게 되지 않을까 생각을 했고, 지금 서열을 많이 알고 있는데, 보니까 비슷비슷하게 다 맞더라.

그 다음에는 돌연변이mutation라고 하는 게 뭐냐? 참고로 mutation은 돌연변이 과정, mutant는 돌연변이체입니다. 기본적으로 DNA상에 어떤 변화가 생긴 것이다. 그래서 이런 변화가 생기면 어떻게 되나? 이런 변화의 원인이 뭘까?

왜 DNA 서열에 변화가 생길까?

지금까지 알려진 것은 어떤 화학물질인데, 일반적으로 머리 염색약 나쁜 것 쓰면 변이가 될 확률이 많다, 또는 눈의 시력이 나빠질 확률이 많다, 나프탈 아민naphthylamine 또는 자동차 배기가스 이런 것 등인데 공통적으로 보면 질소화 합물이 많아요. 이것은 DNA 염기에 질소가 있는데, 그것을 결합시키는 화합물들이 변이를 일으킬 수가 있다. 또 방사선, X-ray, UV를 많이 쪼이면 이런 방사선은 에너지를 많이 갖고 있으니까, 이 에너지가 DNA 서열 또는 염기에 변화를 주고, 그것은 결국 변이로 나타난다, 그래서 암에 걸리는 것이다, 하는 얘기죠. 결국 나쁜 음식, 나쁜 화학물질, 나쁜 공기, 자외선이나 X-ray 등등 이런 것들에 의해서 돌연변이가 일어나면 나쁜 거냐? 경우의 수를 생각해 보지요.

그 중의 하나가 치환돌연변이substitution mutation. 뭔가 하나가 바뀐 거예요. 염기 중의 하나가 다른 걸로 바뀐 거다, 바뀌면 어떻게 되느냐? 그 경우의 수를 또 따져보면, 어떤 DNA 염기 하나가 바뀌게 되면 그냥 그 상태로 가만히 있는 것, 큰 영향을 안 주는 것도 있겠죠. 그 다음에 어떤 하나가 바뀌었는데 이하나가 바뀐 것이 전체적으로 활성을 잃어버린다거나 아무 쓸모없는 단백질로 돼 버린다거나 그럴 수도 있겠죠. 또는 하나가 바뀐다고 못 쓰는 게 아니라 특성만 달라질 수 있겠죠. 또 경우의 수를 따지면, 중간에 새로운 것 하나가 들어가면 삽입돌연변이insertion mutation 또는 어느 한 쌍이 없어지는 것을 결실돌연변이deletion mutation라고 얘기를 해요. 그래서 지금까지 우리가 알고 있는 것은 이렇게 해서 얻어지는 그 변이 또는 특성의 변화가 여러 가지 보고가 되어 있는데 어떤 경우에는 개의 털 색깔이 변화되더라, 이런 것은 개에게 큰 영향이 없을지도 몰라요. 어쨌든 그런 식의 예도 보고가 되어 있어요.

그리고, 겸형적혈구 빈혈증sickle cell anemia이라고 하는 질병이 일어나는 이유를 보니까, 헤모글로빈 단백질에 A염기가 T로 변화가 된 거다. A가 T로 변화가 됐는데 특별히 어떤 것이 변화가 됐냐면, CAG라고 하는 코돈이 CTG라고 하는 코돈으로 변화가 되면 헤모글로빈의 6번째 아미노산인 글루탐산glutamic acid 이 있어야 될 부분에 발린valine이 들어가게 되요. 그 결과로 이 헤모글로빈 단백질이 하나씩 독립적으로 있어야 되는데, 단백질 표면에 발린이 들어가 있으면, 이 6번째 부분이 소수성이 더 강해지고, 그래서 결과적으로 단백질들이 응집되어 헤모글로빈이 역할을 제대로 못한다. 그래서 산소 전달을 잘 못하고 그러면 빈혈이 온다. 빈혈이 오는 경우가 여러 가지 있을 텐데 그 중의 하나는 이런 식의 헤모글로빈에 변이가 생기는 것이다.

이렇게 나쁜 경우도 있지만 좋은 경우도 있다. 양성적혈구 증가증 현상 erythrocytosis이 있는데, 우리 몸에 적혈구red blood cell, RBC 레벨이 증가하는 거다. 구체적으로 보면 481번의 코돈이 잘못되어 있다. 그래서 결과적으로는 적혈구가 많이 형성이 되더라 하는 거예요. 적혈구가 많이 형성이 되면 산소운반이 더 잘되니까 남들하고 같이 뛰어도 숨이 덜 차고 그런 거죠. 높은 산에서도 적응을 잘하고, 그래서 이런 것은 좀 더 긍정적인 현상으로 생각할 수 있는 거죠. 그러면 그 수많은 유전자 중에서 왜 하필 이것만 바뀌었느냐? 이건 잘 몰라요. 다만, 이 앞 단계는 잘 모르지만, 이런 결과를 초래할 수 있구나, 거기까지 우리가 아는 거죠. 그래서 뭔가 하나씩 바뀌면 좋은 일이 일어날 수도 있고, 나쁜 일이 일어날 수도 있다. 또는 개의 털 색깔처럼 관심이 낮은 그런 것이 또 변할 수도 있는 거다. 이게 우리가 돌연변이에 대해서 이해하고 있는 거예요

그럼 이런 자연현상을 보면서 우리는 또 무슨 생각을 할 수 있어요? 생각을 해야 되는 이슈가 몇 가지 있겠죠? 하나는 우리가 인위적으로 인공효소를 만들 수도 있지 않을까? 효소의 열안정성이 더 좋아진 것 또는 활성이 더 좋아진 변이를 만들 수 있는데, 혹은 더 나빠진 것도 만들 수가 있는데, 우리가 잘 생각

을 하면 아주 쓸모 있는 성능이 우수한 효소 또는 항체를 인위적으로 만들 수도 있겠다, 생각할 수가 있어요. 그래서 1973년에 유전자 조작하는 기술이 소개가 되면서 단백질을 공부하는 사람들은 단백질의 구조를 바꿀 수가 있겠구나 생각을 했죠. 그래서 아미노산이 한 100개가 쭉 연결돼서 단백질이 됐는데, 처음에는 아무것도 모르니까 여기를 바꾸면 어떻게 될까, 저기를 바꾸면 어떻게 될까, 생각했어요. 처음에 단백질을 연구한 사람들은 이런 식의 연구를 했어요. 그래서 단백질을 바꾸는 연구다, 해서 사람들이 이것을 단백질 공학protein engineering 이라 부르면서 1980년대부터 연구를 하기 시작했죠. 단백질의 어디를 바꿔보니까 어떤 특성이 더 좋아지더라, 또는 더 나빠지더라 이런 식의 경우를 공부했어요. 또 랜덤random하게 유전자를 바꿔치면 좋은 게 나올 수 있지 않을까, 그럼 좋은 것만 골라낼 수 있는 방법이 있으면 우리가 좋은 단백질을 만들어 낼수 있다, 그렇게 생각하는 사람들도 있어요. 그렇게 랜덤하게 바꿔가면서 변이체를 만들어서 좋은 것을 골라내는 일을 했어요. 가끔 성공적으로 좋은 효소를 만들어내는데, 변이를 100만 개, 1,000만 개를 만들어서 하나를 찾는 것이기 때문에 확률이 그렇게 높지가 않으니 힘이 많이 들어요. 그래도 어쨌든 100만 개, 1,000만 개 변이를 만들면 한두 개는 좋은 게 나올 수 있겠다, 해서 이렇게 해요. 근데 지금은 더 합리적인 방법으로, 계산을 해서 예측을 한다거나 하는 방법을 생각해볼 수 있겠죠.

이런 식의 방법으로 성능이 좋은 변이체를 만들 수 있겠다, 그러면 이런 빈혈증의 환자는 어떻게 되느냐? 빈혈증이 어떻게 생겼다 이해는 했는데, 그럼 평생 빈혈증 환자로 살아야 되는 거냐, 그러면 안 되겠죠. 그래서 이렇게 변이가 일어난 것을 다시 원위치하면 좋겠다 당연히 그런 생각을 할 수 있겠죠. 그래서 우리가 이것을 유전자 치료라고 해요. 우리가 알고 있는 건 A가 들어갈 곳에 T가 들어가 있는 거다, 그럼 T를 다시 A로 바꿔주면 되잖아요. 근데 그 기술도 만만치 않지만, 생각지도 못하는 부작용이 일어날 수도 있겠죠. 어떤 특정한 부분에 T가 바뀌어야 돼야 하는데 다른 데 있는 것을 건드리면 큰일 나잖아요. 그래서 이런 것이 유전자 치료의 어려운 점이고 한계겠지만 그래도 노력을 해보자 해서 지난 20년 동안에 많이 발전을 하고 있어요.

오늘의 얘기는 돌연변이라고 하는 게 뭐냐? 뭔가 바뀌는 거다. 무엇에 의해서 바뀌는 거냐? 그리고 바뀌면 이게 결과적으로 좋은 거냐, 나쁜 거냐? 이런 생각을 해봤어요.

생각할 이슈들

- PCR을 하기 위한 PCR 장치의 구조는?
- 우리 몸의 유전자가 잘못되어 있는 경우 유전자 치료gene therapy를 할 수 있다. 세부적인 기술과 과제는?
- 우리 몸의 유전자에 변이가 생기지 않게 하려면?

유전자 조작

연구실에서 어떻게 최신 바이오테크놀로지가 이루어지고 있는지, 어떤 기술들이 있는지 여러분 많이 궁금하죠? 대학 입학할 때 생명과학, 생물공학 이런 것, 다들 드라마나 영화 같은 데서 많이 접하면서 유전자 분석하고 누가 범인일까 찍어보고, 저 자식이 내 자식일까 찾아보는, 이런 기술들 굉장히 궁금했을 것 같은데, 이런 유전자들을 어떻게 찾는지, 지금까지 역사적으로 어떻게 찾아왔는지, 그리고 실제 어떻게 이용되고 있는지, 이런 걸 공부해보도록 하지요.

맨 처음에 공부할 내용은 이런 유전자들을 어떻게 찾는가 하는 것이에요. 생물 중에 가장 간단하고 원시적이라고 알려져 있는 생물이 원핵생물, 박테리아라고 하는 거죠. 핵이 아직 다 뚜렷하게 발달하지 않은 생물체라고 하는 것들, 그런 것들에서 어떻게 유전자를 찾을 수 있을 것인가? 물론 동물처럼 고등한 생물들이 어떻게 생겼는지, 어떻게 부모자식끼리 닮았다든가 이런 것들도 궁금하겠지만 과학적인 입장에서는 제일 간단한 거부터 시작을 하게 되잖아요.

대장균이 실험실에서 가장 많이 쓰이는 미생물이에요. 여러분 뱃속에도 잘 살고, 잘 크고, 하룻밤만 키우면 플라스크 안에 바글바글하게 자라요. 잘 자라니까 우리가 쉽게 실험을 잘 할 수 있는 생물 중의 하나죠. 그리고 유전자가 상당히 잘 바뀌는 미생물들 중 하나예요. 플라스크에 액체 배지—미생물 영양분—를 넣고 여기다 접종을 해요. 대장균을 접종을 한 다음에 지금은 유전공학적인 방법으로 돌연변이를 만드는 방법들이 많이 생겨났지만 예전에는 원시적으로 여기다 돌연변이를 만드는 화학 물질을 처리하든지 자외선 이런 것을 쬐어 주어서 자연적으로 유전자에 돌연변이를 만들었어요. 배양접시plate에다가 이번에는 고체 배지를 만드는데요, 아가나 한천 같은 것을 배지랑 함께 넣어서 한천 성분을 끓여서 굳히면 이게 고체 성분으로 말랑거리는 젤 상태가 돼요. 여기다 플라스크 배양액을 부어서 잘 깔아요. 하룻밤이 지나면 미생물들이 군집을 이루면서 크게 돼요. 이걸 뭐라고 하는지 배웠어요? 이런 군집들을 콜로니colony라고 해요. 익숙하죠? 이런 콜로니들을 배지에 깔아서 키우면 하나하나 쑥쑥 자라게 돼요.

예를 들어 대장균에서 히스티딘histidine을 생합성하는 데 관여하는 효소의 유전자를 어떻게 찾는지 생각해보지요. 처음 하는 일은, 히스티딘 생합성 유전자에 변이가 생겨 효소를 생산하지 못하는 변이된 대장균을 찾는 거예요. 어떻게 만들 수 있어요? 대장균을 돌연변이원에 노출시킨 후 히스티딘이 있는 배지에서 키워서 정상적인 대장균이든, 히스티딘을 생합성할 수 없는 대장균이든 자라게 하는 거예요. 그러면 콜로니colony가 생기죠. 이 콜로니들에서 일부를 취하여 히스티딘이 없는 배지에 옮겨 키워요. 그러면 히스티딘을 생합성 못하는 변이대장균은 자라지 못해요. 이 결과로부터 처음 콜로니 중 어떤 것이 히스티딘을 생합성 못하는 것인지 알 수 있게 되지요. 다음 단계는 무엇일까요? 정상적인 대장균으로부터 DNA 라이브러리를 만들고, 이것을 플라스미드로 만들어 히스티딘을 합성 못하는 대장균에 형질 전환시켜요. 그 다음에 다시 히스티딘이 없는 배지에서 키우면 히스티딘을 합성할 수 있는 효소유전자가 옮겨진 대장균은 자라게 돼요. 그러면 그 다음 히스티딘을 합성 못하는 변이대장균과 히스티딘이 없는 배지에서도 자라는 형질전화된 대장균의 DNA를 분석, 비교하면 되겠지요.

미생물에서는 이렇게 돌연변이를 만들었고 이것으로부터 어떤 유전자가 히스티딘 생합성에 관계가 있는지 찾아낼 수 있다는 이야기를 했어요. 이게 조금 고등한 생물로 가면 이야기가 복잡해지죠. 단순히 미생물이 아니고 주변에서 흔히 볼 수 있는 사람들에 관련된 것들, 어떤 사람은 병에 걸리는데 집안 대대로 내려오는 병인 것 같다, 그러면 분명 유전자와 관련이 있을 것 같긴 한데 잘 몰라요. 왜냐면 이렇게 원핵생물, 또는 하등미생물 같은 경우에는 굉장히 단순하게 조작을 할 수가 있지만, 사람 같은 경우에는 조작을 해서 유전병이 어떻게 유전되는지 찾기가 굉장히 힘들어요. 사람은 오래 살고, 병이 늦게 발병하는 경우들이 많죠. 아기 때는 병에 잘 안 걸리죠. 물론 그렇지 않은 유전병도 많이 있지만 오래 사는 경우에는 굉장히 힘들게 되고, 미생물 같은 경우에는 짝짓기도 우리가 맘대로 지어줄 수 있지만, 사람은 결혼도 함부로 못 시키잖아요. 그래서 실제로 우리가 유전학을 연구하는 데 어려움이 많아요. 그래도 해야 하니까 어떻게 하느냐? 원핵생물 다음 단계가 뭐죠? 진핵생물, 핵이 핵막이 뚜렷해서 그 안에 유전자가 담겨 있는 생물들. 그 중에서 간단하다고 알려져 있어서 유전자 조작을 하는 생물이 효모에요. 술, 빵 만드는 효모. 효모는 실제로 실험실에서 유전자 조작을 할 수 있는 방법들이 굉장히 많이 개발되어 있어요. 그래서 진핵생물 중에서는 가장 쉽게 유전자 조작을 할 수 있는 생물이 되겠고, 또 여러분 잘 아시는 모건 생각나요? 고등학교 때 배운 생물학자 모건Thomas Hunt Morgan, 초파리연구자죠. 초파리는 굉장히 잘 자라잖아요. 방 한구석에다 바나나 같은 것 하나 달아놓으면 떼거지로 자라잖아요. 그럼 초파리들을 마취해서 이것이 어떻게 변했는지 관찰하는 연구를 했죠. 이런 초파리들도 옛날부터 유전학 연구에 많이 이용되어 왔기 때문에 이런 식으로 돌연변이하는 기술들이 많이 발달해 있어요.

동물 같은 경우에는 표현형질을 보고 생각을 많이 하는데, 표현형질을 보고 유전병을 진단한다거나 유전자를 진단하는 경우가 있어요. 그래서 이런 경우에는 실제로 유전자를 시퀀싱해요. 세상의 몇몇 사람들은 자신의 유전자정보를 다 알고 있어요. 그런 사람도 있는데 평범한 사람들이 자기 유전자 정보를 다 알아서 그게 어떤 기능을 하는지 알기는 아직 힘들어요. 그런데 사람들이 뭘 알아냈냐면 유전자 표지genetic marker라는 걸 알아냈어요. 유전자 표지가 뭐냐면 유전병이 있는 사람은 어떤 유전자 특징을 가지고 있더라. 유전자 표지를 많이 이용하게 되는데 그 중에 대표적인 게 RFLP에요. 이런 용어를 알았으면 좋겠어요. 뭐냐면 제한효소 단편 다형성Restriction Fragment Length Polymerphyism. 유전자에 제한효소를 처리하면 특정한 서열을 잘라요. 그런데 이 조각은 사람마다 길이가 다른 거예요. 유전자 정보는 정확히 모르겠지만, 사람마다 이 크기가 다르기 때문에 이 크기를 비교해서 얘가 어떤 유전적 특징이 있을 것인지 추측할 수 있어요. 예를 들면 정상사람의 특정부분 유전자 길이와 겸형적혈구빈혈증에 걸린 사람의 유전자 길이는 달라요. 흑인들이 병에 많이 걸리는데, 적혈구가 모양이 동그랗지 않고 낫처럼 휘어져 있는, 이게 단백질 모양이 변성돼서 그러는 건데, 그 경우 산소를 잘 못 운반해요. 그러면 산소 공급이 원활하지 않으니까 빈혈로 쓰러지는 거죠. 단순히 밥을 안 먹어서 쓰러지거나 하는 병이 아니라 그냥 길가다 픽 쓰러지는 병인데 이런 병들이 예전부터 유전적으로 많이 나타나요. 부모가 그러면 자식도 많이 그러고, 유전자 정보도 옛날에는 잘 몰랐겠죠. 그런데 정상적인 사람들과 겸형적혈구병에 걸린 사람들의 유전자를 제한효소로 처리하여 비교하면 정상적인 사람의 경우 끊기는 부위와 환자의 경우가 달라요. 예를 들면 정상인은 4조각, 환자는 3조각이 나겠죠. 그러면 이 길이는 어떻게 비교할 수 있어요? 아가로스 젤을 만들고 여기에 DNA를 넣어서 전기영동한 후 염색하면 차이가 나겠죠. 이게 RFLP, 사람마다 제한 조각의 길이가 다르더라. 이런 게 나타나는 경우도 있고 안 나타나는 경우도 있고 그래요.

또 한 가지 용어 알고 갑시다. SNP. 보통 부를 때 스닙이라고 불러요. 단일염기변이Single Neuclotide Polylmerphyism. 염기 한 개가 바뀐 변이에요. 유전자 서열딱 하나가 다르다는 이야긴데 이 겸형적혈구병도 스닙의 하나에요. DNA 정보가 바뀌었겠죠. 이 염기 자체에 스닙이 일어난 거예요. 그래서 고등한 생물들은 DNA 시퀀싱을 해서 나타나는 현상들을 발견해서 유전병의 가능성을 검사해요. 내가 겸형적혈구병인데 자식이 그런지 궁금할 수 있잖아요. 그러면 유전자 검사를 해보는 거에요. 그러면 유전병의 유무를 알 수 있겠죠. 그래서 이렇게 유전자 자체를 연구하는 게 아니고 그거와 연관된 유전자 표지를 연구하죠. 동물들에게는 저런 유전자 표지가 있는 것을 연구하는 것이 일반적이죠.

또 A라는 사람은 어떤 반복되는 서열을 5개를 가지고 있어요. 그런데 B라는 사람은 이 앞뒤는 똑같은데 이 반복되는 서열이 7개까지 있다고 칩시다. 실제로 이래요. 무슨 유전자인지는 모르는데 사람마다 반복되는 개수가 달라요. 어떤 사람은 5개가 있고, 어떤 사람은 7개가 있고 그래요. 이게 기능이 없는 유전자라 하더라도 개수가 다른 거죠. 그러면 우리가 여기에 프라이머를 붙이고, 그 다음에 PCR을 통해 DNA 증폭을 해요. B가 더 길잖아요. 이것도 일종의 유전자 지표겠죠. A랑 B랑 이런 식으로 크기가 차이 나는 것, 이것도 역시 한 가지의 유전자 지표가 돼요. 이것을 수사에 많이 사용해요. 어떤 수사에 많이 쓸까? 용의자가 있어요. A가 있고 B가 있어요. 내가 범행 현장에서 발견한 머리카락에서 DNA 서열이 나오는 거죠. 증폭된 조각이 나오면 A랑 B 중에 범인이 A겠구나, 라고 파악을 해요. 또 이걸 어디 사용할 수 있어요? 친자 확인. 자식이 내 자식인지 알 수 없으면 친자 확인을 해요. 이렇게 간단하게 나오지는 않고 복잡하게 나오게 돼요. 특히 친자 확인의 경우에는 엄마 것, 아빠 것으로 이루어져 있기 때문에 한 사람만의 DNA로 이루어져 있지는 않죠. 그래서 유추해서 하게 돼요. 아기는 엄마로부터 상동염색체 하나, 아빠로부터 상동염색체 하나 이렇게 받죠. 사람의 염색체는 몇 개로 구성되어 있어요? 쌍으로 존재를 하게 되죠. 1번이 2개, 2번이 2개, 이렇게 해서 쌍으로 존재하게 돼요. 예를 들어 생각해봅시다. 우리 엄마는 1번 염색체를 a라는 종류와 b라는 종류의 상동염색체를 가지고 있는데 아빠는 c라는 염색체와 d라는 염색체를 1번에 가지고 있어요. 같을 수도 있지만 다르다고 가정을 해보고, 그러면 아이는 이 두 개에서 하나씩 받은 조합으로 이뤄져야 해요. 그래서 ac나 ad나 bc나 bd의 조합을 가진 상동염색체, 이런 4종류 중의 하나의 조합을 가져야 하죠. 엄마한테서 한 형질을 받았으면 아빠한테서 한 형질을 무조건 받아야 하는 거죠. 그래서 지금 엄마한테서 안 나타난 조각들은 무조건 아빠가 가지고 있어야 해요. 그래서 아이의 잠정적인 아빠는 이 조각을 무조건 가지고 있는 사람이 되어야 하는 거예요. 이렇게 해서 우리 아빠가 진짜 누군가 찾아볼 수 있죠. 그래서 아빠가 맞구나 하고 확인을 할 수 있겠죠. 이런 식으로 친자 확인, 범인 수사에 활용되는 DNA 기술들이 있어요. 그리고 이제 이 기술들 이름이 뭐라고 불리기 시작하냐면 DNA 지문DNA fingerprint이라고 불려요.

교차가 일어날 수 있어요. 교차는 당연히 상관 있는데, 그래서 항상 100% 정확하다고 할 수 없어요. 그런데 이게 증폭된 경우에는 교차가 일어나서 변화가 있다고 해도 비슷한 패턴으로 나타나게 돼요. 원리는 이렇다는 거고 거기서 유추해 볼 때 DNA 조각이 분명 1개가 아니고 여러 개가 나오니까 유추의 가능성은 있는 거예요. 요새는 계통 분류학에서도 많이 이용해요. 계통 분류학에서 사람의 DNA만 가지고 분석하는 게 아니고 동물들, 혹은 더 하등한 생물들을 DNA 분석해서 이것의 기원이 어딘지, 어떤 동물에서 어떤 동물로 분화돼서 나왔는지 알아내요. 옛날에는 어떻게 했어요? 이 둘이 서로 닮았네, 얼마나 닮았나, 다리는 몇 개냐, 내장 기관은 어떻게 생겼나, 신경계는 어떻게 생겼나 이걸 다 분석해서 점수를 매겨서 하니 정확하지 않죠. 요새는 이걸 다 DNA 분석을 합니다. DNA 분석을 해서 계통수를 그리죠.

여기서는 DNA 지문 이런 것들을 배웠는데, 요새는 이런 기술이 더 발달해서 DNA chip, RNA chip 같은 것들이 나와요. 다양한 종류의 DNA 조각들을 작은 칩에 올리고 DNA 샘플을 처리를 했을 때 색깔이 나게 해요. 그러면 나중에 유방암에 걸릴 확률이 있네, 겸형적혈구병이 있네, 이런 식으로 바로 파악이 되죠. 그러나 그렇게 나왔다고 100% 걸린다는 것은 아니에요. 왜냐면 가능성은 높지만 교차가 일어나기도 하고 유전자 지표가 있다고 해서 그 유전자를 가지고 있다는 이야기는 아니니까, 단지 그런 현상이 비슷하게 나타난 거니까, 하지만 그 가능성은 알아볼 수 있죠.

여러분 영화 '아나스타샤' 봤어요? 실화예요. 아나스타샤가 러시아 로마노프 왕가의 마지막 공주예요. 이야기 들어봤어요? 유럽의 왕가들은 다 어디서부터 와요? 영국. 영국이 잘 살 때 영국 여왕의 딸들이 유럽 각국으로 시집을 갔죠. 러시아, 스페인 같은 데로요. 어쨌든 러시아 로마노프 마지막 차르가 영국 여왕의 딸과 결혼했어요. 결혼해서 살았는데 영국 여왕 혈통 중에 혈우병 유전자가 있었죠. 혈우병, 피나면 혈소판이 작동 안 해서 혈액 응고가 잘 안 되는 병. 그런데 이 공주가 러시아로 시집을 가서 아이를 낳았는데 딸을 넷 낳고 마지막에 아들을 낳았는데 그 아들이 불행히 혈우병을 가졌어요. 그래서 이 아들을 살리기 위해서 별 노력을 다했죠. 지금은 혈우병을 약으로 치료하지만 그 당시에는 30~40년 살면 죽는 병이었어요. 그래서 떠돌이 수도사가 나타났어요. 내가 이 병을 고치겠다. 민간요법을 동원해서 실제로 낫는 것처럼 한 거죠. 그래서 차르와 황후의 신임을 사서 나라의 정치를 좌지우지하는 인물이 돼요. 그것이 발단이 되서 러시아 혁명이 일어나는 거죠. 이 사람 때문에 못살게 되니까 혁명이 일어나서 로마노프 왕족이 다 총살당해요. 그 후에 유골을 발굴해 봤는데 유골 하나가 없는 거예요. 아기 유골 하나가. 나머지 가족들은 다 총살당했는데. 그래서 이 남은 유골의 주인을 찾아서 로마노프 왕가를 재건하자는 세력이 있겠죠. 그래서 이 여자를 찾아요. 그런데 진짜 나타나. 독일에서 안나 앤더슨이라는 기억상실증에 걸린 여자가 나타나서, 누가 학습을 시켜서 그런 건지 진짜인진 모르지만, 러시아 이야기를 너무 잘 아는 거예요. 어쨌든 이 사람은 잘 살았어요. 지금은 죽었는데 죽고 나서 진짜인지 궁금하잖아요. 그래서 이 사람이 옛날에 수술을 했을 때 남아있는 조직을 보관하는 의사가 있었대요. 그래서 그걸 찾아서 누구랑 비교해봐야 할까요? 이 사람 친척이라고 생각되는 사람과 해야 하잖아요. 로마노프 왕가는 다 망했고, 지금 영국 여왕의 남편이 사촌이에요. 영국 여왕의 남편의 할머니가 이 여자의 할머니인거야. 그래서 이 남자의 DNA와 이 여자 조직의 DNA를 분석을 하게 되겠죠. 그 결과가? 결론은, '아니다'였어요. 죽은 다음에 그렇게 나왔어요. 여자가 죽었으니 로마노프 왕가는 다시 일어설 수 없겠지만, 실제로 그 여자가 희대의 사기꾼이라고 판명 나기도 했죠. 이렇게 사람 유전자 분석할 때 미토콘드리아 DNA를 많이 써요. 미토콘드리아가 뭐죠? 세포면 세포의 핵이 있고 핵 말고 다른 세포 소기관도 많이 있죠. 미토콘드리아는 세포 호흡에 관련해서 굉장히 중요해요. 이 미토콘드리아가 진화학적으로 예전에 따로 있는 세포였다는 이야기가 있어요. 이 세포들이 합쳐져서 하나의 세포가 되서 발전하기 시작했다고 해요. 그래서 미토콘드리아 자체에 DNA가 있어요. 그래서 사람 분석할 때는 우리가 핵의 DNA 보다 미토콘드리아의 DNA 분석을 더 많이 해요. 왜 그러냐면 사람이 만들어질 때 정자와 난자가 만나 합쳐지잖아요. 그런데 정자는 핵만 난자에게 주죠. 그럼 여기서 핵 분열이 일어나면서 사람이 되는 건데 미토콘드리아는 난자로부터 와요. 그래서 여러분의 미토콘드리아 DNA는 아빠한테서 온 게 아니고 무조건 엄마한테서 온 거예요. 그래서 아까 이야기했던 것처럼 영국의 필립 공, 여왕 남편의 미토콘드리아 DNA가 엄마로부터 온 것이라는 가정하에 분석을 한 것이에요.

생각할 이슈들

- 우리 몸의 질병에 관련된 유전자는 어떻게 찾을 수 있을까?
- 유전자가 정상적인 유전자와 다르게 변형되어 있다고 반드시 질병에 걸리는 것은 아니다. 이러한 현상은 어떻게 설명할 수 있을까?

유전공학

Genetic Engineering. 우리 말로 유전공학이라고 하죠. 유전자가 있다는 것을 알았으니 이젠 더 나아간 응용을 생각해야지요. 유전자를 조작해서 뭔가를 만드는 거예요. 왜 할까요? 기본적인 이유는 기능을 알기 위해서예요. 내가 이 유전자를 찾았는데 뭔지 몰라. DNA 서열만 가지고는 뭔지 몰라요. 그러면 이 기능이 들어 있는 생물을 만든다거나 이 기능을 없앤 생물을 만드는 거죠. 그러면 기능의 유무에 따라서 이 유전자가 어떤 기능을 하는지 유추를 할 수 있어요. 또 하나는 기술적으로 뭔가를 만드는 거예요. 인슐린을 만드는 대장균 같은 것. 인슐린 만드는 대장균 들어봤죠? 당뇨병 걸린 사람들은 심하면 때때로 인슐린 주사를 해야 하니 대량으로 만들어 팔아야 할 거 아니에요. 그런데 인슐린 어디서 나와요? 사람 이자에서 나와요. 그걸 만들어야죠. 그걸 예전에는 돼지 이자에서 만들었어요. 그런데 이 인슐린이라는 것도 단백질이기 때문에 대장균에서 만들 수 있어요. 유전공학을 이용하여 인슐린 유전자를 가지고 있는 대장균을 만들면 싼 가격에 인슐린이 만들어지는 거예요. 유전공학을 그렇게 이용하는 경우가 있죠. 한번 볼까요? 내가 대량 생산하고 싶은 단백질이 있어요. 생물 연구실 가면 이런 것 해요. 대장균 가지고 유전공학하고, 혹은 조금 더 고등한 효모를 가지고 유전자 집어넣고 이걸로 단백질 만들고 정제하고 이런 것 하고 있어요. 효모는 조금 고등한 생물이에요.

성장 호르몬 경우를 한번 생각해 볼까요? 사람의 성장 호르몬을 내가 대장균에 발현시키고 싶어요. 그러면 사람의 성장 호르몬을 만드는 유전자를 찾아야겠죠. 그런데 우리 사람에서는 DNA에 엑손exon과 인트론intron이 있어요. 전사라는 과정을 통해서 $mRNA$가 만들어지죠. 여기서 스플라이싱splicing이라는 과정이 일어나죠. 인트론이 잘려나가는 거예요. 엑손exon만 남게 되죠. 그래서

mRNA가 만들어져요. 그러면 여기 있는 엑손과 인트론으로 나눠져 있다고 하면 이 mRNA는 인트론 제거하고 엑손만 가진 녀석이잖아요. 그래서 내가 만약 이 엑손만 가지고 만들어진 mRNA에 의해서 성장 호르몬이 번역과정에 의해 단백질로 발현된다고 하면 실제로 이 DNA는 다 이용되지 않는 거죠. 그래서 우리가 유전공학을 할 때는 mRNA로부터 역전사reverse transcription를 해요. 그러면 이 엑손의 정보만을 가지고 있는 DNA가 만들어지게 되는데 이걸 우리가 cDNA라고 불러요. 이렇게 진핵생물은 조금 복잡하니까 거꾸로 cDNA를 만들게 되는 거죠.

자, 그럼 저 cDNA를 만들었으면 이게 들어간 대장균을 만들고 싶어요. 그런데 선형의 DNA를 그냥 대장균에 넣으려고 섞어줘도 잘 들어가지 않아요. 그래서 이걸 옮겨주는 운반체가 필요해요. 그걸 우리가 벡터vector라고 부르죠. 이 벡터를 옛날에는 실험실에서 만들어 사용했는데 지금은 생물공학 회사에서 만들어 팔고 있어요. 돈 주면 다 살 수 있어요. cDNA 정보를 벡터에 집어넣어요. 벡터를 보면 어떻게 생겼냐면 보통 크게 복제개시점이 있어요. 또 프로모터promotor라는 게 있어요. 프로모터는 여기에 전사 인자, 중합효소가 붙어서 이어나가게 되는 부분이에요. 보통 많이 쓰는 프로모터는 락lac프로모터. 그래서 락토스 같은 거 넣어주면 이 뒤의 유전자가 발현돼요. 락토스 프로모터라고 한번 찾아보세요. 락토스 프로모터 다음에 여러 유전자를 가지고 있는데 이것은 락토스가 들어오면 락토스를 소화시킬 수 있는 효소를 만들기 위해 만들어 둔 거에요. 제한효소 처리를 해서 특정 염기서열부분을 자른 다음에 여기에 원하는 cDNA를 집어넣을 수 있게 한 벡터가 있어요. 이런 식으로 응용된 벡터를 사서 내가 만든 cDNA를 집어넣어서 유전자를 재조합해요. 그 다음에 어디다 집어넣어야 해요? 이것을 형질전환하면 이 세포의 원래 유전자도 있겠지만 그것 이외에 재조합 벡터가 들어간 모습으로 나타나는 것도 있겠지요. 그럼 이것을 액체 배지에서 배양하면 성장 호르몬을 만들 수 있는 벡터가 있는 대장균이 자라게되는 거죠. 아까 이야기한 것처럼 락토스를 배지에 넣으면 락토스 다음에 있는 *cDNA*가 발현이 되기 시작해요. 그러면 여기다 락토스, 또는 실험실에서는 락토스 대신 락토스와 비슷한 구조를 가진 화학물질을 넣어서 유도를 시키면 성장 호르몬이 생합성되기 시작하겠죠. 이런 식으로 유전공학이 이루어져요.

우리가 클로닝cloning이라고 하는 단어를 많이 써요. 클로닝이라고 하는 것이 뜻이 뭐죠? 보통 유전자 클로닝한다, 라는 말을 많이 쓰는데 한번쯤은 정의를 생각해보고 지나가는 게 좋을 것 같아요. 어떤 것이든지 동일한 카피copy를 만들어내는 거다. 그래서 DNA에 동일한 카피를 갖는 걸 만들어내는 것을 'DNA를 클로닝한다'라고 해요.

이렇게 유전자를 재조합하는 과정에서 유전자를 운반하는 걸 우리가 운반체vector라고 하는데 유전자를 자르고 붙이는 게 가능하다, 그런 얘기를 했죠. 그래서 바이러스 내성을 갖고 있는 박테리아를 잘 연구해보니까 DNA를 자르거나 붙이는 효소도 있는데, 그런 방법으로 유전자를 어디 잘라서 어디다 붙일 수도 있겠다, 생각을 누구나 할 수 있겠죠. 그래서 누가 그 방법을 처음으로 만들어내느냐 또는 성공하느냐 그런 게임을 하는 거죠. 생각은 다 비슷해요. 우리가 무슨 생각을 하면 다른 사람도 다 비슷한 생각을 하고 있는데, 그걸 누가 먼저 구현하느냐 하는 게임이 이 세상에서 일어나는 것 같아요. 어떤 생각은 천재 한두 사람만 하느냐? 그렇지는 않을 거예요. 보통 Apple의 iphone, ipad 이런 게 천재 한 사람의 머리에서 나왔다고 생각을 하는데, 나는 그렇게 생각을 안 해요. 좋은 생각을 하는 사람들이 많이 있는데, 그 생각을 받아들인 거죠. 그래서 나 혼자만 새로운 생각을 한다, 그런 생각보다는 다른 사람들의 생각을 내가 잘 정리를 해서 기술을 개발한다, 이런 생각을 하는 게 더 적극적이지 않나 해요.

그러니까 유전자를 잘라서 어디에다 집어넣어야 되겠다, 어떤 방식으로 집어넣어야 되겠냐? 사람들이 그런 생각을 많이 했겠죠? 그럼 우리 자연계에서 일어나는 그런 사례가 뭐가 있을까? 아까 DNA를 자르는 것도 바이러스의 내성을 가진 박테리아에 있는 효소로 잘랐다고 했는데, 그럼 유전자를 운반하는 것도 어딘가는 그런 기능을 하는 게 있을 거다, 그런 생각을 해요. 그래서 사람들이 찾아본 것이 뭐냐면 아그로박테리움 *Agrobacterium tumefaciens*이라는 박테리아가 있는데 이 박테리아는 식물, 특히 나무에 기생을 해요. 그래서 이 박테리아가 나무에 달라붙어서 자기의 유전자 DNA를 식물세포로 집어넣어요. 그러면 식물세포의 유전자가 남의 것을 받아들여서 변화가 생기겠죠. 그러면 나무조직이 울퉁불퉁하게 되고 이걸 뿌리혹crown gall이라고 하는데 이런 식의 종양 같은 모습으로 나무의 세포가 변화가 되는 거죠. 그래서 숲에 가면 나무가 자라는 어떤 부분에 혹들이 있는 것을 보게 돼요. 그게 뭐냐면 이런 아그로박테리움이 유전자를 집어넣어서 변형이 된 거다. 우리가 알고 있는 게 그거예요. 유전자를 어떻게 해서 집어넣을까? 처음 생각할 수 있는 것은 아그로박테리움에 있는 유전자 운반체가 뭔가 사람들이 조사를 해보니까 Ti 플라스미드plasmid이다, 그러니까 여기다가 집어넣을 수 있겠다, 생각을 할 수 있는 거죠. 박테리아 경우에는 핵이 있으면 여기에 큰 염색체chromosome 유전자가 있고, 그 다음에는 조그만 플라스미드라는 유전자를 가지고 있어요. 그 유전자가 왜 두 개 있느냐? 우리가 생각하기에는 큰 유전자 한번 움직이려면 덩치가 커서 시간도 많이 걸리고 힘도 많이 들 것 같아, 그래서 어떤 비상상황에 대응하기 위한 유전자는 쉽게 발현, 작동이 돼야 되는 거다, 라고 생각을 해요. 그래서 이 플라스미드는 단순한 그런 비상상황에 대응하는 유전자 조금만을 가지고 있는 그런 유전자들의 집합체고, 그래서 이런 것이 우리가 다루기도 쉽고, 우리가 나무에서도 이런 현상을 관찰했기 때문에 그러면 플라스미드를 이용하자고 생각을 한 거죠. 플라스미드

Tip 이 아그로박테리움에 대해서 얘기를 더 하면, Ri 플라스미드를 가지는 또 다른 아그로박테리움*Agrobacterium tumefaciens* 종류는 식물세포에 침입하면 식물세포가 뿌리 같이 자라게 되는데 이것을 모상근hairy root이라고 해요. 그래서 이 종류의 아그로 박테리움은 아주 가느다란 뿌리, 인삼처럼 가느다란 뿌리, 머리카락 같은 모상근을 자라 게 해요. 모상근에는 박테리아 유전자가 들어왔기 때문에 박테리아의 특성을 가지고 있 어요. 박테리아 특성이 뭐냐면 굉장히 빨리 자라요. 그러니까 식물세포는 박테리아보다 는 무지 느리게 자라요. 어떤 사람들은 식물세포 배양을 하라고 하면 아무 소리 안하고 하는데, 어떤 사람들한테 하라고 하면 무지무지하게 느리게 자라서 답답하대요. 그래서 배양을 해서 제대로 샘플을 얻으려면 보름, 한 달이 걸려요. 그러니까 지겨운 거예요. 그 래서 하는 방법이 뭐냐면 거기다가 이 아그로박테리움을 감염시켜서 모상근으로 만들어 서 빨리 자라게 해요. 그러니까 어떤 특성을 줘서 배양하는 데는 유용해요.

라고 하는 유전자의 서열이 어떻게 돼 있는지는 분석해보면 아는 거고, 적당한 데 잘라서 우리가 찾은 유전자를 여기다 끼어 넣으면 되지요. 그렇게 해서 유전 자 조작을 하는 유전자 운반체로서 플라스미드를 맨 처음에 사용을 했어요.

특정 유전자가 재조합된 플라스미드를 만들어서 이것을 세포에다 넣으면 그 세포가 이 유전자를 가지고 있는 세포가 되겠죠. 그래서 미생물도 세포 하나 가 그 자체이고, 식물세포, 동물세포, 곤충세포 다 통틀어서 이런 플라스미드를 세포에 어떻게 집어넣느냐? 그래서 현미주입법micro injection, 화학적이나 물리적 인 방법, 유전자 총, 전기를 걸어서 집어넣는 방법, 어떤 화학물질을 옆에 놔두 면 빨아들이기도 하는 여러 가지 방법이 알려져 있기 때문에 이것은 별로 어렵 지 않다.

어쨌든 유전자 재조합된 플라스미드를 어떤 미생물에 넣으면 모든 미생물 에 이 플라스미드가 다 들어가느냐? 그 다음에 이 플라스미드가 있는 미생물, 또는 세포가 이렇게 2개가 4개가 되고 이런 식으로 계속해서 이것이 증식할까?

첫 번째 케이스case에는 플라스미드가 안 들어가는 것도 있어요. 우리가 어떤 플라스미드, 예를 들어 인슐린insulin 생산을 하는 유전자를 집어넣은 것을 미생물에 물리적 또는 화학적으로 집어넣으려는데 안 들어가는 것도 있다. 그럼 어떻게 해야 돼요? 안 들어가는 것을 없애야 돼요. 그러니까 이 미생물 중에는 우리가 원하는 플라스미드를 가진 것도 있고 안 가진 것도 있다, 그러면 왜 없애야 되는 거냐? 교수가 없애라니까 없애는 게 아니고, 왜 없애야 돼요? 지금 우리의 목적은 이걸 키워서 인슐린을 만드는 게 목적인데 쓸데없이 재조합유전자가 없는 미생물을 키우고 있으면 아깝잖아요. 또 하나 문제는 뭐냐면 이런 외부에서 들어온 유전자를 갖고 있는 미생물은 외부유전자가 없는 것보다 천천히 자라요. 자기 몸에 뭔가 혹이 하나 있는 거예요. 그러니까 미생물의 성장 속도를 따지면 재조합 유전자가 없는 원래 미생물의 성장 속도가 더 빨라요. 그러니까 가만히 내버려두면 우리가 볼 때는 쓸 데 없는 미생물이 더 빨리 많이 자라게 되고, 시간이 지나면 우리가 원하는 미생물은 조금밖에 없어요. 그러면 안 되는 거죠. 그래서 이걸 없애는 방법이 뭘까? 선택압력selection pressure이라고 하는 개념을 쓰는데 이 개념이 뭘까? '선택압력이 없으면 죽어라' 그런 거예요. 어떻게 죽이냐? 여기다가 우리가 인슐린을 만드는 유전자만 집어넣는 것이 아니라 예를 들면 어떤 항생제antibiotic에 대해서 내성을 갖는 유전자를 같이 집어넣어요. 그러니까 벡터에 어떤 최종산물, 즉 인슐린 관련되는 유전자를 집어넣고 그 옆에는 예를 들면 항생제에 저항하는 유전자를 집어넣죠. 그렇게 놓고 전체를 배양하는데 여기다가 항생제를 집어넣어요. 그러면 항생제 내성 유전자가 없는 미생물은 죽고, 유전자가 재조합된 미생물은 항생제에 견디니까 살아남아요. 이런 것을 우리가 선택압력이라고 얘기를 해요. 이런 방법이 있고 또 무슨 방법이 있을까? 다른 개념으로는 영양요구주auxotroph를 만들어요. 영양요구주라는 것은 어떤 특정한 영양요구성이라고 보면 되는데, 항생제 내성 유전자를 집어넣는 것 대신에 어떤 특정한 아미노산 하나를 만들어낼 수 있는 유전자를 집어넣어요. 그 다음에 그 특정한 아미노산을 빼고 키워요. 그러니까 배지에는 어떤 특정한 아미노산이 없으니까 특정 아미노산을 합성 못하는 미생물은 못 자라고 재조합된 유전자가 있으면 그 아미노산을 자기가 만들어내니까 자라요. 이런 방법 등을 써가지고 유전자가 안 들어간 것을 제거하는 방법도 있죠. 그 다음에는 눈으로 보는 것. 뭔가 이 두 개의 겉모양morphology 등이 차이가 날 수 있어요. 그래서 요새는 그런 것들도 체크를 해보려고 해요. 그런데 이것은 미생물 하나하나 봐야 되는 거니까 그렇게 좋은 방법 같지는 않아요. 그래도 최근에는 미생물 하나하나가 뭐가 차이가 날까, 이런 연구들을 많이 해요. 어쨌든 이런 식의 선택압력으로 우리가 원하는 특정한 유전자를 가진 것만 골라낼 수가 있어요.

초기에는 이렇게 플라스미드를 갖고 있는 미생물들을 배양을 했어요. 그래서 우리가 원하는 인슐린을 만들어냈는데 이 과정에서 또 문제가 생겼어요. 실제로 플라스미드를 갖고 있는 미생물을 키워보니까 기대와 다른 경우가 생기더라, 이런 거예요. 어떤 놈은 증식과정에서 플라스미드가 없어져요. 그러면 이게 어떻게 돼? 플라스미드를 갖고 있지 않는 것들이 훨씬 더 빨리 자라니까 시간이 가면 전체 80~90%는 플라스미드가 없는 그런 문제가 생겨요. 그러니까 플라스미드를 잃어버리는 건 왜 그러느냐? 우리가 용어로 그것을 플라스미드 불안정성instability이라고 얘기를 해요. 해보니까 증식과정에서 플라스미드가 없어지는 경우가 있더라, 왜 그러느냐? 잘 모르지만 생각을 해보면 몸속 세포 안에 외래 유전자를 갖고 있다는 게 부담이 돼서 스스로 없애는 그런 기능이 존재하는 거다, 라고 생각을 해요. 그러면 우리가 이런 것 안 좋아하니까 할 수 있는 방법은? 여기서 몇 가지 생각을 하는 거예요. 맨 처음에는 플라스미드를 그냥 하나 넣으면 된다고 생각했는데, 꼭 하나만이 아니라 여러 개 넣어도 되지 않겠냐? 여러 개 넣으면 하나쯤 없어져도 괜찮고 그래서 복제개수copy number를 늘리자는 연구도 했어요. 1990년쯤에는 어떤 사람이 나는 복제개수를 100개까지 올렸다, 그럼 세계신기록이다, 그런 멋있는 일을 했어요. 그래서 복제개수를 누가 많이 올리느냐 이런 것이 연구 토픽이 되기도 했지요. 또 어떤 사람은 복제개수 올려봤자 불안정성 문제를 근본적으로 해결할 수가 없는 거다, 그러면 어떻게 하냐? 처음에는 우리가 지식이 짧아서 아까 그 Ti 플라스미드를 이용을 했지만 왜 꼭 플라스미드를 이용을 해야 되는 거냐, 좀 골치가 아프고 귀찮아도 염색체에 직접 유전자를 조작하는 게 답이 아니겠느냐? 그래서 염색체에 원하는 유전자를 직접 삽입하는integration 쪽으로 연구가 시작됐고 염색체에 외부의 유전자가 들어가면 상대적으로 유전자가 안정하게 잘 보전된다, 라는 사실을 알았어요. 그래서 궁극적으로는 플라스미드가 아닌 염색체에다가 넣어야 된다, 그래야 이런 골치 아픈 문제가 안 생긴다, 이런 건 유전자 다루는 사람들이 하는 거잖아요. 또 다른 방법이 없을까? 그래서 유전자가 항상 발현이 돼서 항상 그 숙주 미생물에 부담을 주는 것보다는 처음에는 그냥 키우고 어느 단계에서 유전자를 발현시키는 것이 낫지 않겠냐? 그러니까 성장과 발현 두 단계로 분리하면 어떻겠느냐? 그래서 이 플라스미드에다가 어떤 프로모터 유전자를 집어넣어서 미생물을 많이 키운 다음에 이 프로모터에 우리가 신호를 주면 신호는 온도를 올릴 수도 있고 어떤 유도물질을 집어넣을 수도 있는 식으로 자극을 줘서 외부의 유전자를 발현시키면 좋겠다. 그래서 여기다가 프로모터를 집어넣어서 두 단계로 키우기 시작했어요. 그래서 1980년경에는 이 플라스미드의 불안정성 문제를 어떻게 해결하느냐, 그래서 이걸 가지고 공학하는 사람들은 수학모델로 최적의 유도 시기가 언제인지 이런 것도 계산을 해보고 했어요. 아직도 산업적으로는 프로모터를 넣거나 온도를 올려서 인간 성장 호르몬을 만들기도 해요. 어쨌든 지금은 여러 가지 방법들이 골고루 쓰이고 있답니다.

앞에서 숙주 세포, 미생물 얘기를 했는데 초기에는 이 플라스미드를 대장균에다가 집어넣었어요. 그래서 대장균을 가지고 인슐린이니 인간 성장 호르몬을 만들어요. 시간이 지나면서 몇 가지 문제가 생겼어요. 특히 재조합미생물을 이용하여 치료용 단백질을 만들어냈는데 이런 단백질은 주로 어디서 오느냐면 진핵생물에서 온다, 그러니까 효모, 동물세포라든가 고등 세포에서 만들어내는 단백질을 이런 저등한 대장균이 만들려니까 뭔가 진핵생물에 있는 어떤 메커니즘이 원핵생물에서는 없는 게 있고 그러면 이 단백질이 부정확하게 접히더라, 단백질이 잘 안 만들어지더라, 특히 당단백질glycoprotein. 단백질이 단백질 자체로 있는 게 아니라, 옆에 당이 붙은 형태로 있는데 그런 것들은 잘 안되더라는 문제들이 생기기 시작했어요. 어떻게 해결을 해볼까? 대장균에서 복잡한 단백질도 발현을 시킬 수 없을까? 그런 생각들을 했어요. 그 중에 하나가 대장균 안에서 단백질을 만들어내는데 그 속도가 너무 빠르니까, 그 합성되는 속도가 단백질이 접히는 속도보다 빠르니까, 단백질이 제대로 접혀지는 시간을 안 주니 막 엉켜요. 이걸 우리가 봉입체inclusion body라고 그래요. 그러니까 맨 처음에 만든 단백질은 봉입체 형태로 만들어졌어요. 봉입체는 단백질이라기보다 그냥 단백질 모양을 한 단백질이 갖고 있는 아미노산 순서만 맞는 쓸모가 없는, 즉 활성은 없는 거예요. 그러니까 단백질은 기하학적으로 올바른 모양을 가지고 있어야 하는데 그 모양이 제대로 안되니깐 쓸모가 없는 거예요. 그래서 이런 봉입체 형태로 만들어지니까 할 수 있는 방법은 여기에 특정 화학물질을 넣어서 단백질을 펴고, 다시 여기서 그 화학물질을 없애버리면 다시 재대로 접혀진 구조를 형성해요. 그래서 원래의 단백질의 모습을 하는 이런 순서가 추가적으로 필요해요. 그래서 꼭 이렇게 해야 되느냐? 아니죠. 그래서 그 다음에는 단백질이 만들어지면 바깥으로 내보내자, 내보내면 나가면서 접혀지게 되면 괜찮지 않을까 그래서 이것을 바깥으로 분비secretion시키는 연구들을 했어요. 그래도 한계가 있는 것이고.

이 단백질을 대장균에서 만들다 보니까 몇 가지 문제가 생겨서 이렇게 단백질을 분비시키는 연구도 하고 그랬는데, 결국 생각을 해보면 왜 대장균에게만 유전자를 집어넣느냐? 처음에는 우리가 아는 게 없어서, 대장균은 우리 몸 속에 대장에 있는 세균이니 우리가 연구를 많이 해서 잘 알고 있는 것이다. 메주, 청국장 이런 데 관련되는 미생물이 바실러스Bacillus예요. 그 다음에는 곰팡이 종류, 효모, 이런 데다 넣으면 어떠냐?

그래서 그 다음 단계는 이런 바실러스, 효모 이런데다가 유전자를 집어넣기 시작했어요. 그래서 많이 좋아졌는데 그럼에도 불구하고 사람 몸에서 나오는 항체 같은 단백질은 효모에서 만들어내도 문제가 있더라. 그러면 직접 포유동물의 세포에다가 집어넣자. 그래서 지금도 어떤 사람은 대장균에서 플라스미드 연구만 하는 사람도 있어요. 어떤 사람은 효모에 유전자 집어넣는 것만 해요. 이런 것이 대세인데, 이런 것을 연구하는 사람들은 많잖아. 그래서 나는 무슨 연구를 할까 머리를 쓰면 유산균. 유산균은 연구가 많이 되지 않은 중요한 거예요. 그래서 나는 유산균 가지고만 연구를 하겠다, 그래서 어떤 사람은 유산균의 유전자 조작이 연구 토픽이에요. 또는 어떤 사람은 보니까 이게 다 지나고 보면 그 다음에는 조류algae, 즉 미역, 다시마 등이다, 이런 것에서도 필요한 것들이 많이 나오니까 나는 조류 관련한 유전자의 대가가 되겠다, 하는 사람도 있어요. 그래서 이쪽 분야 사람들이 자꾸 많아져서 연구가 모든 종류의 미생물, 세포를 대상으로 확장이 되고 있지요.

동물복제

유전자를 플라스미드 또는 염색체에 집어넣고, 대장균에다가 집어넣는 것을 효모나 동물세포에 집어넣는 것을 봤어요. 그럼 이것이 전부냐, 이런 것만이 우리가 할 수 있는 거냐, 생각을 하면 또 다른 접근방법도 있어요. 어떤 A라는 동물의 체세포를 긁어서 세포를 얻고, 그러면 세포에는 핵이 있는 거다. 그 다음에는 B라는 동물에서 난자를 얻어서 난자도 역시 핵이 있으니 이것을 제거시키고, 이 난자에다가 A의 세포핵을 집어넣으면 B를 통해서 A를 복제할 수 있겠죠. 이걸 B라고 하는 암컷 자궁에 착상을 시켜서 여기서 개체를 얻는 거예요. 이것이 쉽게 되지는 않지만 이게 기본적인 원리예요. 그런데 이 과정에서 문제가 많이 생길 수가 있죠. 핵을 빼내는 과정에서 세포가 손상을 입는, 유전자를 빼내는 과정에서도 손상이 갈 수 있어요. 우리가 알고 있는 복제양 '돌리Dolly'를 만드는 방법이고, 2000년쯤에 와서는 우리나라에서는 어떤 교수가 복제소 '영롱이'를 만들었죠. 이렇게 해서 양을 만들고 소를 복제하고, 이런 일을 하다 보니까 가축을 다루는 많은 사람들은 가축을 복제를 하면 좋겠다, 그런 생각도 할 수 있어요. 10년 전에 이걸 실험하는 것을 봤어요. 겉으로는 단순해 보이는데 실험 테크닉이 손을 타는지 쉽게는 안돼요. 그러나 지금 2010년쯤에는 많은 이들이 해요. 10년이면 세상이 많이 바뀌는 거예요. 그래도 아직은 어려움이 많아요. 이제는 소, 개, 고양이. 미국 가면 어느 회사에서 돈 5,000~10,000달러를 주면 고양이를 복제해준대요. 내가 고양이를 데리고 잘 살다가 어느 날 고양이가 죽었어. 얼마나 슬퍼요! 그래서 10,000달러를 주면 똑같이 생긴 고양이 한 마리를 만들어준대요. 그런데 그렇게 만들어진 고양이는 내가 기른 고양이와 같을까요?

우리 수의대 교수는 개를 복제해서 '스누피'라고 했어요. 요새는 돼지 복제도 해요. 돼지는 왜 복제하냐? 좋은 품종을 만들기 위해서 그리고 인공장기를 만들기 위해서 유전자가 조작된 세포를 가져다주면 돼지를 복제해요. 그래서 이런 것은 이제 잘 하는데 아직까지 못하는 것은 호랑이라든가 그런 거예요. 복제는 이제 비즈니스 수준으로 오는 거예요. 그래서 젖을 많이 만들어내는 소를 복제를 해서 우리가 우유를 많이 먹는다, 또 어떤 것은 인공장기를 만들어내는 비즈니스가 돼요. 그래서 지금은 사람이라고 못할 게 없다. 그런데 이쯤 되면 윤리라고 하는 것이 문제가 돼요. 우리가 어디까지 복제를 허용하는 것이 좋은가, 사람을 복제하는 것도 좋은가, 아니면 개를 복제하는 건 어떻게 생각하느냐 등등. 사람 복제도 지금 누군가는 조용히 하고 있는지도 몰라. 그래서 이런 와중에 생명의 존엄성이란 게 뭔가, 가톨릭에서는 문제를 많이 지적해요. 이런 문제가 나오기 전에는 대리모가 진짜 엄마냐 가짜 엄마냐 이런 문제도 있었는데, 지금 그런 것이 지나가고 새로운 문제가 왔어요. 그 다음에는 줄기세포 가지고 하는 것은 어떠냐? 과학을 하는 사람들이 아무 생각 없이 연구하면 안 되겠다, 그렇게 생각을 하게 되는 거죠. 그 다음에는, 농약이 없어도 되는 그런 콩, 옥수수, 쌀 그런 것들을 만들어낸다. 이런 것들을 우리가 형질전환 동물, 형질전환 식물 이렇게 얘기를 하는데, 외부의 유전자를 가지고 있는 이런 식물이나 동물을 만들어내는 것, 소위 GMOgenetically modified organism에 대한 건 다음에 더 이야기하기로 하죠. 그래서 우리가 생각해야 되는 것은 이것을 어떻게 해야 되는 거냐? 그 간단한 테크닉을 이해하는 것보다, 이렇게 하는 것이 진짜 최상의 솔루션인가 생각해 보는거죠. 최상은 아닐 수 있어요. 그 당시에는 그것밖에 몰랐으니 그걸 했는데, 이젠 그것이 갖고 있는 문제를 해결해서 더 좋은 대안을 내는 것이고, 그 다음에는 미생물로부터 시작해서 동물에도 적용을 해보고, 식물에도 적용을 해보고, 나아가서는 사람한테도 못할 것이 없지 않느냐. 그런데 이럴 경우에 어떻게 해야지 인간으로서의 존엄성을 잃지 않으면서 쓸모 있는 일을 할 수가 있을까, 또는 어떻게 돈 버는 일이 없을까, 그래서 맨 처음에 1973년에 유전자 재조합 기술이 나오고, 돈벌이 되니까 어떤 사람은 얼른 벤처 회사를 만들었잖아요. 이게 돈 버는 기회 또는 어떤 좋은 일을 할 수 있는 기회가 돼요. 그래서 여러분은 어떻게 접근을 하는 게 좋은가 그런 생각을 하는 것도 의미가 있어요.

생각할 이슈들

- 우리가 유전공학 방법을 이용하여 생활이나 산업에 활용하고 있는 사례들은?
- 유전자가 재조합된 미생물을 안전하게 관리하는 방법들은?
- 유전자 조작으로 생명이 경시될 수 있는 경우는?

인체의 조절작용

우리가 이해하고 있는 것은 모든 생물, 생명체는 외부의 환경에 대해서 여러 가지로 대응을 하고 있다는 거에요. 그래서 외부 환경이 어떻게 변화하는지가 생물체에 굉장히 중요한 것들이 많을 테니까 거기에 어떻게 적절히 대응을 하는지 시스템을 이해하는 것이 본 강의의 목적이에요. 그래서 몇 가지 생각해 보면, 우리는 움직일 수가 있어요. 미생물도 움직일 수 있고 동물도 움직이고 곤충도 움직이는데 식물은 움직일 수가 없어요. 그래서 바깥에서 곰팡이라든가 세균, 또는 곤충들이 침입하면 식물은 그대로 당해야 하는 거니까 식물은 나름대로 외부의 침입에 대해서 적절한 보호장치가 필요한 거죠

> **Tip** 대표적인 것이 파이톤사이드phytoncide. 우리말로는 피톤치드라고 하지만 그건 한국식 발음이에요. 파이톤이라는 게 식물이란 뜻이고 사이드cide는 죽는다, 죽인다는 말이에요. 식물이 뭔가를 죽이는 거다. 그래서 식물이 내놓는 살충제, 그 살균제가 파이톤사이드예요. 대낮에 소나무가 파이톤사이드를 많이 내뿜는다, 또는 산림욕을 한다는 것은 우리가 파이톤사이드를 들이키는 거라고 이야기하는데, 기본적으로 나무가 벌레들이 싫어하는 성분을 내뿜는 거예요. 내 근처에 가까이 오지 말라고 하는 건데 다행히 사람한테는 좋은 거라고 되어 있는 거죠. 장미향이 좋아서 사람들은 연인한테 사랑을 고백할 때 장미꽃을 주기도 하고 향수도 만들어서 뿌리고 하지만, 기본적으로 향은 식물이 벌레를 쫓아버리는 수단인 거죠.

그래서 우리가 좋아하는 파이톤사이드 또는 향은 우리가 좋아할 뿐이지 기본적으로는 식물이 자기를 방어하는 1차적인 수단이에요. 또 2차적인 수단이 있어요. 나무가 있으면 이런 것들을 내뿜어서 벌레나 세균이 못 오게끔 하지만 그래도 들어오는 놈이 있겠죠. 그러면 나무줄기 바깥쪽 부분에 보호막을 쳐야 하는 거죠. 그래서 식물이 여러 가지 대사산물을 만들어서 나무줄기에 분비를 하고, 그래서 스스로를 지켜내는, 이런 것들이 식물이 외부 환경에 대응하는 거

Tip 요새 대학원 연구실에 인도 박사가 몇 가지 연구를 하고 있는데 그 중의 하나로 이런 걸 했어요. 후춧가루를 우리는 음식에 뿌려먹는 걸로만 생각하는데 인도 사람들은 감기 걸리면 후추를 잘게 갈아서 따뜻한 우유에 타서 마신대요. 인도 사람들의 아유르베다Ayreveda라고 하는 전통 인도 치료방법에 그런 게 있대요. 그게 뭐냐면 후추를 가늘게 분쇄해 표면적을 넓게 해서 우유에 타면, 우유는 지방성분도 있으니까 용해도가 높아지는 거예요. 따뜻하면 더 높아지는 거지. 후추 속에 있는 성분이 알칼로이드라고 알려져 있는데 이 알칼로이드는 기본적으로 물에 대한 용해도가 아주 낮아요. 그래서 물에 타봐야 녹지도 않고 이걸 먹어봤자 장에서 흡수도 잘 안 돼요. 그래서 경험적으로 생각한 게 따뜻한 우유에 녹여서 먹는 거예요. 그래서 감기 걸리면 후춧가루를 따뜻한 우유에 녹여서 먹는 게 한 가지 방법이래요.

　얼마 전에 미국에 갔더니 하버드대 교수가 새로운 항암제를 찾아냈다고 발표를 했는데 들어보니 그 성분이 이 알칼로이드예요. 그러니까 아주 복잡하고 어려운 과학적 연구를 해서 항암제를 만들어냈는데 이것이랑 똑같더래요. 경험적으로는 인도사람들이 평소에 많이 먹고 있는 거니까 내가 개발한 게 맞구나 하고 안심할 수 있었을 거예요. 그런데 이게 용해도가 낮아서 이것을 여러 가지로 화학 변화를 시켰어요. 그 다음 다시 약효와 용해도를 재보니까 서너 개가 좋은 것이 나오더래요. 그 후 지금 임상실험에 들어간 거예요. 용해도를 높이기 위해서 화학 변화를 시켜야 하는 거냐? 그건 아니죠. 다른 방법도 있어요. 다른 방법으로 해서 물에 대한 용해도를 높이는 방법이 있어요.

다. 이렇게 만들어내는 것들 중의 하나가 주목나무에서 만들어내는 탁솔taxol이고 이런 것들이 인간으로 보면 항암제로써 특효가 있다는 이야기를 했어요. 그래서 식물은 그 자체가 움직이지 않기 때문에 이런 방어적인 대사산물을 많이 가지고 있고 그래서 우리가 한약을 달여 먹으면 좋다고 하는 것도 이런 이유의 하나일지 몰라요. 식물은 그 자체가 세균이나 곤충의 위협으로부터 방어하는 수단을 여러 가지 가지고 있다는 이야기에요.

　그 다음에 미생물도 자기를 방어하는 수단이 많은데, 우리가 대표적으로 알고 있는 것이 항생제죠. 페니실리움이라는 곰팡이가 영양분이 없어서 비실거릴 때가 되면 페니실린을 만들어 내놓더라, 그러면 그 주위에 다른 미생물이 오지 않더라는 것을 안 거죠. 그러니까 미생물도 영양분이 모자라고 살기 힘들어지면 어떤 물질을 분비하는 거예요. 그걸 우리가 찾아서 거꾸로 이용을 하니까 우리가 세균에 감염되었을 때는 이런 항생제를 먹거나 주사하면 미생물이 죽더라, 그래서 우리가 병을 고치는 것이지요. 어떤 미생물은 힘이 없어지면 자기가 다당류를 만들어내요. 다당류가 뭔지 알잖아요. 미생물이 있는데 주위에 영양분이 떨어지면 자기는 힘이 없어서 당하는 거예요. 그러니까 다당류를 만들어서 분비해요. 그럼 주위에 다당류가 있으면, 이것은 아가agar와 같이 끈적거리는 거예요. 끈적거리는 액체가 주위에 있으면 다른 세균이 근처에 오지 않는 거죠. 오기 힘들어지는 거죠. 미생물은 자기를 보호하는 방법이 여러 가지가 있어요.

인체의 환경변화 대응

그러면 사람에게는 뭐가 있는 거냐? 우리에게는 기본적으로 오감이라는 것이 있다. 오감이 뭐에요? 보는 것, 듣는 것, 만지는 것, 냄새 맡는 것, 맛보는 것 그런 거죠. 오감이라는 것이 우리가 1차적으로 외부 상황의 변화를 감지하는 수단이 되는 거예요. 그래서 다음 페이지의 표를 보면 오감에 관련되는 내용이 나와요. 어떻게 인식을 하는 거냐, 수용체receptor가 있어서 수용체가 인식을 한다, 빛을 인식하고, 진동을 인식하고, 공기 중의 분자를 인식하면 냄새가 되고, 어떤 용액 또는 음식 속의 물질을 인식하면 맛이 되고, 그 다음에는 어떤 압력 같은 것도 느낀다, 그런 것들을 감지하는 우리 몸의 수용체가 있다는 이야기죠. 그럼 수용체가 어떻게 작용을 할까? 이건 단백질인데, 단백질은, 여러 번

5감 자극과 현상

수용체	자극	현상
광수용체	빛	눈으로 본다
청각수용체	진동	소리를 듣는다
냄새수용체	공기 중의 여러 분자들	냄새를 맡는다
맛수용체	분자 또는 이온	맛을 본다
압력수용체	세포의 변형	압력을 느낀다

이야기했지만, 어떤 물질이 가까이 왔을 때 또는 자극을 받았을 때 단백질의 구조가 변하면서 인식이 되는 거예요. 참고로 우리 학부 교수의 연구분야 중 하나가 후각센서예요. 보통 photo-수용체 하면 보는 거구나, audiotory-수용체 하면 듣는 거구나, taste-수용체 하면 맛보는 거구나, baro-수용체 하면 baro가 압력이니까 압력을 느끼는 거구나 하는데, 이 다섯 번째 수용체, 후각olfactory이라는 단어는 많이 안 쓰는 단어예요. 냄새 맡는 센서. 그 연구실에서는 사람 몸의 수백 개의 냄새 센서 수용체를 유전적으로 얻어요. 그래서 이걸로 연구를 하는 거예요. 예를 들어 어디에 마약이 있다 하면, 수용체를 가지고 후각센서, 즉 인공 코를 만들어서 그런 걸 감지하는 데도 쓰이고, 어디서 냄새가 나는데, 그런 것을 사람이 경험적으로 맡은 것을 과학적으로 측정하는 데도 쓰이겠죠. 그래서 후각센서가 오감의 하나다, 라는 이야기고요. 그 수용체의 작용은 그 형태, 모양의 구조적 변화를 유발하는 것이다, 그래서 센싱이 되면 그 다음에 어떤 반응으로 연결돼야 하는 것이죠.

봤다는 걸로 끝나는 것이 아니라 봤는데 위험하다면 몸을 피해야 하는 거고 여러 가지 관련된 작용이 일어나요. 그런 작용들 중에서 특별히 이러한 신호를 전달하는 물질이 우리 몸속에 존재하는데 그것이 호르몬이라는 거예요. 신호 전달 분자가 호르몬은 아니지만 호르몬은 신호 전달용 분자다, 무슨 말인지 알죠? 호르몬의 종류와 특성을 다 암기할 필요는 없겠지만 호르몬에는 여러 가지가 있다고 이해하면 좋아요. 호르몬 종류가 많은데 뭐가 뭐라는 이야기는 생략하기로 하고, 이 호르몬이라고 하는 것이 신호 전달을 하는 분자인데 이 호르몬이 한번 만들어지면 얼마나 오랫동안 존재할까—그러니까 어떤 필요에 의해 호르몬이 만들어지고, 이것이 얼마나 오랫동안 유지될까—하는 생각을 해 봤어요. 그러면서 알게 된 것은, 세포에 어떤 신호가 오면 여기서 호르몬이 만들어지거나 분비가 되고, 호르몬이 분비되면 이것이 어떤 작용을 하는 건데 호르몬이 만들어져서 오랫동안 있다고 하면 이 작용이 끊임없이 반복될 것이다. 그런데 끊임없이 반복되는 것은 원칙적으로 바람직한 것이 아니겠죠. 그러니까 호르몬은 짧은 시간만 존재하고 시간이 경과하면 호르몬도 결국 없어지는 거예요. 예를 들면, 우리가 기분이 좋으면 나오는 호르몬 중의 하나, 또는 어떤 운동을 많이 했을 때 나오는 호르몬 중의 하나가 엔돌핀이라는 게 있죠. 그래서 엔돌핀이 분비가 많이 되면 통증이 없어진대. 기분이 좋아지고. 그런데 그게 얼마나 오래 있느냐? 정확한 시간은 모르지만 잠깐, 한 30분에서 1시간 있다가 없어지나 봐요. 그래서 엔돌핀이라는 호르몬이 천천히 분해되게 할 수 있다면 통증 작용을 상당 기간 완화시킬 수 있을 거예요. 그래서 어떤 연구 분야 중의 하나는 호르몬의 조절 메커니즘, 이걸 연구해서 호르몬 작용이 오래 가게 할 수 있는 방법을 찾는 것도 한 가지일 거예요. 우리가 호르몬의 조절 메커니즘에 인위적으로 변화를 줄 수 있으면, 부작용이 있을 수 있겠지만, 긍정적인 작용도 많이 있을 거라고 생각해요. 그래서 이런 관점으로 호르몬에 대한 생각을 하기로 하지요. 예를 들면 인간 성장 호르몬의 경우에는 단백질의 생성을 촉진하고 지방의 에너지화를 유도하고 글리코겐을 포도당으로 분해시키는 역할을 하고 해서 성장 호르몬이 많으면 사람이 계속 성장하는 것을 도와주는 일을 하는 거죠. 그 다음에 성 호르몬 중의 하나로 에스트로겐이라는 것이 있는데, 이게 여자들에게는 자궁의 성장을 촉진하고 남자들에게는 근육이 만들어지거나 정액의 생성을 촉진한다는 이야기가 있어요. 우리는 이런 호르몬 하나를 예를 들어 호르몬이 어떻게 작용을 하는지 공부하죠. 그래서 혈액 내에 포도당 레벨을 조절하는 것인데 여기에 인슐린이라고 하는 호르몬이 관여를 한다, 그래서 이것에 대해 공부를 함으로써 다른 호르몬에 대해서도 마찬가지로 생각을 해보자는 거죠.

혈액 포도당 농도 조절과 당뇨

우리가 경험하는 것은 혈액 내에 포도당의 농도가 낮으면 어떤 일이 일어나냐? 심할 경우 무의식 상태에 들어가는 거다, 뇌가 잘 작동을 안 하는 거다, 그래서 아침에 밥을 안 먹고 학교에 오면 오전에 두뇌 회전이 잘 안 된다, 이런 이야기와 비슷한 거예요. 그래서 머리를 많이 쓰는 사람들은 적어도 전분 공급, 즉 포도당이 모자라지 않게 해줘야 하는 거예요. 포도당이 낮은 것은 뇌 작용을 둔화시키고 심하면 무의식 상태, 또는 죽음에 이르게 하는 거라고 겁을 주는 거죠. 아침들 잘 먹어요? 아침 잘 먹고, 점심 잘 먹고, 저녁을 조금만 먹어요. 또는 저녁을 잘 먹었으면 잘 때까지 열심히 공부하거나 운동하고.

그럼 포도당 농도가 높으면 어떤 일이 발생할까요? 포도당 농도가 너무 높아도 정신적으로 혼란이 일어나고 탈수가 일어난다는 무서운 이야기가 있는데, 제일 문제는 혈액에 포도당이 많다는 것은 혈액이 끈적거리는 거예요 설탕물이 손에 닿으면 끈적거리는 것과 같아요. 그러면 혈액이 우리 몸을 많이 돌아다녀야 하는데 혈액순환이 잘 안 되는 거죠. 혈액순환이 안 되면 말단 혈관으로 포도당이 전달이 안 되는 거죠. 당뇨가 뭐예요? 오줌에 포도당이 많은 병을 당뇨병이라고 하죠. 당뇨병 환자는 이게 심해지면 발쪽에 피가 안 돌아서 심하면 발이 썩어요. 그러니까 어쨌든 혈액 속에 포도당 농도가 높아지면 아주 심각한 상황을 초래하는 거다, 그래서 너무 낮아도 안 되고 너무 높아도 안 되고 최적의 포도당 농도가 필요한데 그걸 어떻게 조절하는 거냐?

우리 몸에서 인슐린이라는 호르몬이 그걸 조절하는 거예요. 그러면 우리 몸에서 인슐린은 어디서 만들어지냐? 췌장세포다. 췌장에 있는 베타 세포다. 거기에서 인슐린이 만들어져요. 그래서 인슐린이 만들어져서 우리 몸의 포도당 농도를 적절한 수준으로 유지시켜 주는데, 인슐린은 포도당 농도가 낮은 것을 높여주는 역할을 하는 것이 아니라 높은 것을 보통으로 낮추는 역할을 하는 거예요. 그래서 우리가 알고 있는 것은, 밥을 먹으면 시간이 조금 지난 후 전분이 포도당으로 바뀌어서 흡수되기 때문에 혈액 안의 포도당 농도가 확 올라가고, 확 올라가면 인슐린이 분비돼서 그걸 낮추는 일을 한다는 거죠. 시간에 대해서 우리 몸의 인슐린 농도를 측정해 봤어요. 그랬더니 아래 그림에서와 같이 혈액 내 인슐린 농도가 많이 올라갔다가 그 다음에 내려갔다 다시 올라가는 모양을

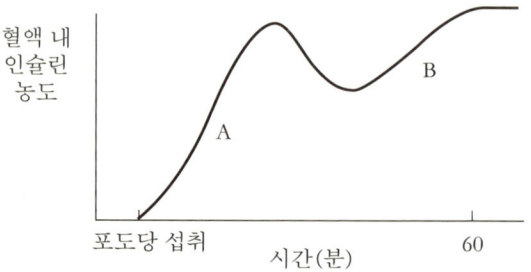

포도당 섭취에 따른 혈액 내 인슐린 농도
A: 이미 만들어 보관되어 있는 것이 방출
B: 새로이 생합성하여 방출

취하고 있어요. 이런 실험적인 결과로부터 유추해 내는 것은, 인슐린이라고 하는 것이 포도당 농도가 높으면 확 나오고 마는 그런 것이 아니라는 거죠. 이것을 해석해보고 거기에 실험적으로 지지하는 확인실험을 해 본 결과 처음에 확 올라가는 것은 췌장 베타 세포 속에 이미 만들어져 있는 인슐린이 분비되는 것이기 때문에 포도당 농도가 높다, 그래서 인슐린을 지금부터 만들자고 하면 시간이 걸리는데, 빨리 조치를 해야 하니 어느 정도 보관하고 있다가 포도당 농도가 높아지면 확 내보내는 거예요. 그래서 가지고 있는 것을 확 내보내서 다 써 먹었는데 계속해서 포도당 농도가 높다, 또는 처치는 했지만 계속해서 포도당 농도를 조절해야겠다고 하면 그 안에서 생합성을 해야죠. 두 번째는 DNA로부터 호르몬단백질을 만들어서 분비하는 그런 단계다, 그래서 우리 몸에서 인슐린이 분비가 되는 것은 그런 과정을 거치는 것으로 이해를 하고, 인슐린이 하는 작용은 포도당 농도가 높아졌을 때 결국 포도당을 글리코겐으로 합성하는 것을 촉진하는 거죠. 그러니까 포도당을 글리코겐으로 합성해서 저장한다고 했을 때 이걸 저장하게끔, 이건 효소작용인데 이 효소 역할을 하게끔 하는 게 인슐린이라는 것. 인슐린이 포도당을 글리코겐으로 만들어주는 것은 아니고 인슐린이 나오면 여기에 작용하는 효소를 활성화시켜서 반응이 가게 하는 역할을 해주는, 신호를 전달해주는 거죠.

나는 아주 오래전에는 호르몬이 뭐고, 효소는 뭘까. 어떻게 둘이 다를까 하는 생각을 해봤어요. 기본적으로 호르몬은 신호전달 역할을 해주는 거다. 간에다가 글리코겐으로 포도당을 저장하게 하는데 그래도 포도당이 많다고 하면 여기는 꽉 찼으니까 이걸 가지고 지질을 만들어라, 그러면 그쪽으로 신호를 줘야 하겠죠. 우리 몸의 간에는 글리코겐이 무한정 축적될 수는 없는 거고 그래서 조금 남는 것은 글리코겐으로 간에 저장하고, 더 있으면 이것은 지방으로 만들어서 몸속에 저장해라. 지방을 만드는 거예요. 그 다음에 포도당 농도가 너무 낮다면 포도당을 만드는 역할을 해야죠. 그래서 우리 몸에서 대사작용이 늘 일정하게 일어나도록 해주는 역할을 하는데 그것은 글루카곤이라고 하는 호르몬이 담당한다. 그래서 포도당 농도가 낮으면 처음에는 쉽게 뺄 수 있는 것이 간의 글리코겐이 포도당이 돼서 혈액에 들어갈 거고, 그걸로 모자라면 우리 몸속의 지방이 분해돼서 거기서 포도당이 만들어져서 우리 몸의 혈액으로 들어가는 거다. 가끔은 당뇨병 환자가 너무 심하게 당뇨병 약을 먹든가 포도당을 하나도 안 먹든가 해서 저포도당 상황이 되고 그럼 아까 말한 대로 무의식상태까지 간다고 했어요. 그래서 당뇨병 환자는 비상약으로 초콜릿을 가지고 다녀야 해요. 그래서 당뇨 걸렸는데 너무 안 먹어서 갑자기 어지럽다고 하면 얼른 초콜릿을 먹어야 하죠.

당뇨병에는 타입 1이 있고 타입 2가 있어요. 타입 1은 아예 인슐린이 만들어지지 않는 그런 걸 이야기하고, 타입 2는 인슐린이 있지만 작동을 못하는 경우예요. 당뇨 원인 중에는 인슐린이 안 만들어지는 경우도 있고 다른 경우도 있다는 거죠. 혈액 내의 당의 농도가 대략 100mg/dL보다 높으면 당뇨병이라고 이야기하는데, 우리나라의 당뇨병 환자가 500만 명이 넘는대요. 전체 인구의 1/10이에요. 그 중의 50만 명은 매우 심해서 웬만한 방법으로는 치료가 잘 안 된다고 해요. 당뇨병에 걸리면 피가 끈적거린다고 했어요. 그러면 모세혈관으로 영양분과 산소가 공급이 안 되고, 또 콩팥이 끈적거리는 혈액에서 뭘 빨아들이려 하니 콩팥이 망가져요. 그래서 어느 신장내과 전문의를 만났더니 서울대병원에 오는 콩팥 환자들의 절반이 당뇨 때문에 콩팥이 망가진 걸 알았대요. 콩팥이 많이 망가져서 온 사람을 고쳐주는 것이 주 임무인데, 생각해 보니까 콩팥이 망가진 환자의 절반이 당뇨 때문에 오는 거라, 콩팥을 고치는 것도 중요하지만 거꾸로 당뇨를 고치는 것이 콩팥 환자의 수를 절반으로 줄일 수 있다는 결론을 얻어서 당뇨병 연구를 하고 있답니다.

그럼 당뇨가 생긴 사람은 어떻게 고치는 거냐. 이제부터는 기술로 들어가는 거예요. 당뇨가 심한 사람은 매일같이 인슐린 주사를 맞아요. 아까 내가 기준을 100이라 했는데 200쯤 되면 매우 심각한 거고 150이면 조금 심각한 거고 그래요. 그래서 이것이 150이다 해도 몸에 당이 많아서 끈적거려 혈액순환이 잘 안 되는 거니까 무슨 수를 써서라도 100 이하로 낮추는 것이 지상과제라고 생각하면 약을 먹든가 인슐린 주사를 맞아야 하는 거예요. 매일 아침 자기가 주사하는 거예요. 병원에 매일 갈 수는 없으니까. 그래서 인슐린 주사 키트가 있어서 매일 한 번씩 찔러요. 그러니까 그거 싫지. 찌르기 전에 톡 찔러서 피를 한 방울 뽑아서 당이 얼마인지 검사를 해요. 포도당 농도를 재고 다음에는 인슐린 주사를 놔서 적정한 수준으로 유지되는지 체크해요. 얼마나 귀찮아요? 이것이 가장 많이 쓰이는 방법인데 매일 주사 맞는 것이 싫으니 어떻게 하면 일주일에 한 번, 한 달에 한 번 맞을까? 인슐린은 단백질이고 분자량이 5,000쯤 되는 아주 작은 단백질이에요. 그러니 이걸 고분자화합물로 싸서 몸속에서 서서히 나오게 해주는 방법을 우리가 서방형 slow release이라고 해요. 또는 여러 가지 방법으로 우리 몸속에서 인슐린 레벨이 일정하게 유지되도록 해주는 연구를 많이 하고 있고, 어느 정도는 성공해서 어떤 사람들은 며칠에 한 번씩 주사 맞는 경우도 있어요.

너무 심하면 이식을 해야 해요. 그런데 이식하려면 누군가가 주어야겠죠. 누가 줄 수 있겠어요? 특히 한국 사람은 자기 장기를 주는 것을 꺼려하죠. 그래서 사망시 평소에 장기를 기증하겠다고 한 게 있으면 그걸 떼서 주지만 그건 얼마 안 되고 환자 중 50만 명이 심각하고, 그러니 한계가 있는 거죠. 그럼 그 다음 방법이 뭐예요? 인공췌장을 만드는 거예요. 인공췌장을 어떻게 만드느냐? 아까 어느 신장내과 전문의가 당뇨연구를 한다고 했지요? 4년 전에 연구실로 찾아왔어요. 자기가 인공췌장 연구를 하고 있는데, 돼지를 키워서 돼지의 췌장을 사람에게 이식하겠다는 거예요. 사람에게 이식을 하면 면역 거부작용이 있어서 돼지의 유전자를 여러 가지로 조작해서 사람에게 면역 거부가 없는 돼지를 만들려고 몇 년간 연구를 했는데 한계가 있더래요. 사람 몸이 굉장히 정교하게 설계되어 있기 때문에 면역 거부 작용이 여러 가지로 있는데, 하나를 해결하면 또 다른 게 생기고 해서 몇 년을 거쳐 몇 가지 방법을 시도했는데 이걸 없애는 게 너무 힘들다더라는 거죠. 그래서 이 거부작용을 없애기 위해서 췌장세포를 고분자화합물로 싸면 좋겠는데 의대 교수라서 이걸 고분자화합물로 싼다는 것을 잘 모르겠다고 해요. 그래서 내가 우리는 고분자화합물로 효소도 싸고 미생물도 싸고 있으니 별거 아니라고 했어요. 이걸 피막화encapsulation라고 해요. 그런 사유로 인공췌장 만드는 일을 하고 있어요. 그게 뭐냐면 항체는 못 들어가야 해. 항체는 분자량이 몇 십만 돼요. 그런 건 못 들어가고 분자량이 5,000 정도인 인슐린 단백질은 만들어져서 나와야 해요. 그렇게 구조가 돼야 해요. 그리고 기본적으로 췌장세포 이것도 먹고 살아야 하니 혈액이 들어가야 하는데 혈액이 들어간다는 것은 영양분과 산소가 들어간다는 거죠. 혈액은 들어가고 여기서 인슐린이 만들어져서 나오고 항체는 못 들어가는 이런 거예요. 기본적인 것은 알려져 있어요. 그래서 똑같이 해봤더니 돼요. 알지네이트alginate라는 고분자화합물로 잘 쌌어요. 그것도 쉬운 건 아니지만. 무슨 문제가 있냐면 세부적으로 췌장세포가 있으면 여러 가지 모양으로 쌀 수도 있어요. 어떤 게 좋아요? 그림 (a)형태는 공간을 많이 차지하고 혈액이 흘러가는 동안에 물질전달이 나빠요. 외국 사람은 그림 (a)와 같이 하는데 우리 학생은 그림 (b)형으로 만들었어요. 그 다음 중간에 면역 거부를 확실히 없애기 위해 여러 화학물질을 붙여야 해요. 이걸 우리 몸속에 넣게 되면 여기 혈관들이 와서 작용하는데 이것이 10년씩 우리 몸속에서 생존하는 게 아니에요. 현재 기술로는 1년 정도 가요. 1년 있

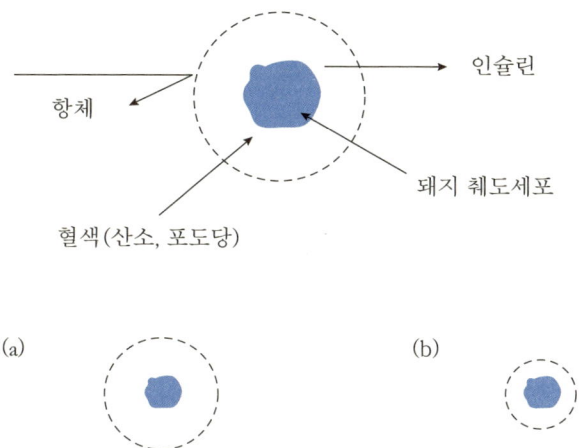

인슐린

항체

돼지 췌도세포

혈색(산소, 포도당)

(a)

(b)

인공췌장 개념도

항체는 분자크기가 커서 인공췌장 내로 들어갈 수 없어 면역거부 작용이 없다. 췌도세포에서 인슐린이 생성되고, 인슐린은 인공췌장 밖으로 나온다.

다 꺼내야 해. 그러면 작게 만들고 꺼낼 수 있게 만들어야 되겠지요.

지금 전 세계에 당뇨 연구하는 사람들이 많아요. 어쨌든 인공췌장이라고 하는 것을 우리는 의대와 공대 사람들이 모여서 하니 가능해지고 있다. 그리고 또 무슨 방법이 있을까요? 줄기세포를 잘 키우면 여기서 췌장세포를 만들어 낼 수 있는 것 아닌가? 안 되는 건 아니지만 이걸 실용화하려면 앞으로 20년쯤 걸린대요. 빨라야 10년일지 몰라요. 학문적인 연구대상으로는 최첨단이겠지. 사람 줄기세포에서 이런 췌장세포를 분화시켜 만들면 되잖아요. 그런데 아직도 너무 모르는 게 많아요. 이런 것들이 지금까지 당뇨병하고 관련해서 알려진 내용인데 이건 병 걸린 다음에 어떻게 할 것인지고, 병 안 걸리는 게 중요하지요.

여러분에게 하고 싶은 이야기는 당뇨병이 왜 걸리는 거냐? 유전적인 것도 있지만 너무 많이 먹어서예요. 운동도 안 하고. 많이 먹었지만 운동을 해서 당을 다 태우면 괜찮은데 너무 많이 먹었어요. 그러면 우리 몸에서 계속 인슐린이 나와야 해요. 계속해서 나오면 부담을 주는 거지. 그러니 우리 몸의 췌장은 원시시대부터 생각하면 어느 정도는 먹을 거다, 그럼 여기 맞춰서 인슐린을 이만큼 만들면 되겠다고 했는데 그때의 한계보다 더 많이 먹는 거예요. 젊은 사람들은 먹을 수 있는 데까지 먹잖아. 매일 그렇게 먹지. 그래서 우리 몸의 췌장에서 인슐린을 항상 최대한 만들어야 하는데 이러면 몸이 망가지는 거예요. 사람이 하루에 몇 시간은 자야 하는데 잠 안자고 일주일, 열흘 공부하면 몸이 망가지잖아요? 마찬가지로 우리 몸이라는 것은 어떤 상황에 맞게끔 되어 있는데 이걸 넘어서는 상황이 계속되면 우리 몸은 망가지게 되어 있다. 췌장도 그렇고 심장도 그렇고 모든 장기가 다 똑같아요. 그래서 가장 중요한 것은 많이 안 먹는다. 먹을 것 있으면 가난한 사람 챙겨주면 좋고, 어쩌다 많이 먹었다면 인슐린이 적게 나와도 되도록 운동을 해서 당을 다 태워버려야 해요. 이 두 가지가 아주 기본적인 이야기인데 보통 등한시하죠.

그래서 이런 것이 우리가 혈액에 있어서 포도당의 레벨을 조절하는 것이 중요하다는 이야기, 그리고 그것에 관여하는 것이 인슐린이라는 게 있고 인슐린이 잘못되면 당뇨병에 걸리는데 그때 우리가 할 수 있는 방법이 몇 가지 있다는 이야기에요.

콩팥kidney에 관련된 얘기를 했는데, 특별히 콩팥과 혈압blood pressure이 관계가 있다는 얘기를 하지요. 이게 왜 관계가 있을까? 여러분이 혈압이나 콩팥에 대해서 얼마나 알고 있는지 모르지만, 상식적으로 혈압이 높다는 것은 뭐냐? 우리 심장에서 혈액을 펌핑하는데, 그 압력을 많이 가해줘야 그 혈액이 우리 몸 구석구석에 간다. 우리 몸에 있는 혈액은 대충 5L예요. 1분에 3~5L가 순환을 한다고 하니까 펌핑이 굉장히 중요해요. 어쨌든 혈압이 높다는 것은 이유가 여러 가지 있겠지만, 기름이나 지방을 많이 먹으면 나쁜 콜레스테롤이 혈관에 많이 축적이 되고, 그러면 혈관벽이 좁아지고, 또 담배나 술을 많이 하면 혈관 벽이 딱딱해져 유연성을 잃어버리게 돼요. 그래서 혈관벽이 널찍하고 혈관벽이 유연해야 혈액이 잘 갈 텐데 그렇지 못하니까 혈압이 높아지게 돼요. 혈액은 콩팥으로도 가는데 콩팥의 혈관 벽도 이런 현상이 생기고, 이런 현상이 생기면 콩팥이 하는 역할은 나쁜 것을 여과하는 것인데, 이 여과하는 기능이 점차 저하가 되고, 저하가 되면 결국 노폐물이 인체에 쌓이는 결과가 생길 것이고, 노폐물이 인체에 많이 있으면 삼투작용에 의해 몸이 붓는 현상이 생기고, 이건 혈액 내 물의 양이 증가하는 것인데, 그러면 우리 몸에서 펌핑을 해야 되는 전체적인 혈액 양이 증가한다는 거에요. 그럼 전체적으로 많은 양을 펌핑하려면 압력이 많이 걸리는 거죠. 그래서 다시 여기서 높은 압력이 걸리는 이런 악순환이 계속되는 거에요.

그러면 신장이 어떻게 작용을 하느냐를 살펴보면 크게 4단계로 얘기를 해요. 혈액의 성분이 무엇인가 생각을 해보면 대부분이 물이고, 다음에 여러 가지 염, 영양분이 있고 영양분 중 제일 많은 것이 포도당이고, 이것 외에 아미노산, 비타민도 있고 그 다음에는 여러 가지 호르몬 성분도 있고, 여러 가지 노폐물도 있을 수 있어요. 물론 혈액의 중요한 성분 중 몇 가지는 적혈구, 백혈구 이런 거죠. 그럼 이런 것들에서 특히 노폐물을 제거하는 메커니즘이 어떻게 되는 거냐? 신장쪽에 가는 혈관이 있는데 이 혈관이 모세관 모양을 하고 있어요. 이 모세관에서 신장쪽으로 노폐물이 확산돼서 간다. 그런데 여기서 노폐물만 가면 좋을 텐데, 분자량이 아주 큰 적혈구, 백혈구, 단백질 이런 것 빼고 분자량이 작은 것은 모두 신장쪽으로 가나 봐. 물, 염분, 이런 작은 분자의 영양분과

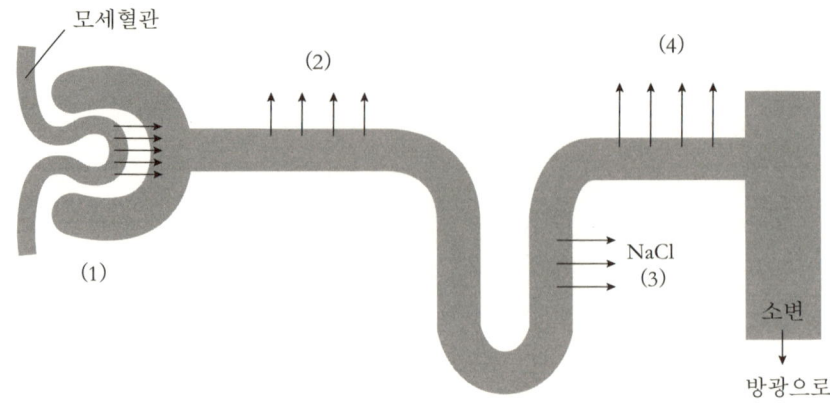

모세혈관

(2)

(4)

(1)

NaCl
(3)

소변

방광으로

콩팥의 작용

(1) 모세혈관의 포도당 등의 영양분, 이온, 물, 노폐물이 확산작용에 의하여 콩팥으로 전달. (2) 포도당, 이온, 물은 회수된다. (3) 염분이 회수된다. (4) 물이 회수된다.

노폐물이 이리로 가버리고, 그러면 아깝죠. 아까우니 노폐물 빼놓고 나머지는 다시 몸으로 회수를 해야 돼요. 그래서 이 회수하는 메커니즘이 몇 개 있어요. 맨 처음 과정이 여기서 물과 포도당이 다시 흡수되는 과정이 있다, 다시 여기서 염이 흡수가 되고, 그리고 남아 있는 염이라든가 물이 다시 흡수가 되고, 여기서 재흡수가 안 된 것은 방광bladder으로 가는 거다. 재흡수가 되는 메커니즘은 뭐냐? 어떤 것은 능동 수송에 의한 것도 있고 또 어떤 것은 호르몬 작용도 있어요. 이렇게 4단계가 있어요.

　　요즘에 콩팥이 나쁜 환자가 꽤 많아서 병원에 가서 아주 심각한 상태에 도달하면 인공투석을 해요. 그럼 인공투석을 어떻게 할까? 어떻게 생각하면 인체의 작용을 그대로 흉내를 내도 돼요. 그런데 우리 과학자들은 이걸 그대로 흉내를 안 내고 아주 심플하게 했어요. 우리 몸은 혈액 내의 작은 분자량의 물질이 몽땅 콩팥에 흡수가 된 다음에 다시 여기서 재흡수시키는데, 재흡수 안 하는 방법이 더 좋은 거죠. 그래서 인간의 머리가 꽤 많이 발전한 것 같다는 생각이 드는데, 인공투석에 대해 우리가 알고 있는 것은 중공사hollow fiber, 中空絲 멤브레인을 이용하는 거다. 그래서 기본적으로 멤브레인 같은 경우는 중공사 멤브레인이 100가닥 200가닥이 들어가 있는 거예요. 중공사란 것이 뭐냐면 가운데가 비어 있는 원통인데 표면에 공극이 존재를 하는 거다. 이런 거 200가닥을 투석장치에 집어넣어서 사용하는데 이것을 상징적으로 하나만 그리면 다음 그림과 같아요. 그래서 여기에 혈액을 넣고 또 다른 쪽으로 투석액을 집어넣어요. 투석액은 등장액isotonic solution이다. 여기에는 적절한 농도의 염분과 포도당이 포함돼 있어요. 그래서 한 쪽으로는 등장액을 보내고 한 쪽으로는 혈액을 보내면 어떤 일이 일어날까 생각해보면, 멤브레인에 공극이 있는데 이 공극의 사이즈가 단백질을 통과하지 못할 정도로 아주 작긴 하지만 작은 분자들은 충분히 빠져 나올 수 있는 거다. 그럼 작은 분자들은 빠져 나올 텐데 빠져 나오는 것이 뭐냐? 물, 포도당, 염분, 노폐물 이런 거죠. 이런 것들이 빠져 나오는데 한 쪽에서 혈액과 거의 비슷한 농도의 염분하고 포도당을 포함한 등장액을 집어넣으면 포도당하고 염은 바깥으로 안 나오죠. 농도 구배gradient가 없어서. 결국 빠져 나오는 것은 약간의 물과 노폐물이에요. 그리고 여기에는 혈액에서 노폐물만 빠진 그런 것이 지나가니까 이게 훨씬 심플하죠. 물론 혈액에 있는 비타민, 아미노산 등이 공극을 빠져 나오는 거죠. 그래서 이거는 우리가 외부에서 집어 넣어야 돼요. 그런데 이 등장액이 염분하고 포도당을 포함하고 있으면 멸균도 시켜야 돼요. 굉장히 비싸겠죠. 그 다음에 아미노산과 비타민이 혈액에서부터 나가니까 우리 몸에서 필요한 아미노산과 비타민이 모자라게 돼요. 그래서 아미노산 주사를 맞든지 해서 다시 영양분을 보충을 해야 돼요. 그런 번거로움은 있지만 그 과정은 아주 심플해요. 그래서 이런 방법으로 콩팥이 망가진 환자들이 병원에서 치료를 받는데 지금까지는 일주일에 3번을 가고, 한 번 가면 한 4~5시

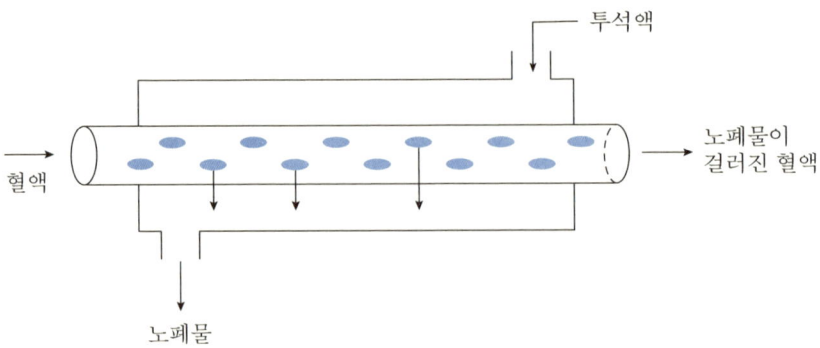

투석액

혈액

노폐물이
걸러진 혈액

노폐물

인공신장 개념도

막(membrane)에 혈액을 통과시키면 막 표면의 공극(pore)을 통하여 크기가 작은 물질(노폐물)이 밖으로 나온다. 이때 염분, 포도당을 포함하는 투석액(isotonic solution)을 넣어주기 때문에 포도당 및 염분은 막 밖으로 빠져나오지 않는다.

간 인공신장 투석을 해요. 그래서 아주 번거로운 거죠. 이렇게 번거롭더라도 생명을 유지하는 것이 아주 중요한 일일 것이고. 이걸 어떻게 향상시키느냐? 숙제예요. 매주 3번 하지 않고 조금 더 적게 하면 안 될까? 그럼 몸의 노폐물이 자꾸 쌓이는 거예요. 그래서 그것도 쉬운 게 아니죠. 그런데 4,5시간 걸리는 건 좀 줄일 수 있지 않을까 그런 생각을 해요. 그리고 지금은 꼭 병원에 가지만 그렇지 않고 집에서 간단히 할 수 없을까, 그런 것 등등이 지금 인공투석을 하는 인공신장 쪽에 핫 이슈인 것 같아요.

어쨌든 지금 콩팥이 나쁜 사람은 2개가 있으니 하나는 떼어줘도 된다 해서 면역 거부감이 없는 가족들이 이식을 해줘요. 인공신장을 몸속에 넣어서 병원에 안 가도 된다, 지금 이런 것은 아직 없어요. 그런데 콩팥이 나쁜 환자가 병원도 없는 오지에 나가 있으면 안되겠죠. 그래서 이 분야는 아직 할 일이 많은 것 같아요.

우리가 지금 만들어 낼 수 있는, 만들고 싶어하는 인공장기가 꽤 많아요. 지금 인공장기로 실용화되어 있는 거 뭐가 있어요? 아무것도 없어요. 인공장기로 필요한 게 뭐냐? 제일 필요한 게 인공혈관이에요. 전쟁터에서 또는 사고로 혈관이 끊어지거나 할 때, 수술할 때 다른 혈관을 집어넣어야 해요. 그래서 인공혈관이 필요한데, 인공혈관 직경이 큰 거면 문제없는데 직경 6mm 이하의 작은 혈관은 피가 잘 흘러야 하는데 자칫하면 피가 응고해서 문제가 심각해져요. 결국은 피 응고를 막는 것이 중요하고. 우리 몸 혈액의 순환 속도는 엄청나게 빨라요. 그래서 거기서 잘못하면 피가 엉기니까 잘 만드는 것이 중요해요. 폴리우레탄, 이런 걸로 만들면 큰 혈관은 괜찮은데 작을 때 문제가 생겨서 인공혈관에 사람의 내피세포를 배양해서 문제가 안 생기게 해야 하고요. 또는 혈액이 엉킬 수 있으니 엉키는 것을 풀어주는 약물이 나와야 하는 거에요. 또 인공 간도 필요하고 인공신장도 필요한데 아직도 인공신장이 실용적인 것이 없나 봐. 인공 간도 없고, 인공심장, 인공 폐 아무것도 실용화된 것은 없어요. 인공신장 투석기는 일시적으로 피를 맑게 하는 것이지 우리 몸속에서 할 수 있는 것은 아니지요. 인공 눈, 인공 귀는 전자공학 하는 사람들이 열심히 해요. 그래서 앞 못 보는 사람이 전기 신호를 받아서 몇 미터 앞의 십자가 모양을 인식할 정도로 기술이 발전한 걸로 되어 있죠. 바로 여러분들은 이런 일들을 해야 해요.

생각할 이슈들

- 당뇨병을 치료하는 방법들을 개선해야 할 사항은 무엇인가?
- 콩팥과 인공신장의 특징, 장단점을 비교하면?

세포증식 조절과 암의 이해

오늘은 세포 성장과 증식에 대한 이야기에요. 맨 처음 과정은 DNA 복제이 겠죠. DNA가 헬리카제, 프리마제, DNA 중합효소에 의해 복제된다. 이런 이야 기는 여러분들이 잘 아는 이야기일 거고요. 그래서 복제가 되면 어떤 모양으로 될까? DNA가 복제되는데 이때는 처음에는 2개의 딸염색체dauther chromosome가 서 로 연결된 상태로 복제가 되는 거다. 가운데에 중심체centromia가 있어서 두 개가 연결되어 있다. DNA가 복제된 다음에 세포가 어떻게 분열을 하느냐. 그 다음에 는 여기에서 어떤 방추사speend fiber, 일종의 단백질 끈이 나와서 분열할 때 사용 된다. DNA가 복제된다고 하는 것은 기본적으로 세포가 분열을 하기 위해서인

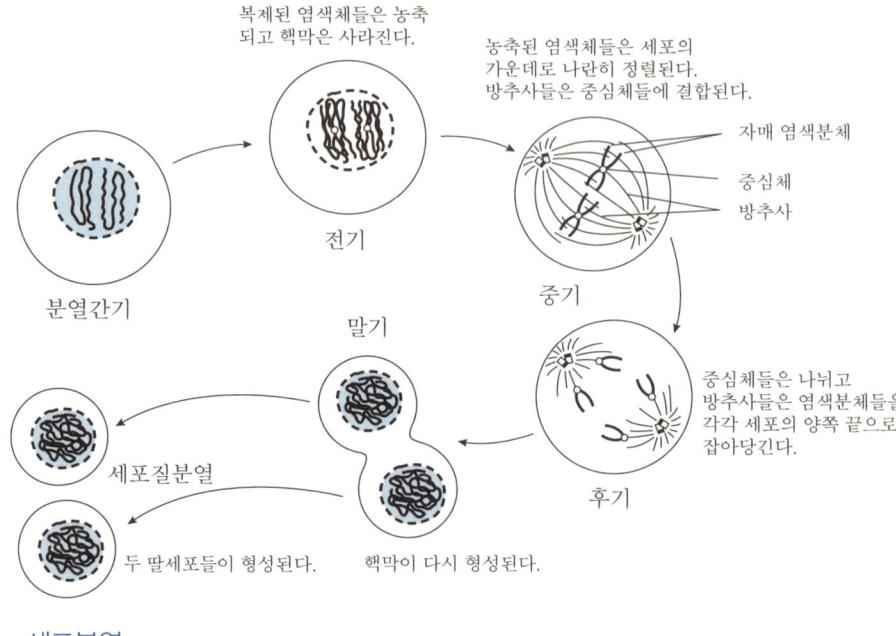

세포분열

데, 세포가 분열을 하는 것을 우리가 체세포분열mitosis, somatic nuclear division 이라고 하고, 이 체세포분열하고 비슷한 것이 감수분열meosis이란 것이 있죠. 감수분열은 생식 세포가 분열하는 거고 체세포분열은 일반적인 세포가 분열을 하는 거다. 체세포의 핵이 분열하는데 세부적으로 어떤 과정을 거치느냐? 이런 것은 중학교 교과서에도 나와 있을 거예요. 그래서 기본적인 것을 복습해 보면, 맨 처음 단계는 세포에 핵이 있으면 핵에서 복제가 일어난 다음에 핵막이 없어지고 딸 염색체가 쭉 있는 거죠. 그 다음에는 이것이 세포의 가운데로 모이면서 연결이 되는 거다. 그래서 세포의 어느 점을 중심으로 해서 연결고리가 생기고, 그 다음에는 이것이 어떤 점을 중심으로 해서 chromsome이 끌려가고, 그 다음에는 세포질이 두 개로 나눠지고 각각 염색체를 하나씩 가지고 있는 걸로 되고, 마지막에는 두 개의 세포로 된다. 그래서 이름을 붙이면 핵 멤브레인이 없어지는 것을 전기prophase라고 한다. Pro-라고 하는 것은 앞이라는 뜻이고 그래서 전기는 앞 단계다. 그 다음에는 세포의 중심에 염색체가 배열되는 것을 중기meta-phase라고 한다. Meta-라는 것은 가운데라는 의미다. 그 다음에 이걸 한쪽으로 끌어당기는 후기anaphase라고 하고, ana-는 뒤라는 의미에요. 그 다음에는 마지막인 말기telophase라고 해요. Telo-는 끝이라는 뜻이라서 그 다음에는 마지막에 이것이 세포질이 둘로 나눠지는 세포질 분열cytokinasis이라고 하죠. 다음에 다시 이것이 이런 과정을 반복하는데 그 중간 단계를 interphase라고 해요. 생물공부를 한 사람은 예전부터 봤을 거예요. 그래서 세포가 처음에 DNA가 복제되고 나서 이렇게 세포 하나가 두 개가 되는 과정을 거친다. 여기까지는 고등학교 생물이에요. 그러면 그 다음에 이렇게 세포가 분열을 하면 이 과정이 어떻게 조절되는거냐? 이런 것이 대학에서 공부하는 수준이죠. 맨 처음단계라고 하는 것이 DNA가 합성되는 거다, 그 다음에는 이것이 체세포분열이 일어나는 체세포분열을 거친다, 그러면 이 과정에서 이게 반복이 되는데 어떻게 보면 이것이 일종의 주기

cycle 같은 거다. 그래서 이걸 우리가 세포 주기cell cycle라고 얘기해요.

그러면 여기서 생각해야 할 게 많겠지만, DNA가 합성이 되고 복제가 되고 나면 모든 세포는 다 체세포분열을 하는 것인가? 여기에 필요한 게 뭐가 있을까? 무조건 반복적으로 가야 하는 것인가 생각해볼 수 있겠죠. 세포 하나가 두 개가 되고 나면 곧바로 DNA를 복제하는가? 이거는 아니겠죠. 만약 이 과정이 조절되지 않고 계속된다면 사람으로 치면 사람의 크기가 무한히 커지는 건데 우리가 경험하는 것은 적당한 선으로 커지고 멈추는 거죠. 적당한 선으로 커지는 것은 어딘가는 조절을 하는 메커니즘이 존재한다. 그럼 그 메커니즘이 뭘까?

만일 DNA 합성이 잘 되면 계속하고, 잘못되면 다시 고치는 기능이 있어야 하죠. 공장에서 물건 만들면 물건 만들었다고 다음 공정으로 가거나 그냥 파는 게 아니라 품질을 체크해 보는 것과 같아요. 그걸 어떻게 하느냐? gap1(G_1), gap2(G_2)가 있다. 여기에서의 기능은 이 DNA가 제대로 되어있는지 체크하는 거다. 그래서 G_2의 기능은 DNA가 손상을 입는 경우를 체크해본다. 어떻게 검사하느냐, 문제가 생기면 어떻게 하느냐 등 이슈가 굉장히 많지만 여기선 이런 기능이 있다고만 알아둡시다. 그래서 세포가 2개가 되었다. 그러면 다시 복제를 하는 거냐? 그러면 여기서도 뭔가 조절을 하는 메커니즘이 있어야 하는데 지금 충분히 자랐다, 혹은 더 자라야 하겠다, 이런 것을 어디서는 판단해서 거기서 성장 호르몬, 즉 신호를 보내주는 기능이 있다. 이게 충분한지 아닌지 판단을 해서 더 자라야 하겠다, 더 세포분열을 해야겠다고 하면 성장인자를 내보내서 그 다음 단계로 간다. 그래서 DNA를 합성하게 돼요. 이걸 합성기synthesis phase, S phase라고 해요. 체세포분열기는 M phase라고 하고요. 그래서 성장인자가 존재하면 S phase로 가고 성장인자가 없으면 멈추는 단계로 간다. 그러니까 대사작용만 진행하는 거다, 이런 조절 메커니즘이 존재해요. 우리 몸에 상

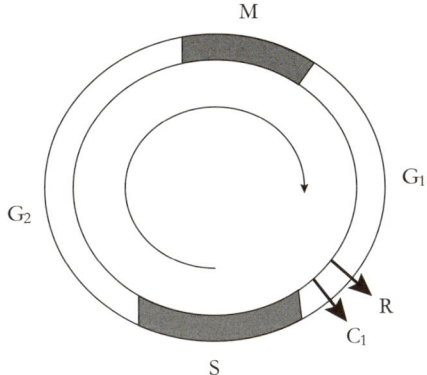

세포주기

S: 합성기로서 DNA를 합성한다.   M: 체세포분열기

G_1, G_2는 S와 M 사이의 갭(gap)을 나타낸다. 제한점(R)에 성장인자가 있으면 계속 S로 넘어가고 성장인자가 없으면 성장하지 않고 대사작용만 진행한다.

G_1에 검사점(chech point) C_1이 있다.

일반적으로 어릴 때는 성장인자가 많아 세포분열이 왕성하게 일어나나, 나이가 들면 세포분열이 정지된다. 그러나 상처가 난 부위에는 세포분열이 일어나 재생되어야 하는데 이러한 과정에는 성장인자가 관여한다.

처가 나면 상처가 아물어야 해요. 상처가 아문다는 것은 거기의 세포분열이 계속돼서 세포가 상처를 메우는 거죠. 그러니 그런 경우에는 상처가 났다는 신호로 인해 혈액의 혈소판이 성장인자를 만들어내서 어떤 부분의 세포분열을 하게 하는 거다. 그래서 이것은 성장인자가 존재하면 S phase로 간다. 그러면 성장인자가 존재하면 구체적으로는 어떻게 되느냐? 성장인자도 하나가 아니라 세포의 종류에 따라 여러 가지가 있어서 신호를 어떤 단백질에 주면 여기에서 DNA 합성이 일어나요. S phase가 시작되고, 이걸 보면 어떤 신호전달 물질이 만들어지고, 이것이 단백질을 다시 만들고, 이 단백질에 의해서 다음 단계로 가는 조절 메커니즘이 작용하는 거죠.

그러면 이걸 가지고 충분한 것인가? 이걸 가지고서 우리 몸의 DNA를 합성하는 것과 세포분열이 잘 조절되느냐, 하면 충분치 않아요. 그래서 결국 이 과정에서 여러 개의 안전장치가 있어요. 자동차처럼 처음에 브레이크를 밟으면 차의 속도가 줄어드는데 이게 안 되면 다른 어떤 장치가 있고 하는 식으로 안전장치가 여러 개가 있죠. 그런 목적으로 검사점이라는 것이 있다는 거예요. 그러니까 검사점이 여러 개 있어서 검사한다. 성장인자가 있느냐 없느냐 하는 걸 가지고 주기를 돌리는 이야기를 했는데, 또 다른 검사점이 있어서, 예를 들어 p53이라는 단백질이 있어서, 여기서 한 번 더 체크를 하는데 만일 어떤 손상을 받은 DNA가 있으면 p53이 활성화돼서 S phase는 안 된다고 멈추는 기능이 있어요. 그러면 손상받은 DNA가 있으면 DNA가 더 이상 합성되면 안 된다는 신호를 주는데 그러면 DNA를 수선해야 하죠. 그래서 또 DNA를 수선하는 기능이 있는 거고요. 그런데 이게 성공하리란 보장이 없어요. 그러니 수선을 하는 데 성공하면 S phase로 가고 실패하면 세포가 죽게 세포사멸apotosis 시켜요. 그래서 우리 몸에서 뭐가 맘에 안 들면 한번 검사를 해서 일단 멈추고, 고치라고 하고, 고쳐지지 않으면 죽는 거예요. 이것을 아주 세부적으로 들어가면 세포사멸 주제 하나로 한 학기 강의하는 교수도 있어요. 세포가 어떻게 죽어가나, 어떻게 안 죽게 만들까, 세포가 죽는 메커니즘은 뭘까. 여기서는 세포사멸이라고 간단히 이야기하지만 이 과정도 굉장히 복잡해요.

그래서 세포가 DNA를 합성해서 분열하는 과정에서 조절되는 메커니즘이 몇 가지 존재한다고 이야기했어요. 몇 개가 존재하는데 이 중에서 p53이라고 하는 단백질이 이 기능을 가지고 있는데, 여기에서 p53 단백질이 잘못돼도 아무 문제가 없는 거냐? 만약에 p53 단백질에 이상이 생기면 이 전체 과정은 안 가는 거죠. 그렇단 이야기는 S phase 가지 마라, DNA 합성하지 말라고 했는데 해버리는 거에요. 구멍이 생겨서 신호가 그냥 전달되어 버리는 거죠. 그래서 p53

단백질 구조에 조금만 이상이 생기면 제어 기능이 망가져 DNA는 계속해서 만들어지게 된다, 이게 우리가 이야기하는 암이다. 암의 50%는 p53 단백질이 잘못 만들어져서 생기는 것이라고 알려져 있어요.

　p53 단백질이라고 하는 것이 잘못되면 암에 걸리는 건데, 잘못되는 요인이 뭐가 있을까? DNA가 변형이 되는 이유는 어떤 X-ray, UV light, 발암물질 같은 화학물질들, 예를 들면 방부제로 쓰이는 질소 화합물, 아민 화합물, 혹은 쓰레기 소각장에서 나오는 다이옥신 이런 것들이 DNA의 구조에 영향을 주고, 그러면 DNA에서 단백질이 만들어지는 과정에서 변이 단백질이 만들어지는 거죠. 그러면 암에 걸리는 거다. 물론 변이가 생긴다고 다 암에 걸리는 것은 아니지만, 이 단백질이 자신의 활성을 잃어버리면, 원래 단백질이 어떤 구조를 가져야 하는 걸로 이해했는데 이것이 변형되면 그 다음부터는 신호를 멈춰야 하는데 멈추지 않고 계속 가니 DNA가 합성되고 계속 세포가 분열되어서 암에 걸리는 거예요.

　그러면 우리가 할 수 있는 것은 뭐가 있을까. p53 단백질에 관련되는 DNA의 서열을 조사해서 서열이 잘못 되었는지 조사해보면 암에 걸릴지를 아는 거죠. 그런데 조사만 하면 무슨 소용이 있겠어요? 어쨌든 DNA 염기서열 중의 어디가 p53 단백질을 만드는 DNA인지를 조사하면 되겠죠. 암에 걸린 사람하고 아닌 사람과의 DNA 서열을 비교해 보면 차이가 나오겠죠. 그 다음에는 누구의 피를 뽑아서 거기서 DNA 서열을 분석하면 당신의 p53 단백질 서열은 정상인지 아닌지 진단해줄 수 있겠죠. 그런데 만약 서열이 제대로 안되면 어떻게 해야 해? 바로 잡아야죠. 그것이 바로 유전자 치료gene therapy라는 겁니다.

　세포 성장과 증식에서 이야기하는 것은 이런 세포 주기의 조절작용을 이해하고 조절이 잘 이뤄지지 않으면 암에 걸리는 거란 것이 오늘 강의의 주제예요.

그럼 여기서 암이라는 게 뭐냐? 상식적으로 몇 가지만 이야기하면 암이라는 것은 세포분열을 조절하는 것이 실패해서 생기는 거다. 그래서 우리 몸의 암의 종류는 무지 많죠. 그런데 종양 중에서, 종양은 암세포의 덩어리를 이르는 말인데, 양성이 있고 악성이 있다. 양성이라고 하는 것은 암세포 덩어리지만 별로 큰 문제가 안 되는 것. 악성이라고 하는 것은 주위에 있는 조직에 영향을 미치는 것. 우리 몸에 암세포가 자란다, 혹이 있다는 것만 가지고 사람이 죽는 것은 아니에요. 그런 혹이 있어도 더 안 자라고 주위에 영향을 안 미치면 아무 문제가 없어요. 그런데 그것이 옆의 신경세포를 자극하거나 다른 세포를 눌러서 기능을 못하게 하면 그것이 사람의 대사기능을 방해해서 죽게 하는 거죠. 우리 몸에는 p53 단백질과 같이 암을 일으킬 수 있는 유전자가 꽤 많이 있는 걸로 알고 있어요. 그런 유전자를 발암유전자oncogene라고 이야기해요. 그래서 발암유전자는 단백질의 기하학적인 모양이 달라져서 기능이 안 되는 거라고 이야기했어요. 암에 걸리는 것이 기본적으로 유전자에 의한 거라고 이야기했어요. 부모로부터 받은 유전 인자가 처음부터 정상적이지 않은 경우도 있는데 그런 유전자가 있다고 다 발현되는 것은 아니다. 그래서 이 유전자가 있는데 이 유전자가 어떤 요인에 의해서 발현이 되면 이것이 암으로 가는 것으로 이해해요. 아직까지 한 단계가 남아있는 걸로 생각되요. UV, X-ray, 발암물질 등은 유전자를 변형시키는 거고, 혹은 감기나 스트레스로 또 몸이 허약해지면 우리 몸의 면역 체계, DNA 수선 시스템이 작동을 안 하면 그것이 그냥 그대로 단백질로 만들어지고 그러면 암세포가 자라게 되는 거다. 그래서 기본적으로 암에 안 걸리려면 이런 것들을 피해야 하고 그 다음에는 자기가 스트레스를 받으면 잘 풀어야 하고 항상 신체를 건강하게 해서 우리 몸의 DNA 수선 시스템, 면역시스템이 잘 작동하게 해야 하는 거다. 그게 기본적인 아이디어일 거에요. 이 중에서 우리가 제일 심각하게 보는 암이 유방암이에요. 우리가 알고 있는 이야기는 영국에서 경험적으로 보니 외할머니가 유방암에 걸렸으면 엄마도 유방암에 걸리더라. 그러면 그 딸도 유방암에 걸린다. 나이는 30살 넘으면 걸리고, 40 넘어서 걸리는 사람도 있고, 아주 안 걸리는 사람도 있더라. 그러면 어떻게 되냐 하면 여러분 생각해보면 외할머니가 유방암 걸렸다, 엄마도 걸렸다, 그러면 자기도 걸리는 거에요. 그럼 할 수 있는 방법은 이런 신체, 정신적인 스트레스에서 벗어날 수 있는 건강한 몸과 마음을 가지고 있으면 외할머니, 엄마가 유방암에 걸렸어도 자기는 안 걸린다. 그런데 그게 보장이 되는 것은 아니잖아요? 그러니 항상 걱정될 거예요. 여러분 중에도 그런 사람이 있는지 모르겠는데 과거에는 어떻게 했냐 하면 영국에서 딸이 나이가 스무 살쯤 되면 징그러운 이야기지만 수술했어요. 확실한 방법이잖아. 그런데 그러면 기분 나쁘고 문제가 생기는 거죠. 그래서 요즘은 의술이 발달해 사전에 체크를 하는 거에요. 그래서 6개월에 한번 정도 검사해서 안전하면 다음 6개월간은 안전한 거에요. 그럼 6개월 후에 다시 검사하고, 어쨌든 이런 것이 암이에요.

생각할 이슈들

- 암을 진단하기 위한 기술은? 암을 조기에 진단하기 위한 새로운 접근방법은?
- 암을 치료하는 방법들은? 개선해야 할 사항은?
- 암에 걸리지 않는 방법들은? 과학적으로 설명하면?

세포발생과 의료기술

오늘의 주제는 세포 분화cell differentiation. 이것을 다루는 분야를 발생생물학 developmental biology이라고 해요. 생물학의 아주 중요한 분야의 하나죠. 오래전에

Tip 일본 지명 이야기를 하지요. 교토(京都)란 뜻은 수도이고, 동경(東京)은 동쪽으로 옮겨간 수도란 뜻이에요. 일본은 1900년까지 수도가 교토였다가 1900년대에 문호개방을 하면서 수도를 동쪽으로 옮겼어요. 교토 옆에 항구인 오사카가 있고 오사카 옆에 지진이 났던 고베가 있죠.

고베에 있는 발생생물학 연구소를 가봤더니 세계적으로 앞선 연구결과들이 많이 소개가 되고 있어요. 어쨌든 이화학 연구소에는 연구소가 여러 군데 있는데 그 중에 고베에서는 발생생물학 연구를 하고 여기의 줄기세포 연구는 진짜 세계 최고의 수준이다 라는 생각이 들었어요. 일본의 교토 대학 교수가 줄기세포를 역분화시키는 연구 결과를 발표했고 2012년에 노벨상을 받았지요.

도마뱀은 꼬리를 잘라도 다시 나온다 하는 걸 알아요? 다른 생물은 그게 잘 안되지만 도마뱀만은 꼬리를 잘랐을 때 여기 있는 세포들이 소위 줄기세포처럼 작용하는 그런 기능이 있다, 또는 어떤 상처로 인해 잘라지면 신호 전달이 돼서 여기 있는 세포들이 줄기세포처럼 되는 거다. 그러니까 도마뱀의 경우를 생각해 보면 여기에는 무언가 일반 세포로부터 줄기세포로 가는 기능이 있을 수 있다. 이것은 신호를 받아서 가는 거다. 그래서 유전적인 테스트를 해서 실제로 역분화된 줄기세포를 만든 거죠. 그래서 최근에 보면 배아줄기세포embryonic stem cell, 우리 몸의 지방에서 추출할 수 있는 또는 탯줄의 혈액에서부터 얻을 수 있는 성체줄기세포, 여기서부터 여러 가지 조직 장기를 만들려고 연구를 하기도 하고, 또 하나는 일반 세포에서부터도 줄기세포를 유도할 수 있다, 하는 그런 것까지 온 거죠. 그래서 우리 학부의 교수는 줄기세포로 인공 관절을 만들고 심장에 줄기세포를 넣어주는 여러 가지 공학적인 연구를 하고 있고, 새로 오신 교수는 줄기세포가 어떻게 분화하는지, 어떻게 하면 이런 장기로 분화시킬 수 있는지 이런 연구를 해요. 공과대학에서도 줄기세포 연구가 진행되고 있어요.

우리가 크게 보면 이런 거를 발생생물학이라고 하는데 이런 발생생물학이라고 하는 것이 과거 20세기까지는 현미경으로 관찰하는 수준이었다. 그래서 현미경으로 관찰했기 때문에 다윈 같은 사람이 형태만 가지고 생각을 하니까 생물이 진화가 되는 게 아닌가 하고 진화론을 얘기한 거죠. 지금 우리가 보면 진화론이 부분적으로는 맞지만 모든 것을 다 설명하지는 못해요. 21세기에 와서 지금은 현미경이나 눈으로 관찰하는 수준이 아니라 분자 레벨 또는 유전자 레벨에서 관찰하는 그 수준까지 왔어요. 어쨌든 이런 발생생물학 얘기를 하면 일반적으로 생물체는 어떻게 그 개체수를 늘려가는지 기본적인 것을 알아야 되요. 기본적으로 세포가 하나짜리 단세포 생물인 박테리아 같은 것은 하나가 두 개가 되고 이런 식의 이분법으로 변화가 되는 거죠. 이것보다 조금 더 진화가 된 효모는 단세포 생물이지만 진화가 조금 더 된 것이기 때문에 이것은 출아 budding를 하는 거다. 출아라는 것은 세포에서 싹이 나오듯이 딸세포가 만들어 지고, 그래서 딸세포가 자라면서 개체수를 늘리는 방법으로 하는 것이다. 그 다음에는 단성생식이라 해서 생물체가 스스로 난자를 만들고 난자가 스스로 성체가 되는 것으로 정자라는 개념 없이 알아서 계속해서 새끼를 만드는 기능이 있고, 이것보다는 유성생식이 더 진보된 것이라고 하는데 유성생식은 기본적으로 한 개체에서 나오는 것이 아니라 난자와 정자가 만나서 수정되는 것이다. 이것도 여기에 자웅동체가 있고 자웅이체가 있어요. 유전적으로 자웅이체가 더 안정한데 자웅이체도 기본적으로 체내 수정하는 것이 있고 체외 수정하는 것이죠. 체내 수정을 하는 것 중에 우리가 아는 하나는 닭으로서 수정된 뒤에 알을 바깥으로 배출하고 바깥에서 알이 부화하여 병아리가 생기는 거다, 그 다음에 사람은 수정을 하고 10개월간 엄마의 자궁에서 있다가 바깥으로 나오는 거다. 이렇게 이것이 진화가 됐는지 아님 고급화돼 만들어진 건지 모르지만 여러 가지 방법이 있다는 거예요.

Tip 그러면 사람도 동물도 마찬가지고 소위 자웅이 있으니 암컷이 수컷을 어떻게 선택하냐는 생물학적으로 중요한 이슈예요. 자기의 자손이 힘이 있어야 되요. 그러니 동물 같으면 수컷끼리 싸워 제일 센 놈이 암컷을 차지하는 거다. 옛날에는 사람도 그랬을지 몰라요. 그런데 지금은 근육질인 남자를 그렇게 좋아하는 건 아닌 것 같아요. 현대 문명 사회에서는 근육질 남자가 아니라 이 험한 세상에서 잘 살려면 남자가 똑똑해야 돼요.

그래서 기본적으로 생각해 보면 난자가 있고 정자가 있다. 일반적으로 정자와 난자세포를 그대로 합하면 $4n$이 되고 그 다음세대에는 $8n$이 된다. 그래서 시간이 가면 무한히 늘어나게 되는데 이것은 아닌 거죠. 그래서 이렇게 하면 안 되니까 이것을 우리가 소위 $2n$을 n으로 만들어서 n과 n이 결합해서 $2n$이 되는 방식이다. 이것을 감수분열meiosis이라고 한다. 그럼 사람의 경우 $2n$이 46이다 하면 n이 23개가 있고 $2n$에서 쌍을 이루는 염색체가 있다, 이것을 용어로 상동염색체homologous chromosome라고 얘기해요. 그래서 사람으로 치면 23개가 있는데 처음에 46개에서 23개가 나눠질 때 조합되는 경우의 수가 무지 많아요. 여기서 적절하게 나눠지고 그래서 난자 n, 정자 n이 돼요. 궁금한 것은 동물이든 사람이든 작은 생물체든 간에 이런 것들이 어떻게 일어나느냐 하는 그 과정이에요. 그래서 이걸 연구해야 하는데 궁극적인 관심은 사람한테 있는 거죠.

그러면 사람을 대상으로 연구를 할 수 있느냐? 과거나 지금도 그렇게 잘

236 ● 융복합시대 리더들을 위한 **생각하는 생물학강의**

못해요. 사람은 남자 여자를 임의로 짝짓기시킬 수도 없고, 사람을 대상으로 할 수 없으니 궁금한 생물체 발생 메커니즘을 알고 싶을 때 실험 대상을 어떻게 하느냐? 실험 대상을 모델 시스템이라고 하는데, 모델 시스템을 잘 잡아야 해요. 그럼 무엇을 대상으로 할 것이냐? 맨 처음에는 초파리fruit fly를 대상으로 실험했어요. 그러면 초파리가 갖고 있는 장점, 빨리 빨리 번식하는 장점, 그 다음에는 좁은 공간에서도 키울 수 있고, 그래서 그의 장점이 모델 시스템으로서의 가치는 있지만 이게 갖고 있는 단점은 어떻게 초파리로 얻은 결과를 사람한테 적용 할 수 있는가죠. 하지만 뭔가 기본적인 단서는 초파리한테서 얻을 수 있는 게 아닌가, 하다 보니 실험할 수 있는 선택의 폭이 좁았어요. 초파리를 여러 가지로 괴롭혀서 변이체를 만든 다음에 그 다음 세대의 초파리한테도 전달이 된다 안 된다, 이런 실험을 했어요. 그 다음에 모델 시스템으로 선충류, 지렁이, 척추동물, 물고기, 개구리로도 다 실험해 봤어요. 척추동물은 사람과 비슷한 게 아닌가. 그런데 개구리가 며칠 만에 하나가 두 개가 되고 이런 게 아니잖아요. 그래서 이런 발생생물학하는 사람들은 이게 만만한 게 아니지요. 1950년쯤 DNA가 뭔가 알려지기 시작하면서 이제는 이런 유전자의 구조, 사람의 유전적인 구조를 많이 알아가잖아요. 이제는 우리가 가지고 있는 데이터를 병원의 환자로부터 얻어서 병이 걸린 경우 DNA 유전자의 어떤 부분에 이상이 있으면 어떤 병이 걸린다, 이런 식의 데이터를 만들 수 있어요. 그래서 여기서부터 상관관계를 만드는 게 또 다른 생물정보학bioinformatics 연구예요. 그래서 각 나라마다 여기에 돈을 많이 투자해서 병원에 있는 샘플로 DNA를 맞춰봐라 이런 연구가 의학분야에서는 제일 중요한 일의 하나인 거예요.

지난 번에 식물세포는 기본적으로 전능totipotent하다고 했는데, 우리가 신을 얘기할 때 전능하다고 하죠. 전능하지 않은 그 아래 레벨은 만능pluripotent이라고 하는데 지금은 우리가 식물세포만 전능한 게 아니라 동물세포도 조작을 잘 하면 그렇게 만들 수 있다고 생각을 하고 연구를 해요. 지금 단계에서는 아직 그 목표 달성을 못했지만 배아 줄기세포는 전능하다고 하고, 어떤 조직에서 분류해 낸 줄기세포, 예를 들어 골수에서 분류해 낸 줄기세포 같은 경우 만능하다고 해요. 골수에서도 줄기세포를 찾을 수 있고 이 세포를 배양하면 여기서 적혈구, 백혈구, 여러 가지 혈액에 필요한 것들을 만들어요. 골수에서부터 줄기세포를 스크리닝해서 키우는 것은 오래전부터도 많이 했어요. 우리 졸업생 중 1980년대에 박사학위 받은 졸업생은 논문 주제가 골수 줄기세포 배양 기술이었어요. 지금은 단순한 줄기세포 배양은 연구를 안 하고 유전자가 조작된 골수 줄기세포를 배양해요. 그러면 유전자가 조작됐으니 복잡한 일들이 생기는 거죠. 암 환자가 항암 치료를 받으면 몸에 있는 골수 세포가 다 죽는대요. 그래서 화학 요법을 받더라도 화학치료 받기 전에 골수를 빼내서 골수 세포는 손상 안 되게 한 다음 이걸 다시 키워 골수로 집어넣는 일을 해요. 그래서 이런 골수 줄기세포를 키우는 일이 오래전부터 중요했고 이건 배아 줄기세포와 달리 하면 되었어요. 지금도 우리가 잘 모르는 것은 배아 줄기세포에서 어떤 과정을 거쳐야 간 세포, 췌장 세포, 허파가 되는지 잘 몰라요. 우리가 지금 희망하는 것은 배아 줄기세포에 있든, 성체 줄기세포에 있든 간에 줄기세포를 어떻게 조작하면 우리가 원하는 조직, 장기를 만들 수 있냐 하는 건데 그 메커니즘을 아직도 우리가 몰라요. 그러니까 앞으로 연구는 어떻게 하면 간을 만들까 이런 것이에요. 그런 것을 하기 위해서는 여러 가지 필요한 게 많이 있는데 요새 대학생들은 이런 데 도전을 해야 해요. 줄기세포를 잘못 키우면 조절이 잘 안돼 암을 발생시키고, 제대로 조절이 잘 되면 간이 돼요. 아니면 엉뚱한 세포가 되기도 해요. 그리고 실험실에서 했더라도 이게 정말 안전한지 검증을 제대로 해야 해요.

또, 발생 후기의 세포가 어떤 변화를 보이느냐 하는 것이에요. 사람의 경우에 난자와 정자가 만나서 하나의 세포가 되죠. 그리고 다음부터는 계속해서 세포가 분열을 해서 우리의 모습이 되는 건데 초기의 모습이 어떻게 되는 거냐. 하나가 2개가 되고, 2개가 4개가 되고, 이렇게 해서 숫자가 늘 텐데 이 과정에서 64개가 되는 것을 우리는 의미있게 생각하고 있어요. 64개가 되면 우리가 배반포blastocyst라고 해서 이걸 64개의 할구, 나눠진 구라고 불러요. 64개까지 되면 그 다음에는 64개를 둘러싸는 멤브레인이 형성되고 멤브레인이 형성되면서 자궁에 착상을 하는 일이 일어나는 거다. 그래서 거기에 태반이 만들어지고 이런 일들이 일어나는데, 그런 일들을 세부적으로 아는 것이 지식에는 도움이 되겠지만 아직은 특별한 의미는 못 찾기 때문에 지나가기로 하고, 지금 64개가 되면서 멤브레인으로 싸이는데 이걸 우리가 포배blastula라고 이야기해요. 어쨌든 64개로부터 우리가 낭배라고 하는 것이 만들어지는데 이것은 조직으로 가는 예비단계로서 3개의 층으로 이루어진다. 안쪽 것을 우리말로는 내배엽endoderm이라하고, 그 다음에 맨 바깥의 것이 외배엽ecoderm, 그리고 가운데에 형성이 되는 막을 중배엽mesoderm이라고 이야기해요. 그래서 64개의 세포로부터 내배엽, 중배엽, 외배엽이 형성이 되는데, 외배엽은 사람의 피부 혹은 신경세포, 중배엽은 근육이나 내부적인 조직으로 분화가 되고, 내배엽은 소화기 또는 순환기로 분화가 돼요. 그래서 이렇게 분화가 되면서 발생이 시작한다는 걸 가지고 깊이 있게 생각하면 의미를 많이 찾아낼 수 있을 거예요.

요즘의 핫 이슈는 줄기세포이지요. 이 64개의 할구로부터 어떤 작용에 의해서 특정한 조직으로 분화가 된다 그러면 이 64개가 되는 것, 블라스토시스트에서부터 여러 가지 호르몬을 처리하거나 자극을 주면 적절한 기관으로 갈 수 있는 거라고 생각하는 거에요. 그래서 지금 줄기세포에 관한 연구는 어떻게 해야 조직을 만들어내는가, 예를 들어 어떻게 해야 간을 만들어낼 수 있는가가 핫 이슈인데 이 과정이 구체적으로 어떤 메커니즘으로 일어나느냐가 제일 중요한 거죠. 제일 중요한 거란 이야기는 할 수 있지만 구체적으로 어떻게 일어나는지는 몰라요. 물론 지금보다는 더 자세히 이야기할 수는 있지만 자신 있게 여기서부터 어떠한 식의 단계를 거쳐 특정한 조직이 만들어지는지는 몰라요. 이것이 중요하다고 생각하면 이런 연구하는 데 청춘을 바쳐도 멋진 거겠죠. 그래서 요즘에 많은 졸업생들이 줄기세포 연구하는 쪽으로 가고 있어요.

그 다음에 그냥 흥미거리로, 남녀의 차이는 XX냐 XY 염색체냐에 의해 결정이 된다고 알려져 있어요. 그러면 이것이 반드시 그런 거냐. 어떤 사람, 실제로 존재하는 미국의 어떤 여자배우는 모든 것이 다 여자로 되어 있대요. 그런데 어느 날 애가 안 생겨서 테스트해보니 자기 유전자가 XY더래. 우리 주위에도 그런 사람이 있는지 몰라요. 그래서 우리가 보통 이야기할 때 XX면 여자고 XY면 남자가 되는 거라고 하는 것이 틀린 경우가 있다. 왜 그럴까? 이 XY가 있으면 지금 우리가 이야기하는 전제는 Y라는 것이 완전한, 문제가 없는 유전자라는 것을 전제로 하고 이야기하는 것인데 만일 이 염색체에 문제가 있으면 Y로서의 역할을 못하는 거겠죠. 그럼 결국 여성스러워지는 거죠. 그래서 사람들이 연구를 했더니, Y 염색체에 SRY라고 하는 유전자가 있다. SRY_{sex-determining region of the Y chromosome} 유전자는 Y 염색체의 성을 결정하는 지역유전자라는 이야기에요. 이런 SRY라고 하는 유전자가 있는데 이 유전자가 변형이 돼서 발현이 안되면 XY를 가졌지만 XX처럼 표현되는 경우가 있는 거다. 얼마나 놀랐겠어요. XY인데 SRY에 문제가 생기는 경우는 흔한 일이 아니니 걱정할 필요는 없지만, 어쨌든 그래서 성이 어떻게 결정이 되는 거냐 했을 때 막연히 XX, XY라고 하는 것보다 한 단계 더 나가서 생각해 볼 수 있는 거죠.

건강 응용

이런 기본지식을 보건에 어떻게 응용하는지 생각해보지요. 이 보건이라는 것을 크게 보면 어디가 아픈지, 혹은 문제인지 하는 진단을 할 수 있어야 하겠죠. 진단을 어떻게 하는 거냐. 진단을 분자 수준에서 하는 거다. 그래서 분자 수준에서 진단 시약으로 하는 수도 있고, 다음에는 센서를 가지고 할 수 있고, 이걸 더 개량한 칩으로 할 수도 있는 거다. 물론 DNA도 분자수준이라고 이야기할 수 있겠지만 지금은 따로 생각하고 있어요. 하지만 앞으로는 DNA 수준에서도 진단할 수 있을 거예요. 당장 아프다, 안 아프다가 아니라 미래에 아플지 안 아플지 가능성을 알 수 있겠죠. 그 다음에 아픈 사람을 어떻게 치료해 주느냐. 지금 우리가 아파서 병원에 가면 의사가 경험에 의해, 혹은 여러 검사로 진단한 다음에 약을 주죠. 그 다음에 의사가 몇 가지 당부를 하죠. 몸을 무리하게 굴리지 마라 같은. 그래서 치료라는 것은 일차적으로는 약, 다음에는 술 마시지 말고 담배 안 피고 이런 것부터 시작해서 정신적으로 여유 있게 살라는 이야기를 해요. 그래서 정신적인 스트레스를 없애서 그것이 면역을 강화해서 빨리 치료가 되게 하는 거죠. 그런데 이것만 가지고 충분하지 않을 때는 큰 병원에 가서 큰일을 해야 하죠. 큰일이라는 것이 우리가 아는 게 뭐에요. 수술 또는 장기이식 같은 거죠. 좀 끔찍해지는 거죠. 그 다음에는 미래 지향적으로 줄기세포 치료. 이런 것들을 크게 봐서 재생의학regenerative medicine이라고 이야기해요. 이런 분야가 있을 수 있지요. 그 다음에는 더 미래지향적으로, 또는 최근에 전 세계에서 시범적으로 몇 가지 실시되는 것이 DNA 수준에서 유전자를 바꿔준다는 유전자치료라는 방식이 시작된 거죠. 그리고 이런 거에 앞서서 병 안 걸리게 해 주는 방법인 백신, 이런 방법이 있는 것인데 이거보다 중요한 것은 건강하게 사는 거죠.

정신적, 육체적인 면에서 건강하지 않으면 신호가 오는 거다. 그 중의 대표적인 게 코피가 나는 거예요. 코피가 나면 내가 공부를 열심히 해서 코피가 나는구나라고 생각하고 기분이 좋을 수도 있겠지만 그것은 내 몸이 지금 비정상적인 단계로 들어가는 거니까 조심해야 하겠다고 생각해야 하는 거예요. 어떤 사람은 코피가 안 나게. 코를 지져. 그랬더니 어떤 일이 생겨요? 코피가 난다는 것은 혈압이 올라가서 몸에 위험 신호를 보내는 건데 코에서 안 나면 다른 데가 나와요. 그래서 어디가 나왔는지 알아요? 폐에서 피가 나왔어요. 그래서 병원에 입원했어요. 그러니까 코피가 난다고 코를 지져서 피가 안 나오게 하겠다는 것은 진짜 어리석은 짓이에요. 정신적으로 피곤하면 음악을 듣든, 운동을 하든, 수다를 떨든 해서 스트레스를 풀어야지 오래가면 병이 나요. 홧병이 그런 병 중의 하나죠. 그래서 정신과 육체는 그렇게 연결되어 있다는 겁니다.

의료기술 관련하여 분자 진단에 관련된 이야기, 그리고 재생의학에 관련된 이야기, 즉 백신에 관련된 이슈 등이 있어요.

먼저, 분자 진단에 관련된 이야기부터 살펴보기로 하죠. 우리 몸이 아프면 우리 몸에 여러 가지 대사산물의 변화가 와요. 우리 몸에 새로운 항체가 조금 생기거나 어떤 화학물질이 분비되든가. 이런 것들을 시약을 가지고 반응시켜서 알아내는 방법이 있겠죠. 가장 현대적인 방법은 바이오칩을 이용해서 어떤 물질이 바이오칩 위의 항체에 붙어서 신호가 나오면 어떤 물질이 나오는지 아는 거예요. 바이오칩에 효소 같은 것들이 있어서 감지하는 건데 바이오칩이나 효소센서나 원리는 다 비슷해요. 어떤 것은 전기적인 신호가 나오고 어떤 것은 형광 빛을 발하든가 하는 식으로 신호가 나와서 감지하는 거다, 제일 간단한 걸로 포도당 농도측정을 어떻게 하는지 이야기해 볼게요.

포도당 농도측정을 해야 하는 이유는 굉장히 많아요. 당뇨병 환자가 매일 혈당 농도를 확인하는 경우부터 시작해서 산업적으로 굉장히 많아요. 그리고 포도당 감지하는 방법도 여러 가지가 있어요. 아침마다 피를 조금씩 뽑는 것도 싫은 거죠. 그래서 피를 안 뽑고서도 포도당 농도측정을 할 수 있을지 연구를 많이 해요. 하지만 가장 많이 알려진 방법은 피에 포도당이 얼마나 있는지를 직접 확인하는 거예요. 그래서 이것의 기본 원리는 용존 산소dissolved oxygen의 농도를 측정하는 거죠. 실험실 가면 피펫이 많은데 이 피펫을 자르고 맨 끝에 백금(Pt) 선을 감아줘요. 그리고 바깥에다가 또 다른 피펫을 끼우고 여기다가는 전해액을 집어넣어요. 그리고 이 Pt 선에 셀로판지를 씌워요. 멤브레인인 거죠. 이걸 붙이거나 단단히 고정해요. 그리고 −극, +극을 연결해서 전류가 얼마나 흐르는지 확인하면 되는데, 여기에서 산소량에 따라 전자가 왔다 갔다 하는 양이 달라지고 그러면 여기서 발생되는 전류를 재면 전자가 얼마나 움직이는지 재는 것이고 그것이 산소 농도에 비례하는 거다. 이런 걸 아주 멋있게 만들려면 주사바늘, 나노 입자에 이런 걸 붙일 수도 있어요. 하지만 원리는 다 같아요. 20~30년 전에는 실험실에서 피펫을 잘라 산소 전극을 만들어 실험도 해보고 그랬어요. 어떤 멤브레인을 쓰느냐 등 여러 가지 요인에 따라 성능이 달라지겠지만 원리는 같아요. 그럼 이걸 가지고 어떻게 포도당 농도를 재는 거냐. 우리가 알고 있는 것은 포도당이 포도당 산화효소glucose oxidase라는 효소에 의해서 글루콘산gluconic acid이 되고 산소가 나오는 거다. 여기서 꼭 포도당 산화효소를 써야 하는 건 아니에요. 산소전극 바깥에 셀로판지를 더 싸고, 그 다음에 셀로판지에 포도당 산화효소를 집어넣어요. 그럼 어떻게 돼요? 포도당이 있으면 이 포도당이 셀로판지를 통과해 들어가서 효소와 반응하면 산소가 만들어지고 그 산소가 다시 Pt와 반응하고, 이런 일련의 반응을 거치면 결국 전류는 포도당 농도에 비례하는 거다. 그래서 포도당 농도에 대해서 전류를 그려서 선형 구간을 찾으면 포도당 농도를 잴 수 있다. 여기서는 포도당 이야기를 했지만 효소를

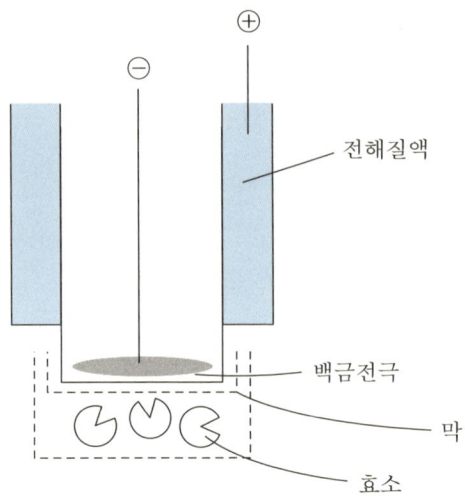

전해질액

백금전극

막

효소

효소를 이용한 포도당 센서 모식도

포도당산화효소(glucose oxidase)가 포도당과 반응하면 산소가 발생한다.

$$glucose \xrightarrow[\text{포도당산화효소}]{} gluconic\ acid + H_2O + \frac{1}{2}O_2$$

이 산소는 백금전극과 반응하고, 이것은 전해질 액으로 연결되는데, 이때 전압을 일정하게 하면, 발생되는 전류는 산소 농도에 비례한다.

－전극: $1/2\ O_2 + H_2O + 2e^- \rightarrow 2OH^-$

＋전극: $Ag + Cl^- \rightarrow AgCl + e^-$ (폴라로그라픽 형태)

즉, 전류는 산소농도에 비례하고, 산소농도는 포도당 농도에 비례하므로, 발생되는 전류를 측정하면 포도당 농도를 알 수 있다.

바꾸면 콜레스테롤도 잴 수 있고 온갖 종류의 대사산물을 측정할 수 있는 거예요. 혹은, 유리판을 붙여둬서 결합하는 순간에 형광이 나오게 해서 재는 거예요. 모양만 조금씩 다르지 기본 원리는 다 이런 거예요. 분자 수준에서 하는 것은 이런 거예요. 피를 뽑아서 할 수도 있고 오줌으로 할 수도 있고, 이게 좀 더 발전하면 호흡에서 나오는 성분을 분석할 수 있는 거죠. 그래서 우리가 암에 걸리면 암을 이기기 위해 뭔가 물질을 만들기도 하고 암세포로부터 어떤 물질이 나오기도 하고, 이걸 우리가 바이오 마커라고 하는데 이걸 찾아내면 암을 진단하는 거죠.

그 다음에 백신에 관련된 이야기에요. 요즘 백신 이야기를 많이 하는데 그럼 백신이 뭐냐? 백신은 우리 몸의 면역 작용을 강화해주는 거죠. 살짝 병에 걸리고 나면 우리 몸에 면역력이 생겨서 더 이상 병에 안 걸린다. 그래서 보통 아기들이 생후 2년 사이에 백신을 엄청나게 많이 맞아요. 백신은 그냥 맞는 거라고 생각하고 있는데 백신이란 게 과연 뭐냐, 이 이야기만 조금 더 하죠. 요즘 가장 끔찍하다고 하는 게 탄저균이죠. 이 백신을 어떻게 만드는지 이야기 잠깐 할게요. 우리가 종종 뉴스에서 접하는 것이 하얀 가루가 든 봉투가 배달되었다. 그러면 사람들이 깜짝 놀라서 하얀 게 뭔가 확인하죠. 그만큼 요즘에는 생화학 무기 같은 역할을 하는 세균들이 있는 거죠. 특히 전쟁에 나가는 군인에게는 상대방이 그런 균을 뿌릴 수도 있으니 그게 걱정되는 거죠. 신경가스를 뿌릴 수도 있고, 실제로 10년 전 중동에서 전쟁할 때 적이 신경가스를 살포했다고도 해요. 신경가스에 대한 대비는 어떻게 하는지 알아요? 방독면을 쓰죠. 그것으론 충분하지 않고 신경가스를 중화시키기 위해 화학물질을 살포해 중화시키지요. 또 옷에 다 묻어요. 그래서 군복에 신경가스를 분해하는 효소를 코팅해요. 방독면에도 들어가 있고요. 신경가스는 일반적으로 유기 인계 화합물이다. 유기 인계 화합물 중에 제일 독성이 작은 게 농약이에요. 시골에 가면 지금도 농약 먹고 죽었다는 사람들 있는데 그런 거예요. 그걸 더 세게 만든 게 신경가스가 되는데 유기 인계 화합물이다. 그걸 분해시켜 주면 되는데 그런 반응을 시키는 효소가 있어요. 그 효소를 군복에 코팅하면 신경가스가 오더래도 효소가 분해하죠.

탄저균이 가지고 있는 독성 물질이 단백질이에요. 탄저균은 LT, ET 이런 두 가지의 독을 만들어 내는데 이 두 가지 독이 어떻게 만들어지는 것인가? 탄저균은 세 가지의 단백질을 만들어 내는데 그게 조합되면 독으로 작용하는 것이다. 아주 원시적으로 생각하면 탄저균을 아주 약화시켜서 우리 몸속에 주사하면 그래서 우리 몸이 가까스로 이겨낼 수 있으면 이 단백질에 대한 면역력을 가지는 거죠. 단백질이 들어왔을 때 분해시킬 수 있는 메커니즘이 우리 몸에 생기는 거예요. 그게 면역이고 백신을 맞는 건데 만일 균을 약화시켜 넣었다고 해도 접종 받은 사람이 몸이 허약해 있다. 그러면 약한 독소가 들어와도 죽을 수 있고, 아주 약하게 미생물을 집어넣었는데도 그게 아주 약해진 게 아니라 조금만 약해진 거라서 우리 몸속에서 확 자라면 또 사람이 죽어요. 그러면 안 되잖아. 그래서 살아있는 균을 약화시켜 주사하는 것은 안 된다. 너무 위험성이 크다. 그러면 어떻게 해야 하느냐? 그 다음에는 단백질 세 가지 중에 하나가 PA라는 단백질이 있어요. 이게 조금 안전해요. 탄저균을 배양하면 탄저균이 단백질을 만들어내죠. 독을 만들어내는데 독은 너무 위험하니 그만두고, 독을 분해해서 단백질을 얻고, 이 단백질을 순수 분리해서 PA를 추출해서 몸에 넣으면 적어도 이 PA라는 단백질을 우리 몸에서 스스로 인식해서 분해시키는 뭔가가 생겨나는 거다, 균을 약화시켜서 넣는 방법보다는 이게 좋다는 것이 분명한데 여기도 위험성이 있어요. 이걸 지금 순수 분리하겠다고 했는데 완전히 분리가 안되면 다른 단백질이 남아있게 되고, 다른 단백질이 남아있으면 둘이 뭉쳐 독이 되어서 사람에게 해를 입힐 수 있으니 안전한 것이 아니다. 그러면 우리가 할 수 있는 것은 PA라는 단백질을 발현하는 유전자를 얻어서 이걸 대장균에 넣는 거다. 그러면 이런 경우는 유전자만 집어넣은 것이니까 다른 단백질이 만들어질 확률이 없어요. 대장균도 우리 몸속에 많으니 크게 문제는 안되고. 그래서 재조합대장균은 PA만 만들어지니 이걸 정제해서 백신으로 쓰면 되는 거겠죠. 새로운 탄저 백신의 개발 방향으로 유전자 재조합된 대장균을 키우면 되는 거다. 이게 제일 안전하다. 그래서 지금 전 세계적으로 PA를 만들어내는 유전자를 대장균이나 효모에 넣어서 만들어내고 있어요. 대체적으로 보면 맨 처음에는 유전자를 얻는 것, 그 다음에는 유전자를 대장균에 집어넣는 것, 그 후 대장균을 잘 키우는 것 그 후 PA라는 단백질만 분리 정제한다. 제조 공정에는 배양 및 정제 공정이라는 것이 포함되어 있어요. 지금 분자 생물학 또는 생물학을 한 사람들은 유전자를 찾아내는 일을 하고 공학하는 사람들은 대장균을 키워서 단백질을 분리정제하고 이걸로 백신을 만드는 일을 해요. 물론, 공학하는 사람들이 전자를 할 수도 있고 생물학 하는 사람들이 후자를 할 수도 있는데 생물학을 하는 사람들이 후자를 하면 아이디어가 잘 안 나오고. 그냥 시키는 대로 하는 거죠. 공학하는 사람들이 전자를 하면 마찬가지로 새로운 아이디어가 잘 안 나오죠. 전체 시스템을 이해하는 것은 누가 하는 것이 제일 좋은지 전 세계적으로 이런 백신을 만드는 회사가 하나만은 아니니 경쟁에서 어떻게 살아남을지 전체 시스템을 이해하는 것은 CEO가 훨씬 나은 거겠죠. 그래서 우리 졸업생이 관련회사 사장인데 거기서 백신을 만들어서 1년에 2,000억을 팔고, 희귀병 치료제를 만들어 3,000억을 팔고, 이런 약을 서너 개만 개발해서 팔면 1조의 매출을 올린다는 계획을 가지고 있어요.

생각할 이슈들

• 배아줄기세포, 성체줄기세포, 역전사줄기세포의 특징과 장단점은?
• 재생의학과 관련된 기업은? 벤처창업 가능성은?
• 피를 뽑지 않고 혈액 속의 포도당 농도를 측정하려면?

9강

생태계와 생명공학

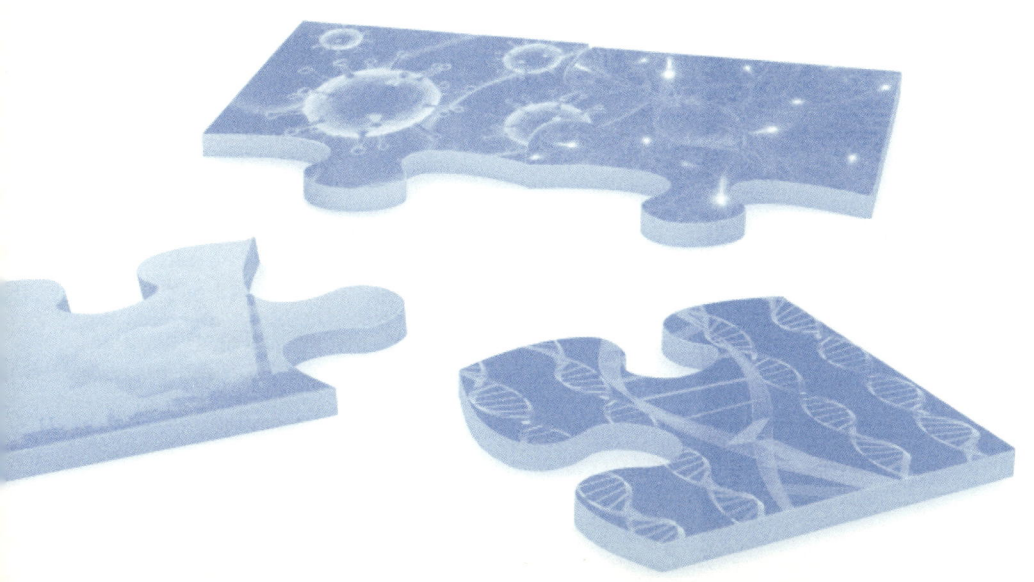

생태계의 이해

우리가 생태계eco system라는 용어도 쓰고 비슷한 걸로 환경environment이라는 용어도 써요. 이 두 개의 차이가 뭘까? 생태는 생명체, 유기체와 환경과의 상호 작용을 연구하는 것을 가리킨다고 보면 돼요. 그래서 여러 가지 생명체가 같이 공존하는 그런 환경을 이야기하는 거고, 환경이라고 하는 것은, 생명체가 고려 는 되지만 주역은 아닌 걸 가리키는 거죠. 그래서 우리가 생태계 또는 환경이라 는 이야기를 많이 하는데, 궁극적으로 생각하면 환경이란 것은 생명체를 고려 해야 하기 때문에 환경 문제가 중요한 거겠죠. 그렇게 생각하면 어떤 용어를 쓰 던 우리가 생각하는 내용들은 동일한 거란 생각이 들어요.

그러면 이게 왜 중요하나. 학생들은 환경 문제에 관심이 많은 것으로 알고 있어요. 특히 이공계대학에 입학하는 이유 중의 하나가 환경을 좋게 만들기 위 해서다라고 해요, 지구적 환경 문제를 해결하러 이공계 대학에 왔다고 하는 학 생들도 면접 때 가끔 만나요. 그럼 환경 문제가 왜 중요하냐. 요즘 지구온난화 때문에 지구의 날씨가 제멋대로라는 건 알고 있겠죠. 그래서 예를 들면, 2011 년 우면산 산사태를 생각해 볼 수 있을 거예요. 우리 주위에서 산사태 나는 게 100년 만에 폭우가 내려서 그렇다. 그럼 왜 그런 폭우가 왔는가를 생각하면 지 금 기상이변이 너무 많이 일어난다는 거죠. 그게 모두 이산화탄소 때문이라고 생각하는 거예요.

그 다음에 우리가 기억하는 것은 안면도 앞바다에서 배가 좌초돼서 기름이 유출돼 수많은 사람들이 거기 가서 기름 닦아내고, 그런데도 걸레로 닦는 거 말 고는 뾰족한 수가 없는 것인가? 없어요. 과학 기술은 발전했어도 안면도 사건처럼 기름이 흘러나오면 걸레로 닦아내는 등 간단한 처리 외에는 할 수 있는 게 없어요.

그 다음에 우리 건설환경공학부 교수 중에 한 분은 주 연구과제가 빗물 받는 거예요. 얼마 전에 그 분이 빗물 받는 시스템에 대한 연구결과를 발표하는데 질문을 했어요. 왜 빗물 받는 연구를 하나? 특히 베트남에 가서 빗물 받는 장치를 많이 해줘요. 왜 하냐고 물었더니 베트남이 경제 성장을 빨리 하다 보니까 강이 다 오염돼서 강물을 먹을 수가 없대요. 우리나라도 과거 1970년경에는 중랑천 이런 데는 오염이 심해 물고기가 다 죽었어요. 80년부터 살리려고 애를 쓴 거고 지금은 좀 괜찮아졌는데, 베트남은 강물과 개천이 다 오염돼서 먹을 물이 없다. 그럼 지하수를 마셔야 할 것 아닌가. 그런데 지하수를 파면 비소라는 중금속이 있대요. 그래서 못 마셔요. 그러면 정부에서 깨끗하게 해서 수돗물을 공급하면 되지 않냐. 그런데 정부가 돈이 없나봐. 도시는 어느 정도 이렇게 수돗물을 공급할 수 있지만 베트남 전체에서는 일부죠. 나머지 90% 지역은 수도관을 놓으려니 돈이 너무 많이 들어서 못하는 거죠. 그래서 사람들이 더러운 물을 마시고 목욕하고 빨래하고 그래요. 그래서 베트남에서는 빗물을 받아서 흙이나 모래를 가라앉히고 깨끗하게 해서 마시면 좋다고 이야기해요. 실제로 환경이 나빠서 문제가 되는 부분이 많아요. 우리나라도 지금은 괜찮지만 오래전에는 소각장이 있으면 소각장 근처의 마을에서 강아지가 태어나면 기형이 돼서 나왔대요. 그때는 20년 전쯤이지. 소각할 때 나오는 다이옥신이라는 발암물질 때문인데, 사람은 암에 걸리는데 오랜 시간이 지나야 나타나지만 개dog는 그게 금방 보이는 거죠. 그런 일들이 주위에서 많이 일어나고 있고 관심을 가져야 하는 사람은 대학에 있는 사람들이고 또 우리가 제일 잘 할 수 있는 영역이라고 생각해요.

가끔 텔레비전을 보면 생태학자들이 바다에 물고기를 몇 마리 풀어놓는다, 또는 산에 토끼나 여우를 몇 마리 풀어놓는다, 그러면 이것이 생태계를 안정화시키는 것이라고 표현하고 그런 내용이 나오는 프로그램이 있어요. 그럼그게 뭘까? 생태계가 잘 안정되어 있다는 게 뭐냐? 이런 측면에서 몇 가지 생각해보지요. 우리 학교에 동물이 있다고 가정하고 늑대가 100마리, 토끼가 100마리 있다고 하면 토끼는 금방 다 잡아먹히겠죠. 이 정도 생태계에서 토끼나 늑대가 얼마쯤 있으면 한 종이 멸종하지 않고 살아갈 수 있을까. 늑대와 토끼가 둘만 산다고 가정하면 토끼가 다 잡아먹힌 후에는 늑대도 죽어요. 먹을 게 없어서. 그러니 늑대가 사는 방법은 토끼를 조금만 잡아먹고 살려두는 거예요. 그런것이, 어떤 생명체가 시스템에서 계속해서 증식을 할 수 있는, 생태계가 안정하다고 이야기하는 거예요.

그럼 이걸 어떻게 해석을 해야 하는 거냐. 미생물의 경우를 생각해 보지요. 미생물이 증식하는 것이 여러 단계를 거친다고 이야기했죠. 여러 단계를 거치는데 지수성장기가 어떻게 보면 제일 중요한 부분이겠죠. 미생물이 지수성장기에 성장하는 것을 우리가 어떻게 수학적으로 표현하느냐? 개체수가 많으면 여기에 비례하여 더 빨리 증식하겠죠. 비례상수를 μ라고 해주면 μ라고 하는 것은 비성장속도specific growth rate이지요. 그러면 여기서 μ는 무엇의 함수인가라고 했을 때 μ라고 하는 것은, 먹이를 우리가 기질(S)이라고 표시하면, 기질의 함수다. 그래서 기질하고 성장속도하고 어떤 관계가 있나 찾아보니까 많은 경우에 다음 식과 같이 되더라. 그래서 최대성장속도를 μ_{max}라고 하고 이것의 절반이 되는 기질의 값을 K_m이라고 표현을 할 수 있다. 그러면 모든 개체가 다 자라는 것을 이런 식으로 표시할 수 있는 거냐? 다른 방법도 있어요. 그리고 이것이 항상 맞는 것은 아니에요. 이렇게 표현할 수 있는 것이 많은 경우에 해당할 뿐이죠.

그런데 여기서 N이라고 하는 게 개체수인데 어떤 때는 개체수로 되지만

성장속도식

$$\frac{dN}{dt} = \mu N$$
$$= \frac{\mu_{max} S}{K_m + S} N$$

미생물 같은 경우에는 개체수를 헤아리기 어려워서 어떤 때는 그냥 X라고 표시할 수 있어요. X는 세포 질량이다.

  그럼 이제 생태계가 안정하다는 것은 그 안에 수많은 생명체들이 있을 텐데 그것을 분석을 다 하려면 너무 복잡하니까 아주 단순한 경우를 가정해서 거기서부터 출발을 하는 거예요. 그래서 어떤 시스템 안에 먹이, 약탈자, 아까 이야기한 대로 토끼와 늑대 이런 것이 존재한다고 하면 이것을 우리가 어떻게 표현을 할 수 있을까? 먹이, 약탈자가 같이 살아가고 잡아먹히는 과정을 수학적으로 표현할 수 있을 거라는 거예요.

  N_1을 먹이prey 개체수, N_2를 포식자predator 개체수라고 하면, 토끼의 숫자가 변하는 것은 dN_1/dt. N_1에 비례한다고 가정하고, 비례상수를 a라고 하면, 여기서 a라고 하는 것은 풀의 양으로 표현할 수 있겠지만 단순하게는 a라 표현하고 그 다음에 토끼는 늑대와 만나면 비례해서 죽는다, 그렇게 따지면 ①식처럼 표현돼요. 그러면 늑대 숫자는 어떻게 표현할거냐? 토끼를 10마리 잡아먹는다고 해서 늑대가 10마리 생기는 것은 아닐 거고, 먹이의 양에 비례해서 늘어나는 거다. 그리고 늑대도 살다보면 죽는데 그걸 우리가 ②식처럼 표현을 하자, 해서 이런 식이 1926년에 제안되었어요. 약 100년 전에 제안된 아주 기초적인 식이에요. 어쨌든 여기서부터도 우리가 의미를 찾을 수가 있는데, 시간에 대해 N_1,

아주 오래된, 그리고 단순화된 모델(Lotka와 Voltera model, 1920)

N_1을 먹이(prey, 예: 토끼) 개체 수, N_2를 포식자(predator, 예: 늑대) 개체 수라고 하면

$$\frac{dN_1}{dt} = aN_1 - rN_1N_2 \qquad \cdots\cdots\cdots ①$$

$$\frac{dN_2}{dt} = E_rN_1N_2 - bN_2 \qquad \cdots\cdots\cdots ②$$

여기서 $\dfrac{dN_1}{dt} = 0,\ \dfrac{dN_2}{dt} = 0$ 인 점을 찾으면 $\qquad \cdots\cdots\cdots ③$

$$N_1 = \frac{b}{E_r},\ N_2 = \frac{a}{r} \qquad \cdots\cdots\cdots ④$$

N_2가 어떻게 변하는지 생각해보면, 토끼가 자라는데 토끼가 많아지면 많이 잡아먹히죠. 그래서 어느 정도 되면 토끼의 수가 감소하기 시작해요. 그만큼 늑대도 늘었다가 토끼가 감소하기 시작하면 늑대도 주는 이런 식의 곡선을 그릴 수 있겠죠. 그 다음에 여기서 이것이 $dN_1/dt = dN_2/dt = 0$이 무슨 의미일까? 두 숫자가, 토끼와 늑대의 숫자가 변하지 않는다는 이야기죠. 그렇다면 그 시스템이 안정하다는 이야기죠. 그러면 N_1, N_2가 어떤 특정한 값을 가지면 토끼와 늑대는 한 시스템에서 같이 잘 살 수 있는 거다, 그런 이야기죠. 그래서 생태학자들이 토끼가 모자라면 토끼를 더 집어넣어주고 늑대가 너무 많으면 늑대를 사냥하는 일을 하는 거예요. 그런데 이건 가장 단순한 상황이지만, 동물이 한두 종이 아니라 100종이 될 거고 식물도 여러 가지고 또 다른 외부적인 요인도 있

으니 실제 시스템은 미분방정식을 100, 200개를 풀어야 제대로 표현할 수 있을 거예요. 하지만 이런 걸 전문으로 하는 사람들은 100개면 어떻고 200개면 어때요. 컴퓨터가 풀어주는 것이고. 그래서 가장 안정한 개체수가 얼마인지 대충 답을 얻은 다음에 그것에 의거해서 생태계에 있는 동, 식물의 개체수를 조절하는 일을 생태학자가 하는 거겠죠.

대학생이라고 하면 몇 가지 기본 상식은 있어야 하지 않은가? 그런 관점에서 보면 GMOGenetically Modified Organism에 대한 기본적인 내용은 알았으면 하는 바람이 있어요. 우선 GMO는 유전자 변형 생물체인데 유전자 변형 생물체는 크게 보면 사람한테도 쓸 수 있고, 요즘은 돼지도 그런 걸 만들어내고 있고, 식물도 그렇게 만들어요. 특별히 동물이나 식물인 경우는 형질전환동물transgenic animal 또는 형질전환식물transgenic plant이라고 얘기를 해요. 그 다음 미생물인 경우 재조합 미생물recombinant microorganism이라고 얘기를 하는데 여기 GMO라고 하는 것은 이걸 통칭해서 하는 얘기예요. 그리고 우리가 관심을 많이 갖는 것은 주로 형질전환 식물이에요.

1973년에 유전자 재조합 기술이 도입됐을 때 많은 시민단체NGO 사람들은 미생물에게 유전자를 재조합하면 나중에 괴물로 되는 것이 아닌가 해서 반대를 하거나 우려를 표명하는 사람들이 많았어요. 그래서 지금도 유전자 재조합된 미생물은 실험실 바깥으로 가지고 나가는 건 굉장히 조심하게 되어 있고, 실험실에서 실험을 한 다음에 원칙적으로 멸균시켜 다 죽이라고 돼 있죠. 또는 공장에서 대량으로 대장균을 이용하여 인간 성장 호르몬을 만드는데, 그런 경우에 산소를 공급하기 위하여 넣은 공기가 바깥으로 나갈 땐 나가는 공기를 태우는 등 굉장히 안전에 조심을 하고 있어요.

    1973년부터 그런 얘기가 나와서 지금은 40년이 흘렀는데 40년 동안 유전자 재조합 된 미생물에 대한 피해는 없어요. 그럼에도 불구하고 몇 가지 조심은 하고 있는 거다, 그런 얘기예요. 그 다음 지금 형질전환 돼지 등등에 대해서는 아직 얘기를 별로 안 하지만, 그럼에도 불구하고 실험실에서 실험을 하는 경우에는 몇 가지 조심을 하도록 돼 있고 유전자 변형된 식물, 옥수수, 콩, 목화, 이런 것들에 대해서는 우려를 많이 표명하고 있어요. 식물이 번식하는 것은 꽃가루에 의한 것이 많고, 꽃가루에 유전정보가 다 들어가 있는데 그 꽃가루가 바람에 날리거나 벌이나 나비를 매개로 꽃가루가 번지는 과정에서 그것이 잘못돼 생태계가 파괴가 될 수 있지 않은가, 이런 얘기예요. 이처럼 생태계가 파괴될 수 있다, 그게 첫 번째 우려고, 두 번째는 유전자 변형된 옥수수, 콩, 또는 콩을 가지고 두부를 만든다 했을 때 이걸 사람이 먹어도 되는 것인가, 사람에 대한 안전성 문제를 많이 제기해요. 그래서 혹시 유전자 변형된 두부를 먹고 나중에 혹시 암이 생기면 어떻게 하느냐 이런 식의 반론을 하는 사람들이 있죠. 그래서 여기에 대해서는 기본적인 입장은 미국의 식품의약품안전청 FDAFood & Drug Administration에서 검사를 해서 이 정도면 안전하다, 라고 얘기를 하는 수준이에요. 그런데 미국의 FDA는 부자 나라의 식품의약품안전청이어서 정말 가난한 나라 사람들을 위해서 얼마만큼 꼼꼼히 챙기느냐에 대해선 일부 문제 제기를 해요. 그러면 우리나라에서 이 안정성을 체크할 수 있느냐? 이것은 굉장히 어려운 일이고 돈도 많이 들어서 잘 못 해요. 그래서 이런 논쟁이 계속 되는데, 그럼에도 불구하고, 두부를 만들어 파는 사람 또는 옥수수로부터 전분을 만들고 포도당을 만드는 사람들은 유전자 변형된 농산물을 현재 수입하고 있어요. 왜냐면 싸기 때문이죠. 이럴 때 우리는 어떻게 해야 되느냐? 참 어려운 문제 같아요. 미국의 FDA 얘기를 믿고서 가만히 있는 게 답인지, 유전자 재조합된 미생물 경우를 보면 큰 문제는 없을 것 같기는 한데, 그래도 우려가 어쩌다가 한번씩 현실로 나타나요. 예를 들면 유기화합물을 보면 R 형태, S 형태가 있는데 의약품 중에는 둘 다를 가지고 있는 경우도 많아요. 유기합성을 하면 그런 게 나오는데 그 약을 한참 먹었더니 어떤 임산부가 기형아 아이를 낳고 그래서 조사를 해봤더니 R 형태, S 형태가 있는데, 하나는 괜찮고 하나는 기형아를 만드는 것이다. 이렇게 우려가 가끔 현실로 나타나기 때문에 이것도 걱정을 하는 거예요. 그래서 이런 걸 반대하는 사람들은 여러 가지 논리를 내세우고 있는데 그럼 우리는 어떻게 하는 것이 좋은가? 아마 우리도 유전자 변형된 콩으로부터 만드는 두부를 먹고 있는지도 몰라요. 나야 나이가 많아서 그런 거 먹어도 괜찮을지 모르지만, 여러분은 이팔청춘에 그런 것 먹어서 문제가 생기면 안 되는 거죠. 현실적으로는 답이 별로 없는 거예요. 그래서 우리나라에도 이런 것을 논의하는 협의단체가 있어 공무원, 대학교수, 연구소 연구원, NGO 사람들 다 같이 회의를 하지만 항상 보면 한쪽은 '걱정은 되는데 어떻게 하느냐' 또는 다른 한쪽은 '과학적으로 이 정도면 됐다' 이러고 있어요. 이게 만약에 사람이 먹는 게 아니라 유전자 변형 고무나무다, 이런 식으로 공업용으로 쓰는 건 사람들이 큰 시비를 안 걸어요. 또 어떻게 보면 공업용으로 쓰는 건 괜찮은 거 아닌가, 이런 식으로 생각해 볼 수 있는데, 먹는 것에 대해서는 여전히 걱정이에요. 그럼 이것을 무시할 수가 있느냐? 그렇게 무시할 수 있는 과학적인 논거가 별로 없어요. 그래서 할 수 있는 것은 아마도 이런 걸 수입해야 되는 나라들, 우리나라 등 이런 나라들이 연구소를 만들어서 좀 확실하게 연구를 다시 한 번 해볼 수 있는 방법이 있는데 그것도 현실로 하기에는 쉬운 문제가 아니겠죠. 한국, 일본, 중국, 태국, 이런 나라들 한 20~30개 나라가 유전자 변형 식물에 안전성 연구센터를 만든다, 이게 만만한 게임이 아니잖아요. 어쨌든 현실의 문제가 이런 게 있는데 개인적으로는 과거에 유전자 변형 미생물처럼 그렇게 심각한 문제는 아닐 것이다, 라고 생각을 하지요. 하지만 혹시 만일의 경우에 대비해서 뭔가 좀 확실한

과학적 논거proof가 있으면 하는 바람을 가져요. 어쨌든 이 GMO가 뭐가 문제인
지 다시 한 번 생각을 해보세요.

생각할 이슈들

- 생태계를 보전하기 위한 방법들은? 이것으로부터 새로운 벤처, 기업활동이 가능
  한가?
- 형질전환식물의 생태계에 영향에 관련된 이슈들은?

환경보전 원리

우리가 크게 봐서 환경 문제를 이야기한다고 하면 하나는 수질, 물이 얼마
나 깨끗한지 하는 것이고 하나는 대기, 우리가 숨 쉬는 공기가 얼마나 깨끗하
냐? 그 다음에는 우리가 먹을 것을 심는 토양이 얼마나 깨끗하냐? 또는 우리가
집을 짓고 사는 땅이 얼마나 깨끗하냐? 또는 바깥으로 나가면 바다가 얼마나 깨
끗한가, 이렇게 나눌 수가 있는 거죠. 분명한 것은 1980년 전까지는 우리나라
의 중랑천이 굉장히 더러웠어요. 그러다가 우리나라에서 88올림픽하면서 환경
에 대한 의식이 높아지고, 이렇게 하면 안 되는구나, 환경을 깨끗이 해야겠구
나, 하면서 그 다음부터 환경에 투자를 하기 시작해서 지금 이 정도 되는 거예
요. 1970~80년대에는 한국 교포가 미국 LA 살다가 서울에 오면 공기가 탁해서
목이 아프다고 아우성쳤어요. 지금은 아우성치는 게 별로 없고. 거꾸로 지금은
미국 사람, 한국 사람들이 중국 북경에 가면 공기가 나쁘다고 아우성치죠. 우리
나라의 경우 1988년을 계기로 환경에 대한 관심과 투자가 늘어났는데, 전 세계
적으로 보면 1970년부터 전 지구적으로 환경에 대한 문제가 중요하다고 주장되

기 시작했고 그 대표적인 것이 로마 클럽에서 발행한 보고서죠. 전 지구적으로 환경 문제가 중요한 문제가 되고 어떻게 환경 보전을 해야만 사람이 생활하는 데 문제가 없고 그걸 잘하면 하나의 산업이 되는 거다, 이런 내용이 담겨있는 보고서예요. 문고판 책으로도 많이 나오고 했어요.

어떻게 하면 물을 깨끗이 할 수 있을까? 물을 깨끗이 하는 원리가 결국 미생물이 물속의 유기물을 먹는 거다. 미생물을 이용해서 폐수나 하수를 처리하는 거다. 지금 우리 주위에서 일어나고 있는 하수 처리, 폐수 처리의 90%는 그런 것이에요. 폐수라고 하는 것이 그 속에 유기물이 있는 거다. 유기물 중에 페놀과 같은 강한 독성이 있는 물질도 있겠지만 대부분 유기물이라고 보면 그런 것은 미생물이 먹고 분해할 수 있는 거니까 미생물을 키우면 되겠다고 생각한 거고.

물속에 유기물이 많으면 미생물이 유기물을 먹고 증식을 하지요. 그 과정에서 미생물은 물속의 산소를 소비해요. 그래서 유기물 농도가 높으면 물속의 산소(용존산소)가 많이 소비되고 그러면 물에 녹아있는 산소가 고갈돼요. 그것을 보고 물이 썩는다고 하지요. 물에 산소가 없으면 물고기가 살지 못하고 죽어요. 하수나 폐수에 유기물이 많으면, 자연계에서 유기물이 분해되는 원리를 그대로 적용하여 처리하죠. 인위적으로 만든 반응기에 하수나 폐수를 유입시키면 자연계에 존재하는 미생물이 유기물을 분해시켜요. 대신에 이 경우에는 외부에서 공기를 주입시켜 주어 산소를 공급해 주는데 유기물이 많으면 이것을 먹고 미생물이 자라게 되고, 이 미생물을 침전시키면 깨끗한 물이 방류되는 것이에요. 자연에서 배운 것을 우리가 그대로 활용하면 물을 깨끗하게 할 수 있어요.

그 다음에 우리가 늘 보고 당연히 생각하고 넘어가는 것 중의 하나가 탄

Tip 여러분이 알면 좋은 단어: 독립영양생물autotroph하고 종속영양생물heterotroph. 독립영양생물의 정의는 외부의 에너지원으로부터 유기물을 합성하는 것. 예를 들면 광합성을 하는 algae 같은 것을 독립영양생물이라고 하고 종속영양생물은 다른 생물체로부터 영양을 취하는 것. 예를 들면 사람이 종속영양생물이지요.

소 주기carbon cycle가 있어요. 탄소 주기라는 것은 지구상에서 탄소가 어떻게 순환을 하는가 생각해보면 금방 알 수 있는 거죠. 지구의 이산화탄소가 광합성을 하는 식물에게 가죠. 여기서부터 바이오매스가 자라고 이 바이오매스를 사람이 먹든지 태우든지 하면 이것이 다시 이산화탄소가 되는 이런 과정이고, 그 다음에 땅 속의 석탄, 석유를 캐서 사용하면 역시 이산화탄소가 나오고, 이런 것들이 제일 기본적인 거겠죠. 그런데 이 과정에서 지금 균형이 깨져서 이산화탄소가 점점 축적이 된다는 이야기를 하고 있지요.

그 다음에 질소사이클nitrogen cycle. 이건 우리가 보통 등한시해요. 공기의 80%가 질소인데 그럼 질소가 어떻게 순환할까? 질소 고정을 하는 식물이 있죠. 질소 고정을 하는 식물이 암모니아를 만들어내고, 암모니아가 식물이 자라는 데 질소원으로 사용되고, 식물이 자란 걸 동물이 먹으면 여기서 단백질 합성도 하고 그러지만 다시 여기서 동물이 죽거나 배설을 하면 다시 식물로 가는 거죠. 그러면 이 암모니아가 호기성 미생물에 의해서 NO_3로 가고, 이 과정은 산소를 필요로 하는 거고 NO_3가 다시 혐기성 미생물에 의해 질소로 가요. 이 과정이 잘될 때는 별 문제가 없지만, 뭔가가 잘못되면 N_2O 또는 NO 가스가 나올 수가 있어요. N_2O, NO가 이산화탄소보다 지구 온난화에 더 나쁘다고 되어 있어요. 그래서 이걸 잘 조절해야 해. 그래서 누군가는 이런 숙제를 하겠죠. 어쨌든 암모니아가 산소가 있으면 NO_2가 되고, NO_2가 NO_3가 되요. 그 다음에는 이것도 자세히 보면 NO_3가 NO_2가 되고, NO_2가 NO가 되고, 이것이 N_2O가 되고, 맨 마지막

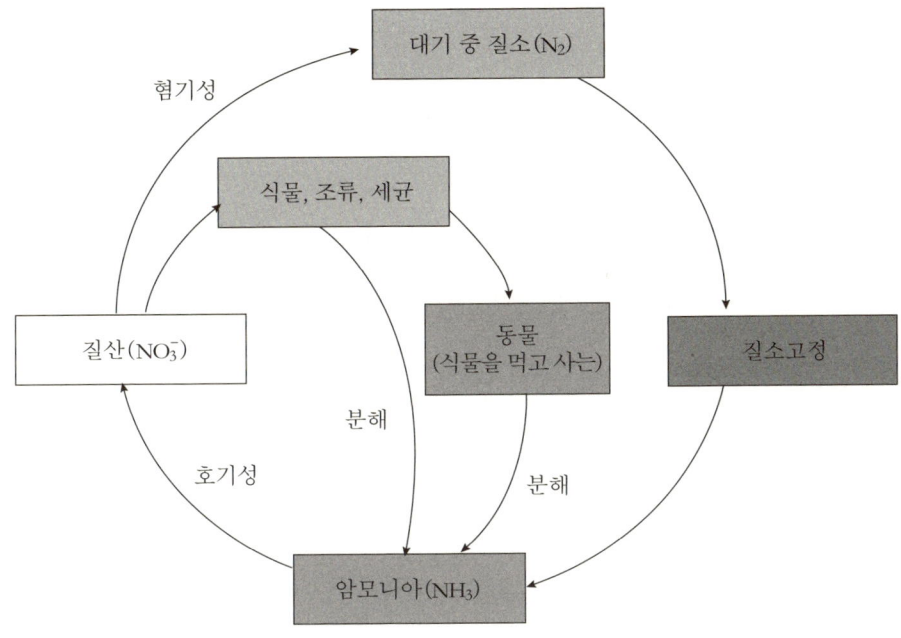

질소 순환

에 질소가 돼서 날아가는 일이 산소가 없는 조건에서 자라는 미생물에 의해 일어나요. 우리 주변에 암모니아가 있는 폐수 또는 축산 폐수가 있으면 이렇게 암모니아가 생태계에 영향을 미쳐서 적조 현상도 일어나고 부영양화도 일어나고 문제가 많이 생기니까 물에서부터 질소원을 깨끗하게 없애줘야 하는 거예요. 이런 식의 생각을 하려면 미생물 또는 생물학 지식이 있어야 하고, 무엇보다도 문제 의식이 있어야 하겠지. 그냥 그런가보다 하고 생각하면 아무것도 안되고 문제 의식을 가지면 어떤 과정을 생략할 수 있고 그게 최신 기술이 되는 거죠. 그다음에 이것보다 더 좋은 방법도 생각할 수 있어요. 이런 것들이 질소 사이클에서 일어나는 일인데 최근에는 이 사이클이 점점 더 중요해지고 있는 겁니다.

그 다음에 물속에 중금속이 있는데 이건 어떻게 할 거냐? 그래서 중금속 이야기를 하나 하면, 우리가 아는 것은 오래전에 일본에서의 수은 중독과 카드뮴 중독이 대표적인 사건이죠. 이거 말고도 납이라든가 크롬, 비소 이런 것들이 무서운 중금속으로 되어 있고, 이런 중금속이 물속에 있으면 물속의 플랑크톤에 축적되고, 그럼 이것은 분해가 되는 것이 아니니 플랑크톤 속에 그냥 있고, 플랑크톤을 물고기가 먹으면 물고기 속에 가서 있고, 그 물고기를 사람이 먹으면 사람 몸속에 중금속이 있는 것이 되겠죠. 그럼 중금속이 있으면 뭐가 문제냐? 중금속이 있으면 우리 몸의 효소 작용을 방해해서 우리 몸의 대사 작용이 안 일어나고 그래서 병에 걸리고 죽는 거죠. 그런데 이건 분해도 안 되는 거니까 어떻게 해야 하는 거냐? 물속에 있는 중금속을 분해시킬 수는 없을 것이고 이걸 어딘가에 흡착을 시키는 방법, 그래서 어떤 물질, 예를 들어 컬럼에 중금속을 흡착하는 물질을 집어넣고 중금속이 있는 물을 통과시켜 중금속이 흡착제에 붙으면 깨끗한 물이 나오는 거겠죠. 그럼 중금속이 결합할 수 있는 것이 뭐냐? 결국 이것은 화학반응이다. 여기에 중금속이 있으면 중금속이 −COOH에 결합을 해요, 그럼 −COOH가 있는 물질에 모두 결합을 하는 건 아닐 거고, 우리가 알고 있는 것이 미역과 같은 조류algae의 세포벽은 알지네이트로 되어 있다. 알지네이트는 −COOH도 있고 −OH도 있다. 그러면 알지네이트를 반응기에 채워 넣으면 중금속이 미역의 세포벽에 있는 알지네이트의 카르복실기에 달라붙는다. 그냥 초산을 집어넣으면 안 붙어요. 그러니까 아직 우리가 잘 모르는 화학이 있는 거지만 결과적으로는 이런 데 달라붙는다. 다시 이걸 더 강한 산을 넣으면 붙었던 중금속이 떨어져 나와 중금속을 회수할 수 있다는 거예요. 그래서 다당류를 먹는 것은 중금속을 흡착시키는 의미가 있는 거다. 그래서 우리가 미역을 먹으면 미역의 알지네이트에 중금속이 달라붙고, 미역은 우리 몸에서 소화가 안되니 빠져나가는 거죠. 그럼 여기서부터 파생되서 생각할 수 있

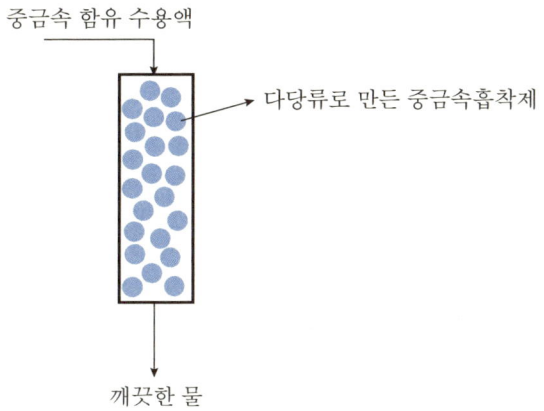

중금속 함유 수용액

다당류로 만든 중금속흡착제

깨끗한 물

흡착을 통한 중금속 제거
다당류의 —COOH에 중금속이 흡착된다.

는 것이 많이 있을 거예요. 중금속을 더 많이 붙이려면 어떻게 해야 할까. 이렇게 —COOH기가 있는 바이오매스를 이용하면 되는 거고 여기 있는 —OH도 —COOH로 바꾸면 되는 거 아닌가. 그렇게 할 수도 있겠죠. 쉽진 않지만. 또는 어떤 화학물질은 —NH₂가 있어도 중금속이 붙더라. 이런 물질을 찾아서 이런 기능기를 더 많이 만들면 중금속을 제거할 수 있는 신기술이 되는 거에요.

그 다음에 대기의 석탄, 석유 탈황. 외국 사람들이 과거 한국에 와서 또는 지금은 북경에 가서 목이 탁하다고 하는 것은 SO_2 가스가 많이 나와서 그런 건데, 그게 뭐냐면 자동차 기름, 또는 집에서 때는 기름에 황이 많이 있어서 그런 거다. 황을 연소시키면 SO_x가 되는 거죠. 그런데 석탄이나 석유에 황이 있는 이유는 뭘까? 기본적으로 석탄이나 석유는 바이오매스로부터 나온 거고, 바이오매스는 거기에 단백질이 있는 거고, 단백질은 아미노산으로 되어 있고, 그 중에 시스테인 같은 것이 황을 가지고 있죠. 그러니까 유황 함량은 다르지만 기본적으로 석탄이나 석유에 황이 있는 거다. 그 다음에 그게 어떤 형태로 있는 거냐. 이렇게 아미노산이 모여서 된 것이 단백질이고 그런 식으로 하면 이거는 유기황이 되는 거죠. 또 어떤 경우에는 하다 보니 무기황이 생길 수도 있을 거예요. 그래서 어떻게 보면 석탄이나 석유 황의 반은 유기황, 반은 무기황으로 되어있어요. 무기황은 화학반응을 하면 금방 없앨 수 있지만 유기황은 굉장히 힘들어요. 그래서 우리가 기름에서 탈황을 하는데 대부분 무기황 제거하는 거예요. 유기황 제거는 굉장히 어려워요. 지금은 어디까지 하는지 모르지만 과거에는 무기황만 제거를 했어요. 그리고 기름을 사올 때 유기황이 조금 들어가 있는 것이 비싸겠죠. 그런 걸 사오는 거예요. 그런데 계속 그럴 수는 없을 거고 유기황을 제거해야 하는데 어떻게 해야 하는 거냐. 가만히 생각해보면 아미노산에 황이 붙어 있는 거고, 아미노산이 단백질이고, 거기서 황을 어떻게 제거하느냐? 쉬운 일이 아니에요. 결과적으로는 화학적으로 황을 제거하는 것은 쉽지 않고 결국 생물학적으로 황을 제거하는 방법, 그래서 최첨단기술인 효소로 황을 제거하는 일이고 지금 연구되고 있어요.

그 다음에 농약과 비료. 화학 또는 화학공학 하는 사람은 비료를 만든 것이 식량증산에 크게 기여했다고 하는데 그것도 맞을 거예요. 그렇지만 또 다른 면으로 보면 비료를 계속 썼더니 토양이 산성화되더라, 또는 토양이 죽는다는 이야기를 듣고 있어요. 그리고 토양이 산성화되니 미생물이 살 수가 없어요. 그러면 미생물이 땅 속에서 유기물질을 만들어내고 식물이 그걸 흡수해야 하는데 토양 미생물이 죽었으니 식물 심어도 잘 안 자라요. 그러니 어떻게 하냐면 비료를 부어야 하고 거기서 자란 미생물은 유기물을 먹는 것이 아니라 비료를 먹고 자라는 것이니 기본적으로 좀 허약한 식물이 되는 걸로 알려져 있죠. 농약을 사용하면 다시 또 미생물이 죽어나가고, 이런 악순환을 깨는 방법으로 생각한 것이 유기농법이라는 거죠. 유기농으로 하면 좋은 거다. 그래서 유기질 비료를 만들어서 비료로 쓰면 토양이 산성화되지 않고 그 결과 토양 미생물이 살아서 이게 만든 유기물질을 먹고 자란 식물은 강하고, 그럼 비료를 조금만 쓰면 되고, 그런데 이렇게 하면 소출이 적어요. 화학비료를 쓰면 생산되는 열매의 양이 많지만 벌레도 많아서 농약을 뿌리는 악순환이 있는 거예요. 그래서 각각 일장 일단이 있는데 지금은 비료를 쓰던 사람들은 유기농으로 못 바꾸는 거 같아요. 그래도 유럽 사람들은 비료를 써서 키운 식물은 안 먹어요. 그래서 유럽에 농작물을 수출하려면 유기농 방법을 써야 해. 전에 인도에 갔더니 인도에서는 비료, 농약을 안 쓴대요. 그래서 가난한 나라에서 먹을 것이 모자라는데 비료나 농약을 안 쓰는 이유를 물으니 그러면 유럽에 수출을 못 한대요. 그래서 농작물을 유기농 방법으로 키우는 것을 당연히 생각한대요. 이런 거와 관련해서 농약도 필요하고 비료도 필요한데 화학비료만을 써야 하는 거냐 생각해보면, 화학비료만이 아니라 우리가 이야기하는 생물 농약 또는 생물 비료를 만들어서 대체할 수 있다면 좋겠다고 생각돼요. 그러면 생산량도 적당히 증가시키고 환경도 보존하는 것이 아닌가, 해서 많이 연구하죠. 그래서 인도에서는 생물 농약, 생물 비료를 써요. 그럼 생물 농약이라는 게 뭐냐. 식물에 곤충이 와서 애벌레가 생기는 거잖아요. 그런 것을 못 오게 하는 거니까 곤충이 싫어하는, 곤충을 죽일 수 있는 박테리아에서 나오는 독을 뿌려줘요. 그러면 농작물은 견디고 곤충은 죽거나 못 오고 하는 식의 자연 친화적인 방법을 사용하는 기술들이 있는데 문제는 비싸다는 거예요. 그래서 여기서 고민이 있는 거예요. 돈이 없는데 많이 만들어야 한다. 화학 농법은 문제가 있는 거 같고, 생물 농약은 비싸고, 어떻게 해야 하나? 이래라 저래라 할 수 있는 것은 아니잖아요. 그래서 돈 있는 사람들은 생물 농법, 돈이 없으면 화학 농법을 쓰는 거다. 그럼 불평등하다는 이야기가 나오죠. 기본적으로는 선택이에요.

환경과 생물학, 생명공학

구분	기술	원리	참고
수질	하수, 폐수처리	미생물의 유기물 섭취	실용화
대기	석유, 석탄 탈황 탄산가스 고정화	미생물, 효소 이용 미생물, 효소 이용	연구 중 연구 중
토양	토양오염 제거	미생물 이용	실용화
폐기물	메탄가스 생산	미생물 이용	실용화
해양	기름오염 제거	미생물 이용	연구 중
청정기술	썩는 플라스틱 무공해 계면활성제 인공광합성	미생물 이용 미생물 이용 효소 이용	실용화 실용화 연구 중
측정	환경 측정센서	효소, 미생물 이용	연구 중

그 다음에 폐기물, 해양 이렇게 환경에 직접 관련되는 기술을 개발하는 일들이 있고, 또 아예 오염물질이 생기지 않게 물건을 만들면 좋겠죠. 그게 우리가 이야기하는 청정기술이에요. 그래서 예를 들어 생촉매를 이용하는 방법을 사용하면 오염물질이 적게 생긴다. 그 다음에 플라스틱이 분해가 안되니까 생분해성 플라스틱을 사용하면 환경 친화적이지 않겠느냐. 계면 활성제도 그렇게 생각을 할 수 있고, 환경에 관련되는 센서를 개발하는 일도 있고. 이런 것들이 환경에 관련된 바이오 쪽에서 보는 문제에요.

생각할 이슈들

- 지구에서의 탄소 주기를 생각해보자. 어떻게 하면 이산화탄소 발생을 줄일 수 있을까?
- 탄소, 질소 외에도 인(phosphate)이 환경에 미치는 영향은 중요하다. 인과 관련된 지구적 사이클은? 인을 회수하거나 처리할 수 있는 방법은?

인공생물 시스템

미생물을 배양해야 한다는 이야기를 했어요. 자세한 이야기는 안 했지만. 미생물을 배양을 하는 거나, 동물세포를 배양을 하는 거나 또는 식물세포를 배양하는 거나 다 사촌이라고 생각하면 되요. 최근에는 곤충의 세포도 배양하고 그러죠. 그러면 지구상의 생명체라는 것이 동물, 식물, 곤충, 미생물 이렇게 이야기하잖아요, 배양하는 원리는 비슷해요. 차이는 약간씩밖에 없어요. 그래서 미생물을 배양하는 원리를 이해하면 다른 것에도, 다른 것의 특징만 고려하여, 그대로 적용할 수 있는 거예요. 원리 하나만 잘 이해하면 돼요.

미생물이 자란다고 하는 것은 어떤 영양분이 있어야 하는 거고, 그 다음에는 적절한 환경이 있어야 한다. 환경이라는 게 뭐냐면 온도, pH, 그 다음에 산소의 필요성, 이런 거. 그 다음에 영양분이라고 하는 것은 어떤 경우든 탄소, 질소는 공급이 되야 하는 거죠. 또 뭐가 있을까. 사람 같으면 번식의 의지가 있어야 하죠. 예를 들어 아이를 3명을 낳겠다는 의지가 있어야 하지만 여기에는 그런 거 없어요. 그냥 자연스럽게, 최대한도로 많이 번식을 하겠다는 것이 자연계의 섭리일지도 몰라요. 그러면 영양분도 많고 환경—온도, 습도 등—이 적절하다면 여기 미생물이 10마리가 있다 그러면 어떻게 자랄까? 자라는 것을 사람들이 나눠서 보니까 이렇게 네 단계로 나눠서 생각을 할 수가 있어요. 첫 번째는 지체기lag phase라고 이야기해요. 지체기. 이건 왜 이렇게 금방 안 되고 뜸 들이다 자라느냐? 원래 미생물이 존재했던 환경하고 지금의 환경이 다르면 거기 적응을 해야 하죠. 적응하는 시간이 어떤 건 1시간, 어떤 건 몇 시간이 필요한 거예요. 그래서 주위에 있는 먹이에 맞춰서 자기도 먹이를 먹을 수 있는 효소를 만들어야 하고 온도에도 적응해야 하고 이런 이유로 인해 약간의 지체기가 존재한다. 그 다음에 적응하고 먹이를 먹고 DNA를 합성하고 쭉 자라는 것은 대수성장기log phase 또는 exponential growth phase라고 이야기해요. 박테리아가 기하급수적으로 증식을 하는 거죠. 대장균의 경우 1주기가 20분이에요. 20분이면 1개가 2개가 돼요. 얼마나 빠른 거예요! 박테리아는 이렇고, 효모면 출아budding를 해서 증식하기 때문에 무게로 따지자면 계속 늘어나요. 곰팡이는 어때요? 페니실린 보면 나뭇가지처럼 생겼죠. 곰팡이는 숫자를 세기는 곤란하지만 전체적인 질량이 늘어나요. 그래서 우리가 이것을 대수성장기라고 이야기해요. 그러면 이렇게 무한대로 늘어날 거냐? 그건 아니겠죠. 먹이는 언젠가 떨어지고, 그 다음에 좁은 공간에 꽉 차면 더 이상 미생물이 성장할 공간이 없어 증식이 안 되고 그래요. 그러면 어느 순간에 가서는 우리가 보기엔 정체된 것으로 보여요. 정체기stationary phase이다. 새로 만들어지는 것과 죽는 것이 거의 비슷해지면 전체적으로는 같아 보이는 거죠. 그 다음에 진짜 먹을 게 없으면 죽어야죠. 그래서 사멸기death phase라고 이야기해요. 미생물로 예를 들었지만 동물세포나 식물세포나 기본적으로 이런 개념을 이해하면 마찬가지로 이해할 수 있어요.

동물세포면 뭐가 달라지는 거냐? 동물세포가 자라는 것, 또는 키우는 것은 조금 다르지요. 미생물은 세포벽이 상대적으로 단단해요. 그런데 동물세포는

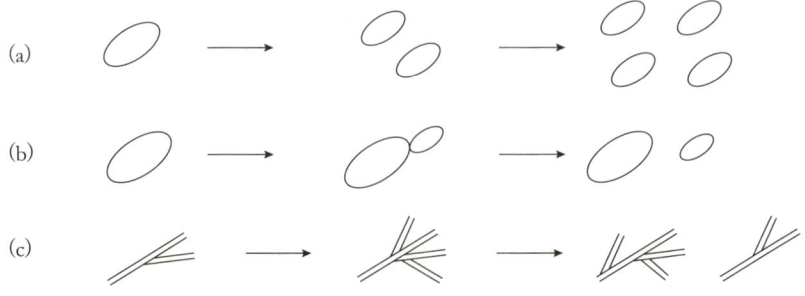

미생물의 증식 형태

(a) 박테리아 (b) 효모 (c) 곰팡이

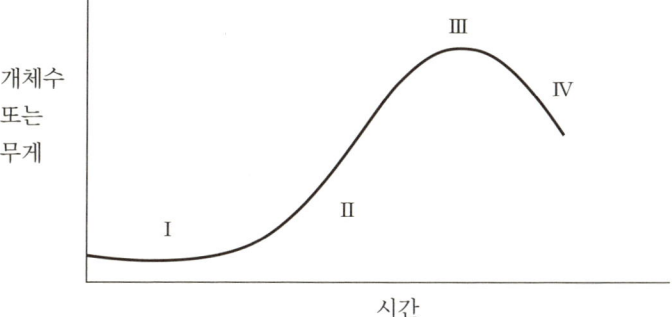

미생물의 성장곡선

Ⅰ. 지체기 Ⅱ. 대수성장기 Ⅲ. 정체기 Ⅳ. 사멸기

세포벽이 없어서 단단하지 않아요. 그러면 어떻게 되는 거냐면, 우리가 미생물을 배양할 때 잘 섞이라고 교반해 주잖아요? 교반을 해주면 미생물은 잘 버티는데 동물세포는 다 깨져요. 그래서 동물세포를 키울 때 미생물을 키우는 것처럼 교반을 세게 하면서 키우면 다 죽어버린다. 그래서 이렇게 하면 안 되는 거죠. 그래서 생각을 해야 해요. 동물세포, 식물세포를 키울 때는 충격이 적도록 하는 배양방식으로 개선해야 하는 거예요. 그게 뭐가 있을까 생각하면 여러 가지가 있어요. 하나만 소개하면 유동층(air-lift 또는 fluidized-bed), 즉 유동층 상태로 배양을 시키는 것, 뭐냐면 원통형 반응기에 공기를 불어넣어 유동층 상태를 유지시켜 주어요. 제일 큰 차이가 이것일지도 몰라요.

그럼 다른 게 또 뭐냐? 우리 몸을 생각해보면 예를 들어 간세포의 경우, 세포가 하나하나 떨어져 자라는 게 아니죠. 미생물은 하나하나 떨어져서 자라요. 그러나 동물세포 중에는 하나하나 떨어져서 자라는 세포도 있지만 간세포처럼 덩어리로 자라는 게 있어요. 이런 건 덩어리로 키워야 자라요. 아직까지 간세포를 하나씩 자라게 했다는 보고는 없어요. 그렇게 할 수 있으면 얼마나 좋을지 생각은 해봤지만 현재로서는 그렇게 하나하나 떨어뜨리면 죽어요. 그래서 덩어리로 된 걸 키울 때에는 어디다가 부착을 해서 키워야 해요. 그래서 어떤 고분자화합물로 만든 담체에다 세포를 놓으면 자기들끼리 붙어서 자라요. 또는 이런 것과 같이 우리가 스폰지polyurethane form 형태에 세포를 넣으면 스폰지라는 것이 얼기설기한 것이니, 자기들끼리 엉키면서 자라요. 그래서 어떤 담체에다가 세포를 부착시켜서 자라게 해야 한다. 이런 것만 다르고 기본은 다 같아요.

식물세포 같은 경우에는 충격에 약한 것은 마찬가지에요. 그리고 식물세포의 경우에는 캘러스callus라고 하는 형태를 취해요. 이것도 하나하나 자라는 건 아니고 간세포처럼 큰 덩어리로 자라는 것도 아니지만 초기에는 그 자체가 덩어리를 이루어요. 오래전에 공부할 때는 식물세포는 전능toti-potent하다는 이야기를 했어요. 무슨 이야기냐면, 식물세포는 뿌리든 잎이든 줄기든 아무데서나 세포를 떼서 키우면 캘러스가 생기고 그럼 이걸 심으면 뿌리가 나서 자라고, 그래서 식물의 어떤 부분을 떼어와도 개체가 된다고 하는 이야기를 했어요. 동물세포는 안 된다고 했는데 지금 동물세포도 아직 성공은 못했지만 가능한 것으로 생각돼요. 동물세포의 경우에는 줄기세포라고 하는 것이 모든 개체로 분화할 수 있는 거라고 하잖아요? 전에는 동물세포는 전능하지 못하다고 했지만 지금은 어딘가에 그 비밀이 숨겨져 있고 그 비밀은 줄기세포를 잘 골라내서 키우면 여기서 사람이 나올 수도 있는 거고 그런 것이 가능해지고 있는 거죠. 그래서 오래전에는 이런 이야기를 할 때, '왜 동물세포는 전능성이 없을까'라고만 하고 멈췄지만 2005년부터는 일반 세포도 역분화시키면 줄기세포로 될 수 있다는 이야기를 해요. 그 전에는 배아줄기세포만이 줄기세포라고 생각했는데 어떤 사람이 배아줄기세포뿐만 아니라 성체 세포도 그렇게 분화시킬 수가 있다는 이야기를 한 후에 이제는 세포의 전능성이 동물세포에도 해당된다고 이야기할 수 있어요.

기본적으로 동물세포는 세포 원형질막plasma membrane이라고 그러죠. 세포벽이라는 말을 안 쓰고. 식물세포는 우리가 세포벽이라는 말을 쓰지요. 세포가 바깥으로 터져나가지 않도록 싸고 있는데 그걸 우리가 원형질막으로 싸여 있다고 이야기하는 거죠. 그러니까 그게 아주 약하게 되어 있는 거지. 그러니까 세포가 있고 세포 바깥에 잎이든 뭐가 있으니까 이게 1차 보호를 해줘서 세포막이 단단하지 않아도 되는 거죠.

어쨌든 우리가 이런 걸 인위적으로 키운다, 또는 배양한다. 그러면 이것을 얼마나 많이 키우냐, 빨리 키우냐, 하는 게임을 해요. 그러니까 기술 측면에서는 누가 이걸 잘 키우느냐, 그러니까 영양분을 잘 주면 되요. 그리고 잘 섞어주고 산소도 충분히 넣어주면 되는데 이걸 얼마나 키울 수 있을까? 지금까지 기록이 얼만지는 정확히 모르겠지만 어떤 반응기, 미생물이나 동물세포를 배양하는 배양장치가 있으면 배양장치 1L에 대해서 수분을 포함한 무게를 재면 500g까지 있다. 500g이라고 하는 것을 세포의 비중을 1이라고 가정하면 500cc를 차지하고 있는데, 세포 사이의 공간을 생각하면 실제로는 꽉 차 있는 거죠. 그렇게까지 배양을 할 수 있다. 물이 약 80%다, 이러면 물을 빼고 나면 건조세포무게dry cell mass로 이야기해요. 그래서 지금까지 바이오테크놀로지를 하는 사람들이 아주 많이 키우는 것은 건조세포무게로 약 100g/L이에요. 이런 연구를 했어요. 그래서 목표를 달성했어요. 달성을 하는 과정에서 제일 중요한 것이 먹이는 그냥 주면 되는데 산소 공급이 문제가 돼요. 물속에 녹을 수 있는 산소의 양은 상온, 상압에서 10ppm 정도예요. 그런데 이렇게 많은 세포가 있으면 산소용해량의 몇 십 배를 요구하니까 산소를 계속 공급해야 하는데 어떻게 하겠어요? 그런 아이디어로 나온 게, 산소는 공기 중에 20% 짜리다. 그러니까 산소 농도를 40~50%, 혹은 순수한 산소를 공급을 하자. 그런데 비싸죠. 그것도 한계가 있으니까 어떻게 하냐? 유전자를 조작해서 미생물이 산소 섭취를 많이 하게 하자. 그래서 이것은 미국 칼텍의 교수가 연구를 해서 미생물의 산소 운반체유전자를 찾아내고 특허를 내서 세포를 가져오면 미생물에 유전자를 넣어주는 회사를 차린 것으로 알고 있어요. 동물세포든 식물세포든 우리가 배양을 하는데 여기에 우리가 필요한 유전자를 넣어서 똑같이 조작을 할 수 있는 겁니다.

> **Tip** 한 20년 전쯤에 우리 학생하고 시골로 가면서 논농사, 벼농사를 어떻게 바꿀 수 없을까 하는 생각을 했어요. 우리 벼농사 어떻게 해요? 생각해보면 지금 농가에서 하는 것은 볍씨로 싹을 내고 모판을 논에 옮겨 심고 그러면 그게 자라 가을에 추수하는 거죠. 계속 그래야 하는 거냐? 어떻게 생각해요? 100년 후에도 쌀은 그렇게 만들어 먹어야 하나? 그게 아닐 수도 있을 거에요. 조그만 튜브에 벼 세포를 하나씩 넣고서 키워주면, LED로 빛을 주고 물과 이산화탄소 집어넣어주고 다른 거 몇 가지 집어넣어주면 어떤가? 이걸 또 연장하면, 시간이 많이 가면 끝에서 쌀이 떨어지게 할 수도 있지 않을까. 우리는 그런 공상을 해본 적이 있어요. 그렇게 할 수 있지 않을까 하고 생각하고 이건 우리 연구과제는 아니므로 접었죠. 그러다 10년 전에 일본을 갔더니 일본의 바이오테크놀로지 하는 교수 연구실 대여섯 군데에서 진짜 그런 연구하고 있어요. 그래서 식물세포 배양을 해서 유용한 물질을 만드는 것도 중요한 주제지만 이걸 벼농사에도 채택을 하겠다 그래서 진짜 벼세포를 가지고서 모까지 나오는 연구를 하고 있는데 잘 되는지 묻자 잘 안된다고 해요. 뭐가 문제냐고 하니 균일해야 되는데 어떤 때는 작게, 어떤 때는 크게 나온대요. 어쨌든 우리는 개인적으로 그런 생각을 하고 그만 두었지만, 세상 어딘가에는 그런 걸 구체적으로 구현하려 하는 사람들이 있다는 생각을 했어요. 그래서 엉터리 같은 공상이 아니라면, 논리적이고 합리적인 근거에 의한 것이라고 하면 한번쯤 시도해봐도 되는 게 아닌가. 그러나 이것저것 할 수는 없으니 하나를 잘 골라 시도하는 것이 중요하지요.

최근의 트렌드는 유전자 변형된 미생물, 또는 식물로부터 수많은 의약품, 화학소재 등을 만들어내는 것이에요. 그리고 생물을 배양해서 여기서 효소를 분리해서 효소를 이용해 반응을 시켜 만들 수도 있어요. 그래서 그 자체가 유전자가 변형이 됐든 아니든, 미생물을 이용해서 우리가 화학소재를 만드는 것, 효소를 이용하는 것, 또는 화학적인 방법으로 합성을 하는 경우를 비교해봐야 하는 게 아닌가. 그래서 미생물을 이용해서 우리가 뭘 한다, 라고 하면 이걸 크게 보면 생물공정 bioprocess이라고 하는데 생물공정과 화학공정 chemical process이 갖는 서로의 장단점을 이해할 수 있어야 하는 게 아닌가 생각해요. 적어도 우리 학생들은 어느 하나가 절대적으로 우월하다거나 하는 그런 생각을 하지 말고, 생물공정은 어떤 장점이 있을까, 화학공정은 다른 어떤 장점이 있을까, 그래서 양쪽에 장점을 합할 수 있는 그런 쪽으로 또는 화학적인 걸 좋아하면 화학적인 방법이 갖는 그런 단점을 극복할 수 있는 생각을 해야 하는 거고, 나중에 바이오 쪽에 종사를 하겠다 하면 그 단점도 이해를 해서 극복해야 하는 것이 앞으로의 연구 방향 과제이다, 라고 생각을 해 줘야 하는 게 아닌가 싶어요.

그런 면에서 생물 공정이 갖고 있는 장점은 뭘까? 주로 미생물을 이용하면 재생가능한 자원을 이용하는 거다. 재생가능한 자원은 결국 식물 자원이에요. 그래서 미생물을 키울 때 콩가루도 넣어주고 그러는 건데 이런 건 우리가 자연에서 늘 구할 수 있는 것이죠. 그런데 화학합성을 할 때는 자연에서 얻는다, 라기보다는 그것도 합성을 해야 돼요. 어떻게 따지면 석유에서부터 벤젠을 만들고, 벤젠에서부터 최종 화학제품을 만드는 이런 과정에서 중간체가 있어야 하는데, 생물과정은 이런 중간체가 없이도 그냥 뭘 만든다 하면 미생물 배양을 해서 미생물이 만들어 낼 수 있는 것이다. 어떻게 보면 생물공정이 훨씬 수월하죠. 꽤 오래된 얘기인데, 어떤 제약회사에서 결핵치료제 중간체를 만들었어요. 만약 벤젠부터 합성을 시작하면, 과장해서 말하면, 10단계 합성이 필요한 거예요. 그런데 그 회사는 9번째 중간체를 사다가 한 단계를 합성해서 그걸 만들었어요. 그래서 국내에서 팔려고 했더니 외국의 다국적 제약회사가 그 제품을 덤핑해버렸어요. 덤핑하니까 그 제약회사가 한 단계만 합성을 하니 견디지를 못해서 만드는 것을 포기했어요. 이런 일들이 일어날 수가 있는 거예요. 어쨌든 이런 의약품을 합성하려면 과정이 복잡한데, 생물공정은 한 스텝만 하면 되는 거죠. 미생물을 배양하니까 이런 장점이 있는 거예요. 그 다음에는 미생물 배양을 하든, 효소를 반응을 시키든 반응 조건이 온화한 조건이다, 보통 온도 30~40도, 높아야 60~70도, 우리가 알고 있는 PCR 반응도 95도, 100도 넘어가는 건 없어요. 압력은 대기압에서 하고 있는데 화학반응은 어떤 경우는 1,000기압, 500도에서 반응을 하고 그래요. 그렇게 해야지 반응속도가 제대로 나오기 때문에 그렇게 하는데 얼마나 위험하고 돈이 많이 들어가나. 예를 들면 우리가 보통 스테인레스 스틸 탱크stainless steel tank에서 미생물을 키운다, 그러면 이런 탱크의 두께는 한 3mm 정도면 되요. 근데 반응을 100기압 정도시킨다, 그러면 반응기의 압력과 두께가 100기압을 견뎌야 하니 1센치 정도는 되어야 되고 그만큼 비싼 거예요. 어쨌든 그만큼 비싸고, 만약에 사고가 나면 문제가 생기고, 사고가 나면 화학적인 반응은 아주 문제가 심각해져요. 반면에 생물공정은 사고가 나면 미생물들 먹이가 바깥으로 흘러나오고 그런 정도인데, 화학공정은 사고가 나면 대형 사고가 나는 거죠. 그런 장점 내지 차이점이 있는 거다. 특히 미생물 반응보다 효소 반응인 경우 기질특이성substrate specificity이 있어요. 어떤 기질에 대해서 그것만 딱 반응을 시키는 거다. 그런데 화학공정은 부산물이 많이 생기죠. 그러니 화학반응시키면 여러 가지 이성체가 생기는 거고 효소반응은 한 가지 이성체만 생기는 거니까 그런 점에서 생물공정이 유리하다. 그 다음, 요즘에 우리가 유전자 조작을 쉽게 할 수 있으니 이걸 잘 하면 효율을 향상시킬 수 있다. 촉매도 개발을 하면 계속해서 성능, 효율을 향상시키는 거다.

또 다른 것은 뭐가 있을까? 생물공정이 좋아 보이기도 하지만 한계도 있는 거예요. 화학반응은 반응이 굉장히 빨라요. 그런데 생물공정이 갖는 문제점은 굉장히 느린 것이다. 아마 이게 제일 치명적인 거겠죠. 생물체가 자라면서 뭘 만들어낸다라고 하는 것은 굉장히 느린 거예요. 효소반응에서 효소는 일종의 촉매라고 하면 이것은 화학반응하고 반응속도면에서 견줄 만할지 모르지만 반응 온도를 100도 200도 못 높이죠. 그럼 우리가 아는 것은 반응 온도가 올라가면 속도가 빨라질 수 있는 거죠. 그런 면에서 미생물 배양하는 거나 효소반응은 문제가 있다 이런 얘기죠. 또 무슨 차이가 있을까? 결과적으로 어떤 것이 가장 경제적이냐, 여기에 따라서 어떤 경우에는 미생물이나 효소를 쓰고 어떤 경우는 화학반응을 시키는 거죠. 그런데 경험적으로 보면 그 구조가 복잡하면 복잡한 구조의 화합물은 화학반응시키는 것이 가능할지라도 너무 그 단계가 많아져서 화학공정이 '비경제적이다' 이렇게 결론이 나고, 아주 간단한 구조의 화합물은 상대적으로 화학반응을 시키는 것이 더 낫지 않는가, 대충 그렇게 생각을 정리하고 있어요. 그러면 여기서 생각할 수 있는 게 뭐냐면, 예를 들면 회사에서 어떤 새로운 화학소재를 만든다고 했을 때 어떤 과정을 거치느냐? 예를 들면 어떤 A라고 하는 것을 고분자화합물로 쓸 일이 있다, 또는 어떤 암 치료제로 좋다 등등 이런 필요성이 있으면 그 다음에는 회사 연구팀이 A를 어떻게 만들까 그런 디스커션을 하는 거죠. 그럼 A를 만드는 방법이 뭐가 있을까, 가능한 방법을 다 조사해요. 생물방법으로 S부터 시작해서 몇 단계를 거쳐서 A를 만들자 또는 효소 반응을 해서 B라고 하는 것을 통해 A를 만들자 또는 화학합성인데 C로부터 A를 만들자, 화학합성은 1단계로는 안되니까 C로부터 D를 거치고 D로부터 A를 만들 수 있다 이렇게 잠정적으로 결론을 내리겠죠. 이런 대안을 갖고 디스커션을 하는 거죠. 그래서 어떤 것이 가장 경제적이고, 안정적인지 하는 면에서 결론을 내리지요. 예를 들면 어느 단계는 화학적으로 합성을 하고, 어느 단계는 효소로 반응을 하고 이렇게 결론을 내려요. 그러면 화학적인 얘기도 조금 알아야 하고 생물 얘기도 알아야 해요. 나는 생물을 좋아하니 생물만 하겠다, 이것은 안 되는 얘기죠. 물론 여기에는 화학전문가와 생물전문가가 같이 있지만 서로가 상대방을 이해해줘야 하는 거예요. 그럼 효소공정을 채택하는 경우 이 반응에 관여되는 효소는 어떤 효소다, 그럼 이 효소를 어떻게 하면 가장 값싸게 많이 만들까 그런 생각을 해야 하고, 그 다음에 이 효소의 활성, 안정성을 어떻게 높일까 이런 연구를 하는 거죠. 학교에서 하면 몇 년씩 걸리는데 이런 것들을 벤처, 전문 회사에다가 일을 줘요. 그럼 여기서 전문가들이 6개월 이내에 다 만들어줘요. 그래서 실제로 이런 공정을 개발한다는 것이 어떤 결정이 내려졌으면 1년 이내에는 실제로 물건을 만들 수 있는 단계까지 가나 봐요. 그러면 이제 이 화학공정도 장점이 있지만 단점도 생각할 수 있고, 이제 이러한 생물공정도 장단점을 생각할 수 있어요. 그럼 바이오 쪽의 연구 과제는 뭘까? 그 다음에는 온화한 반응조건이 장점도 되지만 이렇게 생각하면 단점이 되니까 이걸 극복해야 해요. 그러니까 효소반응을 하되 50도에서 하지 않고 100도에서 하겠다, 그럼 100도에 견디는 효소를 만들어야 하고. 이런 것들이 우리가 할 수 있는 게 아닌가 생각이 들어요.

그래서 하나의 예를 들어보면 강의 처음 부분에서 바이오디젤이 뭐다, 라는 얘기를 했어요. 이 바이오디젤은 식물성 기름에 메탄올을 반응시키면 FAMEfatty acid methyl ester이 얻어지고 글리세롤이 얻어진다, 이걸 분자식으로 써보면 이렇게 COO−를 갖고 있는 에스테르기가 있는 것이 기름이다. 거기에다 메탄올을 집어넣으면 이것이 에스테르, 실질적으로 디젤이다. 그래서 맨 처음에는 콩 기름으로부터 디젤을 만들어서 썼고, 그러다가 석유에서부터 이렇게 만드는 게 더 싸져서 지금은 정유공장에서 디젤을 만들어요. 그러다가 환경에 대한 부담, 농민을 보호해준다 등등의 이유로 이제는 다시 콩 기름, 유채 기름, 또는 팜 오일 등등으로부터 다시 디젤을 만들기 시작했어요. 어쨌든 지금은 이 식물성기름에서 나오는 것을 바이오디젤이라고 하는데 지금은 화학공정방식이 사용돼요. 산 촉매를 넣어서 반응을 시키면 돼요. 그래서 지금 우리가 사용하고 있는 바이오디젤의 90퍼센트는 화학기술로 만들고 있어요. 그럼 이제 바이오를 하는 사람들은 바이오 방법으로 만들 수는 없을까 생각했지요. 그 방법은 이 화학 촉매 대신 리파제lipase라는 효소를 이용을 하면 돼요. 효소를 이용했더니 반응이 가는데 화학적인 방법보다 비싸요. 그래서 아직도 일반적으로 생산되고 있는 건 화학공정이에요. 그러면 여기서 리파제를 가지고 화학적 방법보다 더 싸게 만들려면 어떻게 해야 되나? 이게 연구 토픽이고, 바이오를 한 사람들은 이것이 지상 목표라고 생각을 하고 이것을 열심히 연구해요. 그러면 여러분들이 볼 때 여기서 문제가 뭐가 있을 것 같아요? 어떤 연구를 해야지 소위 리파제로부터 바이오디젤을 만드는 것이 화학적인 방법으로 했을 때보다 값이 쌀 수 있을까? 여러분들이 연구를 하면 뭘 연구를 해야 되나? 제일 첫 번째가 리파제를 잘 들여다 봐야 되겠죠? 리파제의 활성을 얼마나 높일 수 있을까? 리파제가 예를 들어 1분 동안 반응을 100번 하면 그 반응을 1,000번 하게 하면 어떨까? 그러면 그 반응 속도가 10배나 빨라지는 거죠. 그것이 가능할까? 그래서 활성을 높이는 생각을 할 수가 있고, 그 다음에는 리파제를 메탄올에다 집어 넣으면 소위 유기용매, 메탄올에 의해서 리파제의 활성이 떨어져요. 리파제가 메탄올에 의해서 활성이 저하가 되는 문제가 생겨요. 이걸 어떻게 극복할 수 없을까, 이런 생각을 해 볼 수 있는 거죠. 활성을 올리는 것 동시에 메탄올에 의한 영향을 덜 받게 하겠다, 이런 생각을 해 볼 수가 있고 실제로 기름 1M에 대해서 메탄올이 3M이 들어가요. 그래서 메탄올을 처음에 넣고 반응을 시키면 메탄올 양이 많으니까 효소의 활성이 떨어져요. 그래서 메탄올을 조금씩 넣어주는 거예요. 반응이 진행되는 것만큼 메탄올을 넣어주면 메탄올의 농도는 높지가 않죠. 그럼 이런 문제가 심각해지지가 않죠. 또 다른 대안은 실험을 해봐야 느끼겠지만 실험을 하는데 보면 글리세롤glycerol이라고 하는 것이 생기는데 글리세롤은 끈적끈적해요. 어쨌든 그것을 공학적으로 표현하면 물질들이 잘 이동이 안 되는 거예요. 반응을 하려면 반응기 안에서 반응물질들이 자연스럽게 효소하고 만나야 하는데, 여기 글리세롤이 많이 생기면 반응을 잘 못해요. 그래서 이 반응물질들이 글리세롤을 뚫고 반응을 하는 게 물만 있는 것보다 훨씬 못한 거죠. 그래서 이런 문제가 있다 그럼 글리세롤을 안 생기게 할 수는 없고, 방법은 생각을 해보면 몇 가지가 있겠죠. 생각만 해보면 글리세롤이 생기면 그냥 내버려 두는 게 아니라 글리세롤보다 훨씬 더 좋은 제품을 동시에 만들어 버려요. 그러면 그 반응기에서 나오는 게 바이오디젤도 나오고 또 새로운 제품도 나오는 거다. 그래서 어떤 사람은 이런 연구를 해서 특허도 내고 논문도 냈어요. 글리세롤이 이렇게 문제가 있으면 글리세롤을 동시에 분리를 해버려요. 효소를 우리가 고정화해서 놓고, 한 쪽에서 식물성기름을 집어넣고, 또 한쪽에서 메탄올을 조금 집어넣으면 나오는 게 바이오디젤과 글리세롤이 나오는데 여기서 글리세롤을 분리를 하자. 그런데 요즘은 글리세롤은 친수성이에요. 바이오디젤은 소수성이니 그 두 개는 서로 성질이 달라요. 어떤 방법을 사용하여 반응 도중에 글리세롤을 분리하고 반응중간물은 다시 집어넣죠. 그럼 이렇게 해서 글리세롤을 분리할 수 있는 거예요. 그러니 이런 식으로 공정 측면에서 연구를 할 수도 있어요.

그 다음에는 이 리파제를 한번 쓰고 말 것이냐? 효소를 고정화할 수 있다고 그랬죠. 그래서 리파제 효소를 어떤 담체에 고정화해서 한번 반응할 것이 아니라 100번쯤 반응시키면 어떨까? 그 100번 반응하는 동안에 활성이 떨어지지 말아야겠죠. 그런 방법을 쓰면 효소를 진짜 100번씩 쓰기도 하고 그래요. 우리는 아직 그렇게까지 못했는데, 중국의 대학 사람들은 재주가 우리보다 더 좋은지 효소를 고정화해서 100번 재사용해요. 그러면 이걸 100번 재사용한다고 하면 효소의 비용이 약 100분의 1로 줄어들어요. 그러면 화학 반응에 비해 경쟁력이 생기는 거예요. 그래서 중국에서 최근에는 이런 방법으로 바이오디젤 공장을 만들었어요. 우리는 어떻게 했냐면, 효소의 구조를 열심히 연구를 했어요. 그래서 효소의 활성을 올릴 수 있는 유연성이라는 개념을 집어넣은 결과 활성이 3배는 증가했다. 그 다음에는 메탄올이 어떻게 리파제의 활성을 저하하는 것이냐? 이것도 연구를 해보면 그냥 용매니까 영향을 미치는 게 아니라 구체적으로 보면 리파제는 단백질인데 단백질은 아미노산이 쭉 연결돼 있는 거다, 여기에 메탄올이 아미노산 사이사이에 틀어박힐 수 있다, 그러면 이 메탄올이 틀어박혀 영향을 주니 메탄올이 영향을 주지 않는 방법으로 아미노산을 바꾼다, 이렇게 해서 변이효소를 만들었어요. 아직도 할 게 많죠. 그래서 이런 개념들을 같이 사용하면 생물공정이 더 경제적일 수 있어요. 지금은 중국에서만 효소를 가지고 바이오디젤을 만들지만, 앞으로 한 10년 사이에 바이오 공장이 더 늘어날 것이고 그럼 화학한 사람들은 어떻게 또 화학적인 방법으로 경쟁을 할 수 있을까 그런 아이디어를 내겠죠. 그런 것들이 경쟁을 해가면서 기술이 발전하는 게 아닌가 해요.

생물 기술을 가지고 만들 수 있는 화학소재가 많이 있어요. 가장 오래된 것은 에탄올, 우리가 먹는 술, 그 다음에는 에탄올을 아세토박토라는 박테리아로 산화시키면 식초가 되고, 치즈, 요구르트, 간장, 된장, 김치 이런 건 다 미생물이 만들어내는 거죠. 이런 거 말고 전통적으로 부탄올도 100년 전에는 미생물 가지고 만들었어요. 지금은 석유화학적인 방법으로 하지만 어쨌든 부탄올을 다시 미생물로 하는 방법을 연구하고 있고, 우리가 또 알고 있는 항생제, 단세포단백, 인간성장 호르몬, 인슐린, 항체 등 많은 것을 만들어 낼 수 있어요. 그래서 어떤 제품을 만들 수 있느냐. 그런 제품의 이름을 기억하는 것보다는 이런 생물기술이 갖고 있는 장점과 한계점 그리고 그걸 극복하는 방법들이 뭘까 이런 생각을 하는 게 더 좋지 않을까 해요.

생각할 이슈들

• 살아있는 생물체를 이용하는 것과 생물반응기를 이용하는 방법의 차이, 장단점은?
• 석유화학기술에 의하여 생산되는 화학소재를 생물학적인 방법으로 대체할 수 있다. 사례? 계속 연구개발해야 할 이슈는?

따뜻한 바이오 기술

지난 100년 간에 사람의 수명이 거의 두 배 가까이 늘었다고 해요. 그래서 100년 전에는 오래 산 사람 일부를 빼고 나면 45~50되면 다 죽는 거예요. 오래 산 사람들이 한 60~70. 지금은 집안의 어른들을 보면 돌아가시는 연세가 여자는 95, 남자는 90세쯤 되는 거 같아요. 요새는 85세 이전에 죽으면 너무 일찍 죽는다고 해요. 요즘엔 90이 넘어야 웬만큼 살았다고 하는데 그 정도면 과거에 비해 수명이 30~40년쯤 늘어난 거예요. 그러면 수명이 늘어난 이유가 뭘까? 이걸 여러 사람들 사회학자, 인류학자 같은 사람들이 조사를 했겠지만 직관적으로 느끼는 게 뭐예요? 의료시스템이 좋아진 것. 의료시스템이 뭐냐면 세균에 감염되면 항생제를 먹거나 주사 맞는다, 암에 걸리면 암 치료를 받는다, 이런 식의 의료시스템이 좋아진 것도 한 가지일 거고, 또 다른 중요한 것은 냉장고와 상하수도 시스템이래요. 냉장고가 뭐예요. 음식이 상하지 않게 하는 거죠. 냉장고가 없을 때에는 음식을 금방 먹어야 하죠. 조금만 오래 놔두면 상하고 상한 거 먹으면 문제가 생기고 죽기도 하고. 그 다음에 상하수도, 물이 깨끗하지 않으면 이질 같은 병에 걸리니 물이 깨끗하지 않으면 오래 못 사는 거다. 그렇게 보면 지난 100년간 과학과 기술이 많이 발전했는데 크게 보면 이 두 가지가 사람의 수명을 증가시키는 데 큰 기여를 했다. 어떤 사람은 식량 증산을 해서 많이 먹고 살게 돼서 그렇다는 이야기도 하고, 비료 만든 것이 큰 기여를 했다고 생각해요.

과학기술, 특히 생명공학 기술은 우리 인류에게 기여하는 바가 커요. 누구든 생각하면, 첫째는 질병을 치료하고 건강한 삶을 누리는 데 기여하고 있다고 하지요. 두 번째는 먹거리, 식량을 공급하고 있지요. 그리고 세 번째는 우리에게 필요한 에너지, 바이오에너지와 화학 소재를 공급하고 있어요. 이러한 과정을 통하여 일자리가 창출되고 국가의 경제가 발전하고 있으니, 그것만으로도 생명공학기술 분야에 종사하고 있다는 것은 자부심을 가질 만한 일이고요. 크게 보면 생명공학기술 또는 바이오기술이 바이오산업으로 연결되고, 이것이 산업 전반에 영향을 미치면 우리는 바이오경제라고 하고, 사회 전반에 영향을 미치면 그 다음에는 바이오사회가 이루어지는 것으로 생각해요. 오래 전 증기기관의 발명이 산업혁명을 일으킨 것, 반도체와 통신기술의 발달이 IT산업으로 연결된 것을 상기하면 유전자 재조합기술로부터 시작한 바이오기술이 우리 사회에 큰 영향을 미치기 시작한 것은 당연한 것이죠.

그런데 이런 기술이 못 사는 나라들에게는 또 다른 의미가 있어요. 그들의 생명을 구하고 먹을 것을 제공할 수 있지요. 그런 의미에서 적정기술에 대하여 생각해 보도록 해요. 적정기술appropriate technology이라는 것이 오래된 기술을 의미하는 것도 아니고 첨단기술을 의미하는 것도 아니에요. 그냥 어느 나라, 어느 사람들에게 적절한 수준의 기술이다 그런 거죠. 예를 들면 물이 더러워서 물을 정수해야 하는데 정수기회사에서 만든 첨단역삼투막 정수기를 갖다 줄 수 있을까? 그걸 사용하려면 전기가 있어야 하고 부품을 교환해야 되고 비싸고 하니까 어떤 사람들한테는 그게 적절하지가 않은 거예요. 전기도 있고 돈이 있는 사람들한테는 적절한 수준인지 몰라요.

예를 들면, 물이 문제가 되는 동네에 가서 물을 잘못 먹으면 병에 걸려요. 그건 물속에 병원균이 있어서 물을 소독하는 게 중요해요. 물 소독을 어떻게 하느냐? 염소, 또는 화학약품을 집어넣어 소독을 하는데, 해외 오지에 가서 염소 소독을 할 수가 없어요. 그러면 다른 것을 사용해서 소독할 수 있겠죠. 또 다른 방식으로 멤브레인 공극이 작으면 세균이 거기 뚫고 들어가지 못하고 물만 들어가서 우리가 물만 먹을 수가 있죠. 그렇게 만든 게 life straw라고 해서 몇 달러씩 해요. 이런 것도 비싸면 안 되죠. 태양광판solar panel을 이용하여 물 전기분해 장치 1L 짜리 만들 수 있어요. 1L는 도시락 통만한 것인데 거기에 전기분해 장치를 집어넣고 여기 전기 파워는 태양광판에서 공급돼요. 여기다 소금과 물을 집어넣고 그러면 소금이 전기분해되어서 염소가 생겨요. 염소가 생기면 염소를 포함한 물을 200L 물에다가 부으면 거기 있는 세균이 다 죽어요. 그러니까 1L 장치 하나에 소금을 조금만 집어넣으면 200L 물을 소독할 수 있는 거예요. 여러분도 소금물을 전기분해하면 염소가 나온다는 것은 다 들었을 거예요. 그런데 이것을 이렇게 활용하는 것도 아이디어죠. 그래서 우리 학부 교수는 이걸 만들었어요. 그럼 여기에 태양광판이 들어가면 이것은 첨단 기술이죠. 그래도 태양광판은 몇 푼 하지 않는 거죠. 그래서 이런 것도 적정기술이 되는 거예요.

생명공학이 가난한 사람들을 위해 할 수 있는 게 뭘까? 여러 가지가 있을 거예요. 물 소독하는 것은 우리가 생명공학이라고 잘 안 해요. 얼마 전에 원주에서 우리 대학원생 한 명을 만나 함께 모래여과기sand filter를 만들었어요. 이게 뭐냐면, 작은 자갈과 모래에 물을 넣어 깨끗한 물을 만드는 건데, 그 원리는 자갈이 있으면 이 자갈에 생물막biofilm이 생기기 때문이에요. 왜 생기느냐? 물속에 유기물이 있으니까, 유기물을 먹으려고 자연적으로 미생물들이 여기에 와서 자라는 거예요. 그래서 여기에 막film이 생겨요. 그러면 유기물이 있는 물을 부으면 자갈 층 생물막에 있는 미생물들이 유기물을 먹는 거죠. 그러면 물이 깨끗하게 돼요. 이것이 가장 간단한 정수장치고, 그래서 이러한 정수기는 작은 통 하나면 되잖아요. 거기다 모래와 자갈을 채우고 파이프만 넣으면 물이 나오고. 그래서 이거 만드는 데 한 시간이면 만들잖아요. 물론 여기에 생물막층이 생기려면 보름은 기다려야 해요. 그런 게 문제지만 그게 지나면 흙탕물 집어넣어도 깨끗한 물이 나와요. 이런 것들도 일종의 생명공학기술이라고 할 수 있죠.

그 다음에는 가난한 동네 사람들은 에너지 소스가 별로 없으니까 나무를 태워서 요리를 해요. 그럼 매연을 마셔야 돼요. 매연을 마시면 병 걸리는데 그걸 해결할 수 있는 방법의 하나가 바이오가스를 이용하는 거예요. 우리나라에서는 에너지원이 많으니 바이오가스 또는 메탄가스 생산하는 것에 큰 관심을 가지지 않지요. 어떤 통에 분뇨라든가 바이오매스를 집어넣으면 혐기적인 조건에서 미생물들이 자라면서 최종적으로 메탄가스가 나와요. 그럼 메탄가스에다가 불을 붙이면 불이 붙어요. 그래서 이걸 가지고 요리를 할 수 있어요. 그러면 소위 그 매연 때문에 건강 상하는 그런 일은 없어지는 거죠. 그래서 예를 들면 에티오피아 같은 나라에서는 연료로써 메탄가스를 발생시키는 바이오가스 장치를 많이 사용해요. 우리나라는 그냥 도시가스죠. 좋은 가스 들여다가 다 파이핑해서 집으로 보내서 성냥으로 불만 붙이면 라면도 끓이고 그러는데 여기는 그렇게는 못하지만 집집마다 바이오가스 생산하는 통을 하나씩 만들어주고 여

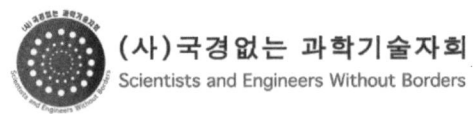

(사) 국경없는 과학기술자회
Scientists and Engineers Without Borders

국경없는 과학기술자회는 이러한 일을 위하여 활동하는 과학기술자들의 모임이다.(www.sewb.org)
로고 뜻: 조그만 점(노력)이 모여서 아름다운 원(지구촌)을 만든다.

기에다가 농업 폐기물들을 집어넣으면 메탄가스가 나오고 이걸 가지고 요리를 하는 거예요. 이런 것들이 낙후된 것 같지만 들여다보면 여기도 할 일도 참 많이 있을지 몰라요.

그 다음에 농사를 짓는 사람들이 많은데 우리나라는 돼지를 키운다, 하면 좁은 공간에 수백 마리를 집어넣고 꼼짝 못하게 키우잖아요. 그 다음에 돼지분뇨는 폐수처리해야 하는데 잘 안되니까 골치 아픈 거예요. 그런데 이것도 잘 생각해보면 돼지를 한 20∼30마리를 키우고 여기다가 톱밥 같은 것을 깔아 넣으면 돼지가 똥을 싸도 그 톱밥에 미생물들이 달라붙고 그러면서 돼지 똥이 사료가 된대요. 그래서 폐수처리 안 해도 되고, 사료비용이 줄어든대요. 우리는 이런 데는 관심이 없을지 모르지만 그것도 원리를 보면 결국 농업분야 생명공학 기술인 거죠.

그 다음에 어떤 지역에 가면 망고가 많이 있는데 수송수단이 별로 없고 또 보관을 못 하니까 그게 막 썩는대요. 지금은 쓰레기예요. 그러나 망고를 잘 건조만 시켜주면 건조망고가 돼서 그것은 팔 수도 있고 그러면 수입이 되는 거죠. 망고를 말려주는 그런 기술도 그런 사람들은 몰라요. 태양광판을 한쪽에다 붙여가지고 건조 장치를 만들어주면 망고가 돈이 된다는 거죠.

또 우리 졸업생 중에 에티오피아에 가서 2년간 대학에서 강의를 하고 오겠대요. 그건 자원봉사예요. 그래서 작년 2월에 함께 에티오피아에 갔어요. 그런데 어떤 나무에 있는 열매를 보더니 저거 돈인데 그래요. 그래서 무슨 얘기냐 했더니 저 나무에 있는 콩과 식물 열매가 있는데 여기서 어떤 화학성분을 추출하면 당뇨병 치료제 중간물질이 된대요. 회사에 있던 사람들은 그런 걸 알아요. 그래서 가자마자 아마 그 연구부터 하는 것 같아요. 그런 식으로 생명공학기술을 활용하면 할 수 있는 것들이 꽤 많아요. 지금은 물, 양돈, 식품 건조, 천연물에서 유용성분 추출하는 얘기를 했지만 이런 것 말고도 할 수 있는 게 많고요. 어딜 가면 미생물 배양 기술 가지고 식품을 만드는 것도 많이 있는데 그냥 경험에 의존을 해요. 그래서 그걸 과학적으로 접근을 하면 할 수 있는 것들이 많이 있는 거죠. 또 백신을 만들어서 오지의 가난한 사람들에게 보급을 하겠다, 그런 생명공학기술도 있는 거죠. 정리하면, 생명공학기술은 세계 어디서나 유용한 따뜻한 기술이에요.

생각할 이슈들

- 우리 사회의 가난한 이들, 장애인들, 노인들과 관련된 생명공학 이슈는? 이런 것들과 벤처, 기업의 연계성은?
- 생명공학기술도 우리 사회, 지구촌의 가난한 이웃들에게 할 수 있는 일들이 많이 있다. 무슨 기술이 필요할까?

유영제 교수는 누구인가?

오늘은 내가 어떤 생각으로 이런 강의를 하였는가, 나의 배경은 무엇인 가 그런 이야기를 하지. 나는 중학교 3학년 때 DNA가 뭐다 하는 것을 배웠어. DNA에서 RNA가 생기고 그래서 복제가 되고 이런 걸 배웠는데 되게 재미있었 어. 꽤 오래전이지, 그 당시에 중학교 3학년에서 그런 거 배우는 경우는 거의 없었어. 그런데 선생님이 사범대학에서 석사를 하셨어요. 미국 생물 교육 최신 동향이 뭐냐? DNA. 그래서 그걸 우리 중학교 3학년 학생들에게 설명을 해주셨 는데 그게 재미있어서 '아, 생물이란 게 재미있구나.' 그래서 고등학교 가서 생 물반에 들어갔어요. 고등학교 생물반에 가서 간단한 실험도 하고 재미있게 지 냈어. DNA 분야 공부를 계속하려면 대학을 어딜 가면 좋은가 생각을 해보니까 자연대 화학과에서 생화학을 공부를 많이 하는 거 같아. 그래서 거기를 갈까 그 런 생각을 하다가, 옛날이야기니까, 대학원에 가서 박사공부 하는 것은 돈이 많 이 들어가는 것이고, 그 당시 우리나라 사람은 대부분 다 가난했으니까 공부하 는 것을 재정적으로 뒷받침하는 것은 만만하지 않았지요, 주위에서 공과대학이 어떤가, 이야기를 해주셔서, 그러면 공과대학에서 가장 가까운 학과가 어딘가 찾아보니까 화공과가 있어요. 그래서 그 다음에는 원서 쓸 때쯤 해서 난 화공과 를 가겠습니다, 그랬더니 옆에서 전자공학이 앞으로 많이 발전할 거 같은데 전 자과 가지, 이렇게 조언을 해줬어. 나는 화학이나 생물이 재미있으니 그냥 화공과 가겠습니다, 해서 화공과 들어왔어요.

어쨌든 그 당시 70년대는 전자공학과가 서울대학교에서 제일 커트라인이 높고 그 다음에 화공과. 그 전까지는 서울공대 화공과가 서울대학교에서 제일 커트라인이 높았어. 나는 그것도 모르고 그냥 가겠다 그랬는데. 어쨌든 70년에 전자공학과 들어온 애들이 얼마 전에 정보통신부 장관도 하고 전자회사 사장도 하면서 우리나라 반도체 산업을 많이 일으켰다고 알려져 있는 거죠. 그건 그네들 일이고. 나는 화공과 들어왔어요. 화공과 들어와서 공부를 하는데 1학년은 아무것도 모르고 지나가고. 1학년 때 공부하는 게 꼭 고등학교 때 공부한 거랑 비슷하더라고. 그래서 무슨 대학교 1학년이 이런가, 그리고 2학년 때부터는 반독재 투쟁, 데모 이런 걸 학생들이 많이 해서 학교가 휴교를 많이 했어요. 데모를 하니까 학교가 휴교를 해버려. 그래서 학교를 많이 못 다녔어. 그래도 열역학도 배우고 이것 저것 많이 배웠는데 화학공학이란 게 생각보다 재미는 없더라고. 그래서 내가 뭐 잘못 들어왔나 이런 생각을 하고 있었는데 4학년 되니까 생물화학공학이라고 하는 과목이 있었어요. 그래서 그 과목을 박태원 교수님 — 이후에 인하대학교 공대 학장을 거쳐 인하대학교 총장을 하시고. 지금도 내가 1년에 몇 번쯤 선생님 하고 뵙는 분이에요. 지금 80이 넘으셨지 — 께 한 학기를 배웠어요.

어쨌든 대학교 4학년 되어서 그 생물화학공학이라는 과목을 들으니까 재미있어. 생물을 공학적으로 응용을 하려면 어떻게 해야 하는 거냐. 그런 과목이니까 재미있더라고요. 그 과목을 열심히 하고 그러니까 교수님이 여름방학부터 내 연구실에 나와서 일하지, 그래서 그럴까 그러다가 대학교 4학년 2학기가 되면서 그래도 공과대학을 나왔으면 공장을 한번쯤 지어보고 현장 감각이 있어야 하는 게 아닌가, 해서 10월까지 대학원에 가겠습니다, 그리고 친구들한테도 이야기하고 그러다가 갑자기 회사 취직을 해버렸어요. 그래서 회사에 취직을 해서 3년만 공부하고 군대도 마치고 돈도 모아가지고 대학원 가야지, 그러다가 보니까 결혼도 하고 애도 생기고 그러면서 이게 만만치 않은 일이지. 그래도 내가 거기서 28세에 과장이 됐어. 최연소 과장이고 지금도 그 회사에서 28살에 과장된 사람 없을 거야. 어쨌든 과장 되어서 2,3년 있으니까 회사경영 이런 것들이 많이 보여. 그러면서 내 인생이 뭔가. 이렇게 회사에서 봉급 받고 회사를 위해서 일을 하고 그러는 게 내 인생인가 생각하니까 인생은 한 번인데. 내가 하고 싶은 건 이게 아니었는데. 이런 생각이 들면서 그냥 무조건 회사 관뒀어요. 그러니까 옆에서 그냥 회사 다니면 상무·전무까지는 맡아둔건데 왜 관두느냐. 누군 부러워서 그런 이야길 하는 거지. 그래도 관뒀어요. 관두고 그러고선 그 당시엔 여기 대학원이 몇 명밖에 없었어. 그래서 나이도 30살도 넘었고 해서 미국으로 갔지. 가서 공부를 하는데 무슨 공부를 할까 그러다가 그래도 내가 생물을 좋아했고 생물화학공학을 재미있어 했으니 그쪽을 하겠다, 그래서 생물화학공학 관련되는 공부를 하고 그걸로 논문을 썼어요.

그래서 지금도 내 생각은 나는 지금까지 내가 하고 싶은 공부를 하면서 살고 있다, 난 그렇게 느껴요. 그래서 난 굉장히 지금 행복해. 그리고 내가 좋아하는 걸 하니까 이 분야가 재미있고 그러니까 성과도 잘 나와. 그래서 나는 내 전공에 관련된 일에 대해서는 아주 만족하고 있는 사람 중의 한 명이에요. 어쨌든 인생은 한 번이니까 하고 싶은 일을 하는 거다. 그러면서 또 하나 배운 인생의 교훈은 뜻이 있는 곳에 길이 있다. 그래서 우리 대학 동기들 중에 3학년, 4학년 때 자기가 대학원 가겠다고 한 애들은 거의 다 대학원을 갔고 지금 교수로 있어요. 그렇게 뜻을 세워야 길이 생기는 거고 뜻을 가지면 길은 있는 거다, 그런 생각이 들어. 그게 어떤 경우에는 오래 걸릴 수도 있지만 그건 중요한 게 아니라 자기가 뜻 한데로 가는 거가 제일 좋고 그랬을 때 재미있고 남보다 잘할 수 있다, 경쟁에 안 밀리는 거다 그런 생각이 들어요. 성격이 너무 온순한 사람이 회사를 가면 부장까지, 한 40까지는 아무 문제가 없어요. 조직 사회이기 때문에. 그런데 그 다음에 중역이 되고 사장이 되려면 온순한 사람은 버텨내질 못해. 물론 학교라고 해서 온순한 게 무조건 좋고 사회적인 인간관계가 나빠도 되는 게 아니지만 회사는 그만큼 인간관계가 중요하단 얘긴 거지. 그래서 첫 번째 여러분한테 해주고 싶은 이야기는 하고 싶은 걸 하는 거다. 그래서 나는 바이오를 해서 인생이 즐겁다.

그 다음에 내가 여러분들에게 강의를 하는데 내 강의 방식은 다른 교수들하고 다르다, 이런 이야기를 하는데 내가 왜 그렇게 하느냐는 얘기를 할게요. 나도 처음에 교수가 되고 나서는 책에 있는 거 하나하나 다 자세하게 설명을 해줬어. 내가 그렇게 배웠기 때문에. 그러면서 내 옆의 대학원생들을 보니까 대학원생들 중에는 연구를 잘하는 대학원생들이 있어요. 그래서 어떤 학생이 연구를 잘하나 생각을 해보니까 기초가 잘 되어 있는 학생. 기초가 안 돼 있으면 연구하는 데 어려워요. 기초 개념이 확실한 게 중요하다. 그리고 호기심이 있는 학생들이 연구를 잘하더라. 그런 거를 느끼게 됐어. 그러니까 어떤 생각을 했냐하면 적어도 대학교에서 공부할 때, 수업할 때 기초를 단단하게 해주고, 호기심을 많이 불러일으키는 게 좋은 교육인 거 같은데. 우리 대학에서 하고 있는 교육이 그렇게 이루어지는가 하고 생각을 해보니까 그렇지 않은 부분이 많더라. 이런 느낌을 가지고 그 다음부터는 우리 높으신 교수님들한테 우리 교육이 문제가 있는 것 같습니다, 라고 이야기하고 건의를 하고 그랬어. 그래서 학교에서 공부는 이렇게 해야 하는 거 아니겠습니까, 그런 이야기도 하고. 외국에서 강의를 잘하는 사람, 교육을 잘 시키는 경우는 어떻게 하나 그런 것도 많이 조사를 해서 이야기했어요. 그러다 보니까 교육에 대해서는 조금은 일가견이 있는 것으로 인정을 받았어. 지금도 내가 강의를 잘한다는 생각은 안 하지만 그래도 그냥 책을 읽어주는, 설명해주는 그런 스타일로는 안하려고 노력은 하고 있는 거예요. 어쨌든 그러다 보니까 당신 같은 사람이 와서 교무처, 입학처 일을 해야 한다 이래서 2000년도 즈음에 교무부처장 2년 하고 입학처장 2년하고 공학교육학회장도 2년하고 그런 걸 하면서 그래도 다른 건 몰라도 교육에 대해서는 내가 관심이 참 많은 걸로 알려져 있어요. 그래서 최근 "교육이 바뀌어야 우리가 산다"는 주제로, 대학 교육과 고등학교 교육을 위주로 해서 내가 25년간 생각하고 경험한 거를 책으로 출판했어요.

강의는 어떻게 하는 게 좋은가 생각을 해보면 한마디로 강의는 데이트하듯 해야 한다. 이게 지론이야. 강의는 데이트하듯 해야 한다, 그런데 사실 나 데이트하듯 잘 못해. 내가 대학교 때 데이트 잘 못했어. 지금도 그런 거는 잘 못하지만 그래도 지론은 데이트하듯 해야 한다. 이게 무슨 뜻일까? 데이트하듯 한다는 거는 남자 여자가 데이트할 때 남자 혼자만 떠들면 안 되잖아. 같이 어울리면서 얘기하면서 교감을 이뤄야 하는 거지. 그리고 데이트하기 전에는 상대방이 나를 그리워하게 만들어야 하는 거 아니겠어. 나는 나대로 데이트할 때 첫 번째는 커피숍에서 만나서 좋은 이야기로 시작하고 상대방 마음을 기쁘게 해주고 그 다음에 어디로 가서 나에게 확 반하게 해버리고, 여기까지 계획을 세워야 하는 거지. 강의란 거는 그냥 와서 생각나는 대로 떠들면 안 되는 거다. 잘 계획해서 내가 학생들하고 데이트하듯이 학생의 여러 욕구를 만족시켜주고 학생이 나에게 반하도록 만들고 내가 얘기한 주제에 대해서 생각을 공유를 해야 한다. 그게 데이트하는 거예요. 그리고 헤어지기 전에는 나는 당신을 사랑하고 좋아하고, 한번쯤은 클라이막스 시간을 갖고 그리고 안녕 하면 다음 약속이 기다려지고, 그런 게 멋있는 데이트지. 강의도 거기에 비유하면 마찬가지라는 것이 내 생각인데, 우리 사회는 내가 얘기하고 학생이 같이 얘기하는 게 아직까지 상당히 서툴러. 그런데 외국의 교실을 보면 자연스럽게 이루어지는 게 부러운 거야.

그래도 어떡하겠어. 현실은 현실이니까 내가 하는 방식은 질문을 던지고 내가 대답을 해버리죠. 그런데 그거는 바람직한 거는 아니야. 어쨌든 책에 있는 것을 설명해주는 것은 초보 단계의 강의라고 생각해요. 그러다 보니까 여러분들이 조금 낯설기도 하고 책을 볼 때 내가 설명해준 것도 있지만 설명 안 해준 것도 많다 이렇게 되는 거죠. 하지만 그거는 읽어보면 되는 거다. 모르는 것은 생각을 해보던지 질문을 하는 기회가 있어야 하는 거겠죠.

전공서적들이 무지하게 두꺼워지고 있죠. 다른 책도 마찬가지일 거예요. 우리 70~80년대 책에 비하여 그사이 20년 간에 얼마나 많이 학문이 발전했어요? 두꺼워졌죠. 그럼 어떤 교수는 그걸 다 가르쳐야 된다고 생각해서 이제 1년 반, 2년은 가르쳐야 한다고 주장하는 분도 있어요. 그렇게 주장하는 분이 많지 않지만, 책에 있는 내용을 다 설명해주는 게 중요하다고 생각하는 건데 그렇게 생각하면 끝이 없는 거지. 나는 그거는 아니다 생각해요. 제일 중요한 것은 중요한 개념을 이해하는 것. 나머지 것들은 자기가 찾아가며 공부하는 거고. 어떤 거는 나중에 필요하면 공부하면 되는 거다. 아까 누가 나한테 생물도 공부 많이 해야 하죠? 생물학과에 가서 공부를 하는 게 어떤가, 이런 식의 이야기를 했는데 심하게 이야기하면 생물학 한 과목만 공부하고 생화학 과목 공부 안 해도 아무 것도 몰라도 돼요. 나머지는 나중에 가서 필요할 때 공부하면 되는 거죠. 그래서 학교에서 강의가 모든 것을 다 포함하는 것은 바람직한 것은 아니고 그 속의 정수, 또는 공부하는 요령을 같이 느낄 수 있으면 되는 거 아닌가. 그래서 이렇게 이야기하는 거고 자꾸 엉뚱한 이야기도 하는 거예요. 이거 어디다 쓸까, 이거 왜 이러죠, 답은 나도 모르는 거 많아. 내가 모르는 게 아니라 세상이 모르는 거예요. 그래서 중요한 것은 비판적인 사고를 하는 거다. 이건 이겁니다, 라고 책에 쓰여 있고 교수가 이야기하면 불변의 진리라고 믿는 게 아니라 진짜 그런지 의심을 해봐도 돼. 교수가 이야기한 것, 책에 있는 것 중에는 틀린 거 많아요. 그리고 그걸 뒤집어서 생각할 때 새로운 게 많이 나와요. 그리고 인생에 있어서 돌파구가 되는 것들은 뒤집어서 생각하는 것, 왜 그럴까, 진짜 그럴까, 어떻게 쓸까 이런걸 생각하다 보면 새로운 것이 나오는 거지. 그걸 받아들이는 수동적인 자세를 가지고 있으면 흉내는 낼 수 있지만 새로운 걸 만들어 내기는 어려워.

내가 교육에 대한 배경지식, 그리고 그에 대한 생각은 강의는 데이트하듯 하는 거다, 그리고 뒤집어서 생각을 해보는 거다, 그런 비판적 사고를 하는 게 대학에서의 공부다. 고등학교는 자세하게 설명만 해주면 될 거 같지만 대학교는 아니다. MIT에서는 어떻게 강의하나 봤는데 거기도 그냥 설명을 많이 해주는 형태로 가. MIT도 아직 멀었어요. 어떤 것이 가장 교육적이냐는 관점에서 이야기하는 건데 쉬운 건 아니에요.

연구에 대해서 나는 어떤 생각을 가지고 있느냐. '이공계 연구실 이야기'라고 하는 책을 출판했는데 거기에 내가 무슨 연구를 하는지, 연구에 대해 어떻게 생각하는지, 어떻게 하면 연구를 잘할지 그런 내용을 다 적어 놨어요. 내가 대학원생들하고 일주일에 한 번씩 세미나를 하면 잔소리를 많이 하죠. 그거를 매번 얘기하다 보면 공통점이 많아. 그래서 그걸 한번 정리해서 만들어 놓으면 잔소리를 덜해도 되는 거 아닌가, 또는 연구가 뭔지도 모르고 교수, 선배가 시키는 대로 따라가면서 수동적으로 받아들이는 학생들이 많이 있어요. 저게 어떻게 연구냐. 회사에서 일하는 거고 기술자처럼 일하는 거지. 그런 느낌을 가질 때도 많아. 그래서 그런 건 아니지 않겠느냐라고 쓴 게 그 책이에요.

어쨌든 나는 중학교, 고등학교, 대학교 때 바이오라고 하는 것에 매력을 느꼈기 때문에 대학원에 가서 바이오를 한 거죠. 그런데 박사 과정 시작한 게 1982년이니까 그 당시에는 그래도 바이오테크놀로지가 미래에 참 중요한 거라는 것이 소개가 되기 시작했어요. 유전공학이 미래에 중요한 기술이란 게 소개가 됐어. 왜냐면 1973년에 재조합 DNA 기술이 소개되면서 몇 년 지나니까 이게 쓸모가 있는 것이라는 이야기가 80년대 초부터 나오는 거예요. 이게 앞으로도 좋아? 내가 좋아하는 건데 앞으로도 좋으면 당연히 그거 해야죠. 그 당시에 내가 선택할 수 있었던 게 고분자. 지금 고분자 좋죠. 그 당시에도 고분자 좋았어요. 또 공정제어. 그것도 재미있어요. 수학적이고 논리적이라서 재미있어요. 그래서 그거 할까 이거 할까 그러다가 내가 바이오를 좋아했으니까 바이오를 연구했어요. 논문의 주제는 효소를 생산하기 위한 최적 공정제어. 아주 공학적인 논문이에요. 공부가 끝날 때쯤 되니까 유전공학 관련해서 교수를 뽑는다. 공과대학에서도 한 명을 뽑겠다. 그래서 거기 지원해서 됐어요. 대학에 와서 미생물을 어떻게 잘 키우나 이런 걸 연구했는데 미생물을 키우는 실험을 하고 연구를 하니까 자동화가 덜 되어 있으니 밤도 새워야 하고. 그래서 3D 업종 같아. 그리고 거기서 새로운 이론, 새로운 사실을 발견하는 것보다는 뭘 만들어 낸다고 하는 것이 관심이 되고 남이 제시한 공학원리를 적용하는 수준밖에 안 되는 것이 아닌가. 그래서 학문적으로 재미없어지고. 학생들은 3D 업종 같아서 싫어하고. 그러면서 효소를 생산할 게 아니라 효소 가지고 반응을 시키는 걸 하면 그것은 딱 부러지잖아. 생화학이니까 훨씬 연구가 재미있겠다. 그리고 3D 업종도 아니고.

그러면서 생각을 해보니까 효소에서 뭐가 중요하냐. 효소 가지고 뭐했다, 뭐했다 하는 건 누구든지 얼마든 할 수 있는 건데 사람들이 해결 못하는 게 뭐냐. 효소의 활성이 어떻게 만들어지는지, 효소를 오랫동안 안정하게 하려면 어떻게 해야 하는지. 이런 건 사람들이 거의 모르고 있고. 그래서 그거 한번 도전해 볼 만하다. 그래서 지금도 연구는 효소에 관련된 것이 주예요. 물론 다른 것도 조금씩은 하는데, 한두 가지 인연이 돼 가지고 가지를 치는 거지. 그렇게 하는 거 말고는 지금 대학원 학생이 한 10명쯤 있는데 그 중에 대부분이 효소의 활성과 안정성에 관련된 연구를 하고 있어요. 근본적인 연구를 하니까 너무 황당하기도 하고 몇 년 동안은 성과가 하나도 없었어요. 아무것도 모르는 상태에서 시작했으니까. 그렇지만 어느 정도 지나고 나니, 이제 10년 넘었으니, 새로운 이야기를 하기 시작했어요. 얼마 전에는 석사 과정 학생이 와서 효소의 활성을 연구하는데 효소의 활성부위가 흔들리지 않게 단단히 잡아주면, 그래서 효소의 활성부위가 반응할 때 흔들리지 않으면 반응이 더 잘되는 것 같다. 그런이야기를 자신의 실험적 결과와 논문에 나와 있는 내용을 정리해서 이야기하는데 새로운 이야기를 들을 수 있어서 기뻤어요.

그래서 연구란 게 뭐냐. 어떤 사람들은 이것저것 해요. 공과대학의 대표적인 대학이 MIT인데 거기 교수들이 무슨 연구하나 보면 옛날 교수들은 동물세포도 했다, 미생물도 했다, 분리 정제 했다, 여러 가지 해요. 그럼 우리 같은 후배들은 이런 거 저런 것 해도 되는 모양이라고 생각하는데 잘 보면 하나만 하는사람들이 있어요. 나중에 보면 어디는 논문 내고 연구했네 이러고 있는데, 또어떤 곳에서는 진짜 멋있는 업적들이 나와. 그래서 느끼는 게 한 우물을 파야한다. 그걸 아주 절실히 느끼는 거예요. 한 우물을 10년 파면 바보가 아닌 이상좋은 결과들을 낼 수 있다. 세상에 도움이 되는 좋은 결과들을 내는 거다. 누가연구 결과를 여기까지 냈는데 아이디어를 조금 내니 난 여기까지 한다, 이런 건별로 쓸모가 없어요. 누군 이렇게 했는데 나는 다르게 해서 세계 최고의 결과를냈고 이 정도면 당장 공장에서 써먹을 수 있는 거다, 그런 연구를 하든가 아니면 새로운 원리를 찾아내는 그런 연구를 하든가. 그런 연구는 한 우물을 파야만나오는 것 같아요.

그런데 한 우물을 판다고 해서 자기 대학교 때 공부한 것, 대학원 때 공부한 걸 계속 해야 하느냐, 꼭 그거는 아니야. 하나를 잡아서 하는데 요령은 자기가 잘 알고 있는 걸 잡아도 되고, 아니면 시대가 바뀔 때 새로운 시대가 필요로 하는 걸 잡아도 돼. 예를 들면 미국의 제임스 베일리James Bailey라는 교수는 공정 제어 공부를 해서 박사를 받고 교수가 되었는데 어느 날 갑자기 방향을 틀어서 바이오를 했어요. 그리고 세계 최고의 논문을 냈어요. 우리 졸업생 중에 대전 의 생명공학연구원에서 근무하는 연구원이 있는데 원래 공부는 생물분리를 했어요. 그러다 연구원이 된 다음에 주위에서 나노 나노 그러니 나노 바이오칩 연구를 해서 우리나라에서는 제일 잘해. 바이오칩이라는 새로운 분야가 탄생하니까 분리 공부하는 거 그만두고 바이오칩 분야 연구 한 5년 하니 진짜 좋은 결과도 내고, 이제는 세계적으로 잘하는 사람이다 이렇게 되어 있어요. 멀리 갈 게 아니라 우리 학부의 교수 보면 그 사람은 박사 공부 초창기에는 초음파를 쪼여주며 화학 반응시키면 잘된다는 것이 논문 주제였어요. 그러다 나노라는 얘기가 나오니까 나노 입자를 잘 만드는 연구해서 최근 상도 많이 받았어요. 어쨌든 그렇게 해서 새로운 연구 테마가 나오면 그걸 따라해도 되요. 그런데 그걸 매번 바꾸면 아무것도 안 되고. 하나를 잡았으면 10년을 해야 나오지. 우리가 아는 예술가 중에 모차르트, 천재 음악가라 그러는데 어렸을 때부터 작곡을 잘했나? 그건 아니에요. 어렸을 때는 연주를 잘 했어. 음악에는 감각이 있었으니. 진짜 작곡을 잘하는 건 20살쯤 해서 그때 작곡한 것들이 좋은 게 많아요. 그래서 음악을 하려면 10년이 필요한 거다. 또 우리가 아는 미술가 중에 피카소가 있죠. 피카소가 처음부터 입체파로 그림을 그렸나? 시간 나면 음악가, 예술가들이 어떻게 살았나 보세요. 피카소 초창기 그림을 보면 누구 그림인지 몰라요. 그런데 10년쯤 지나니까 자기 나름대로 입체파적인 것이 나타나요. 10년이 걸리는 거야. 그래서 여러분이 무슨 일을 하는데 몇 년 만에 승부가 안 난다고 실망하지 말고 10년을 해야 해. 마이크로소프트 빌 게이츠. 처음부터 윈도우를 만들었나? 아니잖아. 차고에서 벤처를 창업했지. 어느 날 갑자기 한 거 아니에요. 어릴 때부터 10년은 차고에서 컴퓨터를 뜯었다 붙였다 하며 여러 가지 장난도 하면서 프로그램에서 이렇게 하는 건 불편하고, 윈도우 하나 있으면 편하겠다, 그런 생각을 하는 거예요. 마이크로소프트 빌 게이츠 같은 사람도 10년을 컴퓨터 관련 생각을 하다 보니 새로운 중요한 일을 하는 거다. 연구란 그런 거다.

여러분들 중에서 연구를 하는 사람도 있을 거고 안 할 사람도 있을 거지만 연구가 뭔지는 이해하는 게 중요한 거 같아. 왜냐면 연구란 게 뭐예요? 남이 안 하는 새로운 방식으로 의미 있는 결과를 내놓은 거예요. 그런데 이것이 연구하는 데만 쓰이는 게 아니라 이런 식의 개념은 우리가 살 때 늘 필요한 거 같아. 그래서 우리가 살다 보면 골치 아픈 문제가 많아요. 그걸 어떻게 해결을 해? 이런 문제가 생기면 이렇게 해결한다는 답이 있는 경우보다는 없는 경우가 많아요. 그러니 항상 새로운 문제를 접하면서 살 때 어떻게 생각을 하나 연구는 그런 거랑 다 통하는 거예요. 그래서 연구라고 하는 것은 한 우물을 파고 중요한 부분을 건드려야 하는 거 아니겠는가, 그러한 생각을 하는 거예요.

교수라 그러면 강의 잘하고 연구 잘하고 사회봉사도 잘해야 해. 그런데 우리 사회는 강의는 웬만큼 하면 되고 연구가 제일 중요하고 사회봉사 안 해도 그만이고 그렇게 됐는데 나도 지나다 보니 봉사를 조금은 해야 하는 것이라는 생각이 들어. 나는 대학생 때 1학년 겨울, 2학년 때는 달동네 가서 애들한테 야학 선생을 했어요. 그래서 국어, 과학 등을 가르치고 애들하고 놀러 가기도 하고 그런 세월을 보냈고. 최근에는 전공이 바이오니까 바이오산업이 발전하려면 어떻게 해야 하나 이런 문제를 가지고 같이 모여서 정책적인 게 필요한가, 그런 고민들을 많이 하고 있어요. 또 아까 이야기한대로 강의를 하다 보니 교육은 이렇게 하는 게 맞는데, 옆에 있는 사람에게 너 못한다는 이야기는 못하죠. 그런데 이렇게 하는 게 더 좋은데, 라고 말할 수 있는 그런 기회를 많이 만드려고 그래요. 그러면서 사회가 발전해 나가는 게 아닌가. 그래서 우리가 공대를 나와서 공학이라고 하는 게 뭐냐. 질병을 치료할 수 있는 방법을 개발하고, 식량, 에너지 소재 이런 걸 해결하는 것이 과학기술, 엔지니어의 역할이다. 나는 자랑스럽다. 이렇게 생각을 하고만 있었는데 어느 날 가만히 보니 세상에 우리가 열심히 연구한 과학기술의 혜택을 받는 사람은 너무 적더라. 혜택을 받는 사람은 잘 사는 나라, 잘 사는 사람들이고 세상의 반 이상은 못 살고 있고 있는데 그 사람들은 과학기술의 혜택을 잘 못 받고 있다. 그 사람들에게도 과학 기술의 혜택을 받게 해주면 얼마나 보람찰까. 그래서 요새 (사)국경 없는 과학기술자회에서 일을 하고 있어요. 겨울방학에는 에티오피아 다녀오고, 작년 여름에는 필리핀도 다녀오고 하면서 그 사람들에게 필요한 과학기술을 전수해 줄 수 있을까, 어떻게 도와줄 수 있을까 그런 생각을 하고 있어요. 그런데 과학기술이라고 하는 게 여러 가지가 있지만 거기에는 바이오테크놀로지 기반의 과학기술도 필요한 게 많아요. 그 사람들이 미생물에 대한 이해를 할 수 있다면 유기농을 더 잘 할 수 있고, 가축을 더 잘 키울 수 있고, 물을 더 깨끗이 할 수 있고, 에너지 문제를 해결할 수 있고, 건강문제를 해결할 수 있고, 자기들이 키운 걸 가지고 쓸모 있는 걸 만들 수 있고. 조금만 생물에 대한 공학적 관점의 지식이 있으면 할 수 있는 게 무지 많아요. 그래서 최근에는 그런 사람들을 위해서 개발도상국, 최빈국에서 쓸 수 있는 생명공학기술 교육자료 10시간짜리 테이프를 만들었어요. 그래서 그런 걸 하는 것도 얼마나 보람된 건가. 그런데 그런 일을 하는 게 엉뚱한 일을 하는 게 아니라 바이오테크놀로지를 기초로 해서 노력하면 세계인구 1/3에 기여는 할 수 있는 거니까. 그래서 그런 모임에 가서 관련된 관심 있는 사람들을 모아 힘을 합하고 지혜를 합하는 역할을 하는 거예요. 그래서 어떻게 보면 교수가 하는 일은 교육과 연구와 봉사다. 그래서 난 셋 다 만족스러워요. 여러분도 여러분 인생이 만족스러우면 좋겠어.

또 다른 관점에서 친구하고 소주 마시면서 고민도 해보고 수다도 떨면서 이야기를 나누는 게 중요할 거고, 나는 여러분의 선배예요. 인생의 선배고 학교의 선배니까 선배의 경험을 공유하는 것은 여러분의 시행착오를 줄일 수 있는 방법이죠. 한 번 시행착오를 해보는 것도 교육적으로 괜찮지만 시행착오를 너무 많이 하는 건 인생이 불쌍해 보이는 거 같아. 그래서 시행착오를 줄일 수 있으면 줄이는 게 좋아요. 그래서 오늘 내가 여기서 이야기하는 것은 교육, 연구, 봉사 말고 개인적인 관점에서 정치적인 견해를 밝힌다든가, 어떻게 하면 우리가 돈 걱정 안하고 세상 살 수 있나. 진리라고 하는 것, 종교라고 하는 건 뭔가. 또 친구를 사랑하고 이성을 사랑한다는 건 뭔가. 사랑이라는 게 뭔가. 이런 건 개인적인 거죠. 이런 개인적인 이야기는 수업시간에는 어울리지 않는 거 같아서 그 이야기는 안 하는데 대학교 다닐 때는 에리히 프롬의 'Art of Love' 책 읽으면서 사랑이라는 게 뭔가. 이런 관념적인 생각도 해보고, 세상을 이해한다고 해서 'What is History' 이런 걸 공부를 해보기도 하고 그러면서 세상을 이해하고, 인간을 이해하고 그러면서 우리 사회는 잘 가고 있는가, 우리 사회가 잘 가려면 어떤 일들이 필요로 하는가, 이런 것들을 고민을 해보기도 하고 그랬어요.

그래서 자기 전공만 가지고 세상을 살 수 있는 거는 아니니까, 세상에 대한 이해, 인간에 대한 이해는 꼭 필요해요. 우리 대학교 동창, 친구들 중에 회사에서 지금 부사장, 사장, 회장급인 애들이 열댓 명 있어요. 열댓 명 갖고 있는 특징을 가만히 생각해보면 한 두세 명은 굉장히 똑똑해. 누가 '아' 그러면 그 뒤에 숨어있는 이야기들을 다 잡아내서 답을 말해요. 진짜 똑똑한 거야. 그런 친구들이 회장도 되고 사장도 되고. 두 번째는 어떤 친구들이 끝까지 사장으로 잘 남아 있나 봤더니 학교 다니면서 학생회 간부를 했다든가 과대표를 했다든가 서클에 다녔다든가 이런 학생들이 잘 살아남았어. 그게 뭐냐 하면 인간에 대한 이해, 사회에 대한 이해, 인간관계가 자연스럽기 때문에 회사에서 사람들 만나는 거에 대해 부담을 안 느끼는 거예요. 그런 사람들이 살아남았고. 조직에 대한 이해 이런 거 중요하잖아요? 세 번째 타입은 학교 다닐 때 똑똑하다거나 조직에서 일을 했다는 게 없어요. 그냥 맨날 고무신 끌고 다니며 노는 시간 되면 가서 농구하고 놀고 어떤 친구는 수업 빼먹고 가서 당구치고 놀고 어떤 친구는 이성 친구랑 같이 맨날 놀러 다니기만 하고 이런 애들이 살아남았더라. 가만히 보면 스포츠 좋아하고 이성 친구 잘 사귀는 애들은 사람 마음을 잘 아는 거지. 스포츠라는 것도 사람 마음을 잘 알고 인간관계가 좋아지는 거지. 그런 애들이 지금까지 살아남아서 회사에서 부사장, 사장을 하고 있고 조용히 공부만 하던 애들 있어요. 회사 가면 부장, 이사, 상무 하다가 다 옷 벗어. 그럼 우리나라 사회가 이래서 이런 거냐. 사회가 어느 정도 합리적으로, 건전한 사회가 되면 조용히 공부만 하던 학생도 끝까지 사장까지 갈 수 있어야 하는 거 아니냐. 지금 우리 사회는 굉장히 합리적이에요. 그런 경우 보면 이런 자기 전공 못지않게 인간과 사회에 대한 이해가 아주 중요한 거 같다. 이거는 교수를 하든 연구소에서 일하든 마찬가지예요. 교수를 하든 연구소에 가든 무슨 연구를 해야 하는 거냐. 우리 사회가 필요로 하는 연구를 해야죠. 비판적 사고방식을 가져야 하고. 교수도 혼자서 독불장군 식으로 일하면 안 돼. 연구원도 마찬가지고. 옆의 동료 교수하고 협력해서 대학을 발전시켜야 하고 연구소를 발전시켜야 하는 거죠. 연구 혼자 하는 거 아니에요. 같이 하는 거니까 거기서 자꾸 고집을 피우고 엉뚱한 이야기만 하면 안 되죠. 그래서 회사에서는 꼭 필요한 거고 학교나 연구소에서도, 그래도 아주 괴짜만 아니면 봐주는 분위기지만, 잘 하려면 인간과 사회에 대한 이해는 기본적이라는 이야깁니다.

'유영제 교수는 누구인가?' 키, 몸무게, 가족 사항 이런 건 몰라도 되죠. 하지만 적어도 공부라고 하는 게 뭐냐, 연구하는 건 뭐냐, 이걸 사회에 환원하는 차원에서 봉사라고 하는 게 뭔가 이걸 생각해 보는 의미 있는 시간이었기를 희망해요.